21 世纪普通高等学校数学系列规划教材

概率论与数理统计

魏振军　编著

茆诗松　主审

中国铁道出版社

CHINA RAILWAY PUBLISHING HOUSE

内 容 简 介

本系列教材遵循普通高校工科《高等数学课程教学基本要求》，按照新形势下教材改革精神，结合编者长期的教学改革实践编写而成。

全书内容共分 10 章：第 1～5 章是概率论部分，内容包括随机事件与概率、随机变量及其分布、多维随机变量及其分布、随机变量的数字特征、大数定律及中心极限定理；第 6～10 章是数理统计部分，内容包括数理统计的基本概念、参数估计、假设检验、回归分析及方差分析初步。

本教材知识举例丰富、讲解透彻、难度适宜，以通俗易懂的语言，深入浅出地讲解概率论与数理统计的知识，切合实际需求和加强学生应用能力的培养。

本书适合作为普通高等院校各专业教材，尤其适合作为二、三类本科教材，也可供具有一定数学基础（如排列组合、初等微积分）的读者自学使用。

图书在版编目（CIP）数据

概率论与数理统计/魏振军编著. —北京：中国铁道出版社，2008.7（2014.8 重印）
（21 世纪普通高等学校数学系列规划教材）
ISBN 978-7-113-08827-9

Ⅰ.概… Ⅱ.魏… Ⅲ.①概率论—高等学校—教材②数理统计—高等学校—教材 Ⅳ.021

中国版本图书馆 CIP 数据核字（2008）第 111299 号

书　　名：	概率论与数理统计
作　　者：	魏振军　编著

策划编辑：李小军		编辑部电话：(010)83550579	
责任编辑：李小军		封面制作：白　雪	
编辑助理：袁　琳　张　丹		责任印制：李　佳	
封面设计：付　巍			

出版发行：中国铁道出版社（北京市西城区右安门西街 8 号）　　邮政编码：100054
印　　刷：三河市宏盛印务有限公司
版　　次：2009 年 4 月第 1 版　　2014 年 8 月第 2 次印刷
开　　本：787mm×960mm　1/16　　印张：17　　　字数：356 千
书　　号：ISBN 978-7-113-08827-9
定　　价：35.00 元（附赠光盘）

前　言

我们生活的世界丰富多彩、变幻莫测,无处不在、层出不穷的随机现象给人类带来机遇,也带来困惑.伴随着科学的发展和人类的进步,人们对随机现象的认识不断深化,先后诞生了概率论与数理统计学科,为人们认识客观世界提供了重要的思维模式和解决问题的方法.进入信息化时代,概率论与数理统计更是焕发出勃勃生机,其应用愈来愈广泛,遍及自然科学、社会科学、管理科学、工程技术、军事和工农业生产等许多领域.

作者在近三十年的教学实践中深切感受到,把学生引入随机世界,与学生一起理解和把握随机现象的规律性不是一件容易的事情.丰富的实际背景难以在课堂呈现,源于生活和大量试验的一些概念、定理仅靠口说笔写也难以讲解明白.二十年来,作者在这门课程的教学改革上进行了一些尝试,主编了几种版本的计算机辅助教学软件,通过对随机现象的大量模拟试验,以探索和发现随机现象的规律性,并用多媒体手段展示概率统计丰富的实际背景和广泛的应用,曾荣获**第五、九届全国多媒体教育软件大赛一等奖**等荣誉.近几年又开发了概率论与数理统计网络课程,网络课程所包含的丰富信息及软件的交互性为学生营造了自主学习环境.新颖的教学方法和内容受到校内外学生的广泛欢迎,也得到专家的肯定和同行的好评.本教材在严密理论架构下,借鉴国内外同类教材优点,吸收我们此前对本课程教学改革的部分成果,依据教育部近年考研数学考试大纲中对概率统计知识点的要求编写.

本教材是为普通高等院校概率论与数理统计课程教材,全书共分10章:

前五章为概率论部分,内容包括随机事件与概率、随机变量及其分布、多维随机变量及其分布、随机变量的数字特征、大数定理及中心极限定理;后五章为数理统计部分,内容包括数理统计的基本概念、参数估计、假设检验、回归分析及方差分析初步.

本书的**主要特点**是:

1. 以知识点为主线,用学生**易于接受**的方式讲述,语言生动,图文并茂,可读性强.

2. 注意知识间的**相互联系**,特别注意新概念的引入及重点、难点的讲解,**引导学生思考、探索和发现**.

3. **注重理论联系实际**,通过大量实例说明这门学科丰富的**实际背景和广泛应用**.教材中共计讲解例题177个(含各章后的综合应用举例16个).

4. **与计算机技术紧密结合**.教材在讲解过程中插入的模拟试验或演示内容共计40个,存放在与教材配套的光盘中.学生可进行交互的随机试验,探索和发现随机现象的规律.

5. 在数理统计内容的讲述中**突出统计思想、方法和应用**.从生活中常见事例出发提出问题和研究问题,对有关统计思想作了深入浅出的讲解,强调应用中的注意事项.

6. 练习题分为**基本练习题**和**提高题**,其中基本练习题 231 道,提高题 56 道. 提高题有一定难度,供准备考研的学生参考.

需要指出的是,尽管本书的配套光盘包含了**部分模拟试验和演示**,但我们更希望读者亲自使用计算机编写简单程序来辅助这门课程的学习. 我们认为,免费的 R 软件是一个比较好的工具软件. 为此,在与本书配套的辅导书"附录"中,对 R 软件作了专门介绍,题目叫"用 R 做概率统计". 这部分文字不仅介绍了 R 软件中与概率分布有关的指令,还举例说明如何用 R 软件进行计算机模拟、绘制概率分布图、寻求统计量的抽样分布、计算概率、计算分位数、区间估计和假设检验、一元线性回归等. 藉此希望给本课程的学习注入新的活力.

本书适合高等学校各专业使用,尤其适合二、三类普通高等学校学生使用.

本书是在中国铁道出版社领导和编辑的建议、鼓励下编写的. 在我们从事本课程教学改革的过程中,概率统计学界前辈严士健、张尧庭、茆诗松等教授都给予过关心和指导. 书稿完成后,茆诗松教授又接受中国铁道出版社的委托对全书进行了认真细致的审定,对书稿提出了很多珍贵意见. 张宣杨等多名毕业学员参与过教学软件的研制,本书的配套光盘包含有他们的劳动成果. 本书前五章初稿撰写过程中刘弦博士曾给予协助,张新建老师和刘璐博士都曾认真阅读书稿并演算了部分习题,提出过一些修改意见. 在此对他们一并表示衷心的感谢!

尽管我们为编写本书和制作配套光盘尽了最大的努力,试图在理论联系实际方面有所突破,但受个人学术水平的局限,错误和疏漏之处难免,欢迎同行和读者提出宝贵意见.

编著者

2008 年 12 月

目 录

第 1 章

随机事件与概率

本章从生活中的随机现象开始,介绍随机事件、概率、条件概率、独立性等概念,常用的几种确定概率的方法,概率的公理化定义和性质以及计算概率的加法公式、乘法公式、全概率公式和贝叶斯公式.

我们生活的世界充满了不确定性.从抛硬币、掷骰子和玩扑克等简单的机会游戏,到复杂的社会现象;从婴儿诞生,到世间万物的繁衍生息;从流星坠落,到大自然的千变万化……,这是一个丰富多彩的随机世界.现在,我们就和大家一起,尝试从生活中的现象开始,去研究随机性,发现其中的奥秘.

§1.1   随机试验与事件

1.1.1   随机现象及其统计规律

春天到了,万物复苏,百花盛开,大自然呈现出一片勃勃生机;秋风吹来,枝叶凋零;上抛的物体一定会下落;在标准大气压下,水加热到100℃就会沸腾;无论是什么形状的三角形,其两边之和总要大于第三边.

总结上面列举的这些现象,我们可以发现它们都有着共同的特点.如果用比较科学的语言来表达,那就是服从特定的因果规律,从一定的条件出发,一定可以推出某一结果.这一类现象我们把它称作**确定性现象**,也称作**必然现象**.在自然界和社会中还大量存在着另一类现象,称之为**随机现象**或者说是**偶然现象**.

比如,在马路交叉口,每天都要通过许多人和车辆,但是我们无法事先预测每天确切的人数及车辆数.

人们所关心的一场足球赛就要开始了,这是一场实力相当的比赛,可能甲队赢,也可能乙队赢,事先我们不能准确地预言哪个球队能取胜.

你家买回了一台电视机,使用多长时间后它会出故障?也许大于 10 000 h,也许小于

10 000 h,事先也无法准确预言.

1986年1月28日,美国的"挑战者"号航天飞机升空后不久便发生爆炸,2003年2月1日,"哥伦比亚"号航天飞机在即将返回地面时解体,这两件令世界震惊的事件事先谁也无法料到.

随机现象具有如下特点:

(1) 结果不止一个;

(2) 人们事先无法确知出现哪一个结果.

在一定条件下,并不总是出现相同结果的现象称为**随机现象**.

那么,我们要问:随机现象是不是没有规律可言呢?

人们经过长期实践和深入研究后发现,在大量重复试验和观察下,随机现象的结果会呈现出某种规律性.例如,抛掷一枚质地均匀的硬币,掷少数几次看不出什么规律,如果掷的次数很多就会发现,出现正面的次数大约占一半.

又如,一门火炮在一定条件下进行射击,个别炮弹的弹着点可能偏离目标而有随机性的误差,但大量炮弹的弹着点则表现出一定的规律性,如一定的命中率、一定的分布规律,等等.

再如,测量一物体的长度,由于仪器及观察受到环境的影响,每次测量的结果可能是有差异的,但多次测量结果的平均值随着测量次数的增加逐渐稳定于一常数,并且各测量值大多落在此常数的附近,越远则越少,其分布状况呈现"两头小,中间大,左右基本对称"的规律.

这种在一定条件下对随机现象的大量观察中表现出的规律性,称作随机现象的**统计规律性**.随机现象常常表现出这样或那样的统计规律,这正是概率论所研究的对象.

1.1.2 随机现象、样本空间与事件

研究随机现象,首先要对它进行观察或试验.如果每次试验的结果不止一个,而且事先不能肯定会出现哪一个结果,这样的试验称为**随机试验**.

下面看几个随机试验.

【例1】 掷一颗骰子,观察掷出的点数.所看到的是六种可能结果中的某一个,而事先无法肯定掷出的是几点.

【例2】 将一枚硬币抛掷两次,观察出现正、反面的情况.可能结果为:

$$\{正,反\},\{正,正\},\{反,正\},\{反,反\},$$

但抛掷之前不能预言出现哪一种结果.

【例3】 从一批灯泡中任意抽取一只,测试它的寿命.可以知道寿命 $t \geqslant 0$,但在测试之前不能确定它的寿命究竟有多长.

从以上的随机试验中可以看到:试验是在一定条件下进行的;试验有一个目的,根据这个目的,每次试验的结果是多个结果中的某一个;试验的全部可能结果是在试验前就明确的,或者虽不能确切知道试验的全部可能结果,但可以知道它不超过某个范围;每次试验的结果事先不可预言,也就是说,试验的结果具有随机性.由于我们只研究能大量重复的随机现象,因此只考虑可以在相同条件下重复进行的随机试验.以下,随机试验也简称为**试验**.

在随机试验中,可能发生也可能不发生的试验结果称为**随机事件**. 例如,在掷硬币试验中, "掷出正面"是一随机事件. 又如,在掷骰子试验中,"掷出 6 点"、"掷出偶数点"也都是随机事件. "随机"的意思无非是说:事件是否在某次试验中发生随机会而定. 随机事件也简称为**事件**,通常用大写英文字母 A、B、C 等表示.

事件可分为**基本事件**和**复合事件**. 我们把相对于观察目的不可再分解的事件称为**基本事件**. 例如,在掷骰子试验中,我们的目的是要观察掷出的点数,则"掷出点数为 1", "掷出点数为 2",…,"掷出点数为 6"都是基本事件. 两个或一些基本事件并在一起,就构成一个**复合事件**. 例如,在掷骰子试验中,事件"掷出偶数点"就是由"掷出点数为 2","掷出点数为 4","掷出点数为 6"三个基本事件构成的.

有两个特殊的事件必须说明一下,一个是**必然事件**,即在试验中必定发生的事件,常用 S 表示;另一个是**不可能事件**,即在试验中不可能发生的事件,常用 $\varnothing$ 表示. 例如,在掷骰子试验中,"掷出点数小于 7"是必然事件;而"掷出点数 8"则是不可能事件.

必然事件与不可能事件都是确定性的,但为了今后讨论问题方便,不妨将它们视为随机事件的特例.

1.1.3　样本空间与随机事件

随机试验的结果事先不能准确预言,但试验的全部可能结果在试验前一般是可以明确的. 一个试验的所有可能结果的集合称为**样本空间**,记为 S. 样本空间中的每一个元素称为**样本点**. 下面是几个例子.

【**例 4**】　如果试验是观察新生婴儿的性别,则样本空间
$$S = \{g, b\}.$$
其中结果 g 表示女婴,b 表示男婴.

【**例 5**】　如果试验是将一枚硬币抛掷两次,则样本空间
$$S = \{(H, H), (H, T), (T, H), (T, T)\}.$$
其中结果 (H, H) 表示两次都出正面,(H, T) 表示第一次掷出正面而第二次掷出反面,(T, H) 表示第一次掷出反面而第二次是正面,(T, T) 表示两次都出反面.

【**例 6**】　如果试验是抛掷一颗骰子,则样本空间
$$S = \{i : i = 1, 2, 3, 4, 5, 6\}.$$
这里结果 i 表示掷出 i 点, $i = 1, 2, 3, 4, 5, 6$.

【**例 7**】　如果试验是测试某灯泡的寿命(以小时计),则样本点是一非负数. 由于不能确知寿命的上界,所以可认为任一非负实数都是一个可能结果,故样本空间
$$S = \{t : t \geqslant 0\}.$$
样本空间在如下意义上提供了一个理想试验的数学模型:在每次试验中必有一个样本点出现且仅有一个样本点出现.

引入样本空间之后,事件便可表示为样本空间的子集合. 例如,在前述掷骰子试验中,令 B

表示{掷出奇数点}这一事件,如果在一次试验中,出现了样本点 1、3、5 中的任一个,则事件 B 发生;反之,如果 B 发生了,则在该试验中必出现了样本点 1、3、5 中的某一个. 于是 $B = \{1, 3, 5\}$,它是样本空间的一个子集. 显然,只包含一个样本点的事件就是基本事件.

1.1.4 事件的关系与运算

以下,设 S 是某试验的样本空间,A、B、C 为 S 中的事件. 为便于理解,在介绍事件的关系和运算时,我们使用下面的例子.

【例 8】 掷一颗骰子,观察面上的点数.

1. 事件的包含与相等

如果事件 A 的发生必导致事件 B 的发生,则称事件 **A 包含于 B**,或称 **B 包含 A**,记作 $A \subset B$ 或 $B \supset A$. 一个形象的表示如图 1.1 所示. 其中,样本空间 S 用矩形表示,A, B 是 S 中的两个事件.

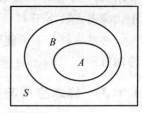

例如,在例 8 中,以 A 表示事件"掷出点数 3",即 $A = \{3\}$,以 B 表示事件"掷出奇数点",即 $B = \{1, 3, 5\}$,则 $A \subset B$.

如果两事件 A 与 B,既有 $A \subset B$,又有 $B \subset A$,则称事件 A 与事件 B **等价**或**相等**,记作 $A = B$.

例如,在例 8 中,以 A 表示事件"掷出点数能被 3 整除",即 $A = \{3, 6\}$,以 B 表示事件"掷出点数 3 或 6",即 $B = \{3, 6\}$,则 $A = B$.

图 1.1

2. 事件的和(或称并)与积(或称交)

两事件 A、B 中至少有一个发生是一事件,把这事件称为 A 与 B 的**和**,也称为事件的**并**,记作 $A \bigcup B$ 或 $A + B$(见图 1.2).

两事件 A、B 都发生是一事件,把这个事件称为 A 与 B 的**积**,也称为事件的**交**,记作 $A \bigcap B$ 或 AB(见图 1.3).

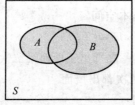

图 1.2

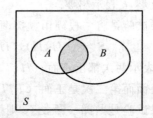

图 1.3

例如,在例 8 中,以 A 表示事件"掷出偶数点",即 $A = \{2, 4, 6\}$,以 B 表示事件"掷出点数是 3 的倍数",即 $B = \{3, 6\}$,则 $A + B$[①] $= \{2, 3, 4, 6\}$,而 AB[②] $= \{6\}$.

事件的和与积都可以推广到多个事件的情形.

3. 互不相容事件与对立事件

如果两事件 A、B 不可能同时发生,即

①② 为表述简便起见,后面一般都采用"$A + B$"表示事件 A 与 B 的和(并),用 AB 表示事件 A 与 B 的积(交).

$$AB = \varnothing,$$

则称 A、B **互不相容**或**互斥**(见图 1.4).

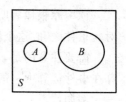

图 1.4

如果一些事件中的任意两个都互不相容(两两互不相容),则称这些事件互不相容.

例如,在例 8 中,以 A 表示事件"掷出偶数点",即 $A = \{2,4,6\}$,以 B 表示事件"掷出奇数点",即 $B = \{1,3,5\}$,则 A 与 B 互不相容.

事件 A 不发生是一事件,称为 A 的**对立事件**或**逆事件**(见图 1.5),记作 $\overline{A}$.

例如,在例 8 中,以 A 表示事件"掷出点数 3",即 $A = \{3\}$,则 $\overline{A} = \{$掷出点数不是 3$\}$,即 $\overline{A} = \{1,2,4,5,6\}$.

这里要注意互不相容事件与对立事件的区别. 事件 A 与事件 B 互不相容,只要求 $AB = \varnothing$;而事件 A 与事件 B 对立,则除了要求 $AB = \varnothing$ 之外,还要求 $A + B = S$,即要求 A、B 中必出现其一,但 A、B 不能同时出现.

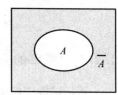

图 1.5

例如,在例 8 中,以 A 表示事件"掷出偶数点",即 $A = \{2,4,6\}$,以 B 表示事件"掷出点数 3",即 $B = \{3\}$,则 A 与 B 是互不相容事件,但不是对立事件.

4. 事件 A 与事件 B 的差

事件 A 发生事件 B 不发生是一事件,把这事件称为 A 与 B 的**差**,记作 $A - B$ 或 $A\overline{B}$(见图 1.6).

例如,在例 8 中,以 A 表示事件"掷出点数小于 4",即 $A = \{1,2,3\}$,以 B 表示事件"掷出点数 3",即 $B = \{3\}$,则 $A - B = \{1,2\}$.

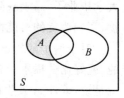

图 1.6

5. 事件运算的基本规律

设 A、B、C 都是样本空间 S 中的事件. 利用事件关系及运算可推出如下的基本规律.

交换律:

$$A + B = B + A, \quad AB = BA.$$

结合律:

$$A + (B + C) = (A + B) + C, \quad A(BC) = (AB)C.$$

分配律:

$$A + (BC) = (A + B)(A + C);$$
$$A(B + C) = AB + AC.$$

德·摩根律(对偶律):

$$\overline{A + B} = \overline{A}\,\overline{B}, \quad \overline{AB} = \overline{A} + \overline{B}.$$

我们来看一下德·摩根律. 事实上,事件 $A + B$ 表示事件 A 和 B 至少有一个发生,它的对立事件显然就是 A 和 B 都不发生,即 $\overline{A}\,\overline{B}$;而事件 AB 都发生的对立事件就是 A 和 B 至少有一个不发生,即 $\overline{A} + \overline{B}$.

德·摩根律表明：事件和的对立事件是各事件的对立事件之积；积的对立事件是各事件的对立事件之和. 这个性质在后面经常使用.

需要注意的是，不要把数的运算规律如移项、添括号、去括号等用到事件运算上来，这些运算在事件运算中一般是不成立的.

例如：

$$(A+B)-C \neq A+(B-C);$$
$$A-(B-C) \neq (A-B)+C;$$
$$A+C = B+C \text{不一定有} A = B.$$

§1.2 概　　率

1.2.1 概率的概念

随机试验中的随机事件在一次试验中，可能发生，也可能不发生. 既然有可能性，就有可能性大小的问题. 人们常常希望知道某些事件在一次试验中发生的可能性究竟有多大. 比如说，大学毕业了，马上找到工作的可能性有多大？乘飞机出行，飞机失事的可能性有多大？到超市购物，买到假货的可能性有多大？等等.

对于一个随机事件来说，它发生的可能性大小的度量是由它自身决定的，并且是客观存在的. 就好比一根木棒有长度，一块土地有面积一样. 概率是随机事件发生可能性大小的量度. 也就是说，事件 A 发生的可能性大小就是事件 A 的概率. 我们用 $P(A)$ 表示事件 A 的概率.

例如，在天气预报中会提到降水概率. 大家都明白，如果降水概率是 90%，那就很可能下雨；但如果是 10%，就不大可能下雨. 因此，概率描述了某件事情发生的机会.

又如，在掷硬币试验中，用 A 表示"出现正面"，用 B 表示"出现反面". 如果硬币质地均匀，形状对称，那么人人都会说事件 A 和事件 B 出现的可能性一样大. 也就是说

$$P(A) = 1/2, \quad P(B) = 1/2.$$

这就把事件发生可能性的大小数量化了.

由于必然事件在每次试验中必定发生，或者说，它发生的可能性是 100%，所以它的概率是 1. 不可能事件发生的可能性是零，所以它的概率是 0. 即有

$$P(S) = 1, \quad P(\varnothing) = 0.$$

而任一事件 A 发生的可能性不会小于 0，也不会大于 100%，所以 A 的概率介于 0 与 1 之间. 即有

$$0 \leqslant P(A) \leqslant 1.$$

研究随机现象，不仅关心试验中会出现哪些事件，更重要的是想知道事件出现的可能性大小，也就是事件的概率. 在概率论的发展过程中，人们针对不同的问题，从不同的角度给出了定义和计算概率的各种方法.

1.2.2　古典概率

让我们看一个例子.

【例 1】　一个袋子中装有 10 个大小、形状完全相同的球,将球编号为 1~10.把球搅匀,蒙上眼睛,从中任取一球.因为抽取时这些球是完全平等的,我们没有理由认为 10 个球中的某一个会比另一个更容易取得.也就是说,10 个球中的任一个被取出的机会是相等的,均为 1/10.我们用 i 表示取到 i 号球,$i = 1, 2, \cdots, 10$.则该试验的样本空间 $S = \{1, 2, \cdots, 10\}$,且每个样本点(或者说基本事件) 出现的可能性相同.我们称这样一类随机试验为古典概型.

一般地说,若随机试验满足下述两个条件:

(1) 它的样本空间只有有限多个样本点;

(2) 每个样本点出现的可能性相同.

则称这种试验为**有穷等可能随机试验**或**古典概型**.

对于古典概型,事件概率的计算是很自然直观的.

就拿例 1 来说,假设这 10 个球中有 7 个是白色的,3 个是红色的.显然,取得白球(事件 A) 的可能性为 7/10,而取得红球(事件 B) 的可能性为 3/10.因此,很自然地有

$$P(A) = 7/10, \quad P(B) = 3/10.$$

一般地,古典概型中的事件概率可由如下方式确定:

设试验 E 是古典概型,其样本空间 S 由 n 个样本点组成,事件 A 由其中 k 个样本点组成.则定义事件 A 的概率为

$$P(A) = \frac{k}{n} = \frac{A\text{中的样本点数}}{S\text{中样本点的总数}} = \frac{A\text{中包含的基本事件个数}}{S\text{中包含的基本事件的总数}}. \tag{1.1}$$

称此概率为**古典概率**.这种计算概率的方法称为**古典方法**.

可见,对于古典概型,只要知道事件 A 所包含的基本事件个数和样本空间基本事件总数,就可求得事件 A 的概率.这样就把求概率问题转化为计数问题.排列组合是计算古典概率的重要工具.

【例 2】　把 C、C、E、E、I、N、S 七个字母分别写在七张同样的卡片上,并且将卡片放入同一盒中,摇匀.现从盒中任意一张一张地将卡片取出,并将其按取到的顺序排成一列,假设排列结果恰好拼成一个英文单词 SCIENCE.

问:在多大程度上认为这样的结果是奇怪的,甚至怀疑是一种魔术?

解　七个字母的排列总数为 $7! = 5\,040$ 种.

注意到 SCIENCE 中有两个 C,两个 E,应将它们看做是可以分辨的.拼成英文单词 SCIENCE 的情况数为 $2 \times 2 = 4$ 种.故该结果出现的概率为

$$P = \frac{2 \times 2}{7!} = \frac{1}{1\,260} \approx 0.000\,79.$$

这个概率很小.这里算出的概率有什么实际意义呢?

如果多次重复这一抽卡试验,则我们所关心的事件在 1 260 次试验中大约出现一次.那么请问:你怀疑这是魔术吗?为什么?

如果不是魔术,这件事出现的概率还不到千分之一.这么小概率的事件在一次抽卡的试验中就发生了,人们有比较大的把握怀疑这是魔术.具体地说,我们以 99.9% 的把握怀疑这是魔术.

注意:这里用了反证法的思想。假设不是魔术,而是随机地抽取卡片,那么排列结果恰好拼成英文单词 SCIENCE 的概率非常小.基于人们在实践中广泛采用的一个原则:"小概率事件在一次试验中可以认为基本上不会发生".而现在竟发生了,因此否定所做的假设.这种思维方法在后面第 8 章"假设检验"的内容中将多次使用.

在应用古典概率定义时必须注意等可能性的条件.我们来看一个历史上著名的例子.

【例3】 抛掷两枚质地均匀的硬币,观察正、反面出现的情况.数学家达朗贝尔论证说总共有三种可能结果,即

$$\{正,正\},\{反,反\},\{一正一反\}.$$

由此,他得出结论:{一正一反}出现的概率是 1/3.

这个结论对吗?我们说,不对!因为给出的三种结果不是等可能的.第三种结果{一正一反}在两种情况下出现,即可以是第一枚抛出正面而第二枚抛出反面,或者是第一枚抛出反面而第二枚抛出正面.这样实际上就有四种等可能结果:

$$\{正,正\},\{反,反\},\{正,反\},\{反,正\}.$$

因此,{一正一反}出现的概率为 $2/4 = 1/2$.

为什么会发生上述错误呢?如果我们掷两枚硬币不是同时掷,而是一个一个地掷,就会看清这种情形.然而实际上,这两枚硬币在外表上很可能是无法分辨的.因此,从实地考察的角度看,达朗贝尔的三种结果是仅有的,可识别的不同模式.在计算概率时,应想象这两枚硬币是可以分辨的.

"等可能性"是一种假设.在实际应用中,需要根据实际情况去判断是否可以认为各基本事件或样本点是等可能的.实际上,在许多场合,由对称性(如掷硬币、掷骰子试验)或某种均衡性(如摸球实验),我们就可以认为基本事件是等可能的,并在此基础上计算各事件的概率.

附带指出,在实际问题中,往往只能"近似地"出现等可能,"完全地"等可能是很难见到的.以掷骰子为例,严格来说,完全均匀对称的骰子并不存在.比如,仅在六个面上刻上点子就破坏了完善的对称性,即使骰子是一个完整的立方体,掷出的结果仍然依赖于掷的方式.我们必须约定掷的方式也要完全对称,等等.不过这些条件可以近似地实现,因而可以认为掷骰子的六个基本结果是等可能的.

下面来看一个历史上有名的"平分赌金"问题(此处对原问题作了简化).

【例4】 17世纪中叶,法国数学家巴斯卡写信给当时号称数坛"怪杰"的费尔马,信中提到赌徒德梅尔向他提出的一个"平分赌金"问题,问题是这样产生的:

有一天,德梅尔和赌友保罗赌钱,他们事先每人拿出 6 枚金币做赌金,用扔硬币做赌博手段,一局中若掷出正面,则德梅尔胜,否则保罗胜.约定谁先胜三局谁就能得到所有的 12 枚金

币.已知他们在每局中取胜的可能性是相同的.比赛开始后,保罗胜了一局,德梅尔胜了两局.这时一件意外的事中断了他们的赌博.以后他们也不再想继续这场还没有结局的赌博,于是到一起商量这 12 枚金币应如何分才公平合理.

保罗对梅尔说:"你胜了两局,我只胜了一局,因此你的金币应是我的两倍.你得总数的 2/3,即 8 枚金币,我得总数的 1/3,即 4 枚金币."

"这不公平!"精通赌博的德梅尔对此提出异议:"我只要再胜一局就能得到全部金币,而你要得到全部金币还须再胜两局.即使你接下来胜一局,我们两人也是平分秋色,何况就这次我还有一半的可能得 3 枚金币呢!所以我应得全部赌金的四分之三,即 9 枚金币,而你只能得四分之一,即 3 枚金币."

到底谁的分法对呢?当时可使两位数学家费了不少脑筋.历史上古典概率正是由研究诸如此类的赌博游戏中的问题引起的.现在一起来求解.显然,为确保能分出胜负,最多需要再赛两局.为简单计,用"+"表示德梅尔胜,用"—"表示保罗胜.于是这两局的所有可能结果为

$$(+,+),(+,-),(-,+),(-,-).$$

其中使德梅尔获胜(即至少有一个'+'的情形)有 3 种,而使保罗获胜(即至少有两个'—'的情形)有 1 种,故德梅尔胜的概率为 3/4,保罗胜的概率为 1/4.这样,德梅尔应得全部赌注的 3/4,而保罗则应得 1/4.这就说明,德梅尔的分法是对的.读者可以进行计算机上的模拟试验（见配套光盘的演示"平分赌金问题"）看看结果如何.

古典概型虽然比较简单,但它有着多方面的应用.产品抽样检查就是其中之一.

产品抽样检查的技术在各个生产部门被广泛采用.许多大工厂每天生产的产品数以万计.对这些产品的质量如果要进行全面的逐件检查是不可能的也是不经济的.另外在有些情况下,产品的检验方法带有破坏性.这样,最适宜的检验方法是采用抽样检查,即从产品中随机地抽出若干件来检验,根据检验结果来判断整批产品的质量.

关于产品的质量,可以有多种多样的衡量标准.例如,可以把产品质量分成若干等级.最简单的是把产品分成合格品与次品两个类型.

假如产品的好坏从外形上看不出来,而且又是随机抽样,那么任何一件产品被抽到的可能性都一样,这正是古典概型.

【例 5】　一批产品共 N 件,其中有 M 件次品.现从这 N 件中随意取出 n 件,求其中恰有 m 件次品的概率.

解　从 N 件中取出 n 件,共有 C_N^n 种可能结果.由于抽取是随机的,这 C_N^n 种结果可认为是等可能的.这是古典概型.

令 B 表示"恰有 m 件次品".因为这一事件可以看作是由在 M 件次品中取了 m 件,在 $N-M$ 件正品中取了 $n-m$ 件所构成的,所以 B 所包含的基本事件数为 $C_M^m C_{N-M}^{n-m}$,故

$$P(B) = C_M^k C_{N-M}^{n-k} / C_N^n.$$

若采取放回抽样,即每次取一件,检查完仍放回去,再抽取一件,如此反复进行.令 C 表示"恰有 k 件次品".那么,又应如何计算 $P(C)$?请读者思考.

下面举一个在统计物理中起重要作用的例子.

【例6】 设有 n 个质点,每个都以相同的概率 $1/N(N \geqslant n)$ 落入 N 个盒子的每一个中.设 $A = \{$预先指定的 n 个盒中各有一个质点$\}$,试求事件 A 的概率.

由于对质点和盒子所作的进一步假定不同,本题有三种不同的解法和答案.相对于这些假定来说,每种解法都是正确的.

解 (1)(**麦克斯威尔 — 波尔茨曼统计**)假定 n 个质点是可以分辨的,还假定每个盒子能容纳的质点数不限.由于 n 个质点落入 N 个盒子的所有可能结果数为 N^n 种,导致事件 A 发生的结果数有 $n!$ 种,故

$$P(A) = n!/N^n.$$

(2)(**佛米 — 迪拉克统计**)假定 n 个质点是不可分辨的,还假定每个盒子至多只能容纳一个质点.这时 n 个质点落入 N 个盒子的所有可能结果数为 C_N^n 种,导致事件 A 发生的结果数只有 1 种,故

$$P(A) = 1/C_N^n.$$

(3)(**鲍泽 — 爱因斯坦统计**)假定 n 个质点是不可分辨的,还假定每个盒子能容纳的质点数不限.为求事件 A 的概率,设想把 N 个盒子排成一列,用"|"表示盒子的壁,用"*"表示质点.共有 $N+1$ 个壁,n 个质点.把每个"|"和"*"都看成一个位置,则 n 个质点在 N 个盒中的一种分布方法就对应于 $N+n-1$ 个位置(两端不在内)被 n 个质点占领的一种占位方法.如下所示就是当 $N = 5, n = 4$ 时,其中的一种占位法.

$$| \ * \ | \ * \ * \ | \quad | \ * \ | \quad |$$

它表示第一盒有一个质点,第二盒有两个质点,第三盒没有质点,第四盒有一个质点,第五盒没有质点.

不难看出,它等于从 $N+n-1$ 个位置中取 n 个的组合总数,即 C_{N+n-1}^n 种.而导致事件 A 发生的结果数只有一种,于是

$$P(A) = 1/C_{N+n-1}^n.$$

1.2.3 几何概率

古典概率的局限性很明显,它只能用于全部试验结果为有限个,且等可能性成立的情形.把等可能性推广到无限个样本点的场合,人们引入了几何概型,由此形成了确定概率的另一方法 —— **几何方法**.

向一个有限区域 S(这个区域可以是一维的,也可以是二维、三维或多维的)中任意投掷一质点,假定随机点落入该区域的任一小区域 A 的可能性与该小区域 A 的测度 $\mu(S)$(可以是长度、面积或体积等)成正比,而与 A 的位置与形状无关,称这种随机试验为**几何概型**.

如果"点落入小区域 A"这一随机事件仍记作 A,则事件 A 的概率定义为

$$P(A) = \frac{\mu(A)}{\mu(S)}. \tag{1.2}$$

这样算出的概率称为**几何概率**.

下面看一个应用例子.

【例 7】　甲、乙两人约定在 7 点钟到 8 点钟之间到某地会面,并约定先到者应等候另一个人 20 min,过时即可离去,求两人能会面的概率.

解　在平面上建立直角坐标系,如图 1.7 所示.这里以 7 点钟为起点 0,以 min 为单位,用 X 和 Y 分别表示甲、乙两人到达约会地点的时间.我们把每次会面看作一次试验,每次试验就相当于在边长为 60 的正方形区域内随机投掷一点.用 S 表示这个正方形区域,用公式表示就是

$$S = \{(x,y) : 0 \leqslant x \leqslant 60, 0 \leqslant y \leqslant 60\}.$$

而我们所关心的事件"两人能够会面"可以表示为

$$|x - y| \leqslant 20.$$

也就是先到者和后到者的时间间隔少于 20 min.满足该不等式的所有点 (x,y) 的集合就是图 1.7 中的阴影部分所表示的区域.标记这个区域为 A.

于是会面问题转化为向平面 S 上随机投掷一点,求随机点落入区域 A 的概率.

$$P(A) = \frac{A \text{ 的面积}}{S \text{ 的面积}} = \frac{60^2 - 40^2}{60^2} = \frac{5}{9} \approx 0.556.$$

这个概率告诉我们,如果两人许多次按上述要求约会,有超过一半多点的次数能会面.

【例 8】　**(蒲丰投针问题)** 如图 1.8(a) 所示,平面上画有等距离为 a 的一组平行线,向平面上任投一根长为 $L(L < a)$ 的针,针与平行线相交的概率是多少呢?

解　用 M 表示针的中点,x 表示 M 与最近平行线的距离,θ 表示针与平行线的交角.

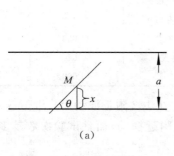

图 1.7

(a)　　　　　　　　(b)

图 1.8

于是投针试验就相当于向平面区域(见图 1.8(b))

$$G = \{(\theta, x) : 0 \leqslant \theta \leqslant \pi, 0 \leqslant x \leqslant a/2\}$$

投点的几何型随机试验.针与平行线相交的充要条件是 (θ, x) 满足

$$\begin{cases} x \leqslant L\sin\dfrac{\theta}{2}, \\ 0 \leqslant \theta \leqslant \pi \end{cases}$$

此不等式构成 G 中一个子集 A,于是

$$P(A) = \frac{A\text{ 的面积}}{G\text{ 的面积}} = 2L/\pi a.$$

(例 7 和例 8 的模拟试验见配套光盘"会面问题试验"和"投针试验".)

1.2.4 频率与概率

若进行条件相同的 n 次试验,所关心的某个事件 A 出现 m 次,则称比值

$$\frac{m}{n} = \frac{\text{事件 }A\text{ 出现的次数}}{\text{重复试验的次数}}$$

为 n 次试验中事件 A 的**频率**.

我们知道,概率是随机事件发生可能性大小的量度.由频率的定义可知,如果事件 A 出现的频率越大,也就是说,它发生得越频繁,那么就意味着它在一次试验中发生的可能性越大.可见,频率和概率有着密切的关系.能不能用频率作为概率的量度呢?

图 1.9 是根据抛掷一枚硬币 50 次所得到的结果画出的频率变化图. n 次试验中正面出现的频率用 f_n 表示.

有好几个掷硬币的试验记录在文献中.表 1.1 给出了自 18 世纪以来一些统计学家进行掷硬币试验所得的数据.

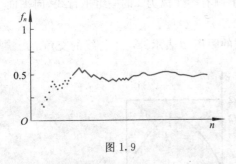

图 1.9

表 1.1 历史上掷硬币实验的结果

试验次数	掷币次数	正面出现的频率
蒲 丰	4 040	0.506 9
棣莫根	4 092	0.500 5
杰万斯	20 480	0.506 8
皮尔逊	24 000	0.500 5
罗曼诺夫斯基	80 640	0.497 9
费 勒	10 000	0.492 3

从表中的数字容易看出,"出现正面"的频率总在 1/2 附近波动而且近似等于 1/2.

在充分多次试验中,事件的频率总在一个定值附近摆动,而且试验次数越多,一般摆动越小.这个性质称作频率的**稳定性**.

考虑在相同条件下进行的 s 轮试验,假设各轮试验的次数相应为 $n_1, n_2, \cdots, n_s$.考虑某个事件 A,它在每次试验中可能出现也可能不出现.以 $m_1, m_2, \cdots, m_s$ 分别表示 A 在各轮试验中出现的次数.那么,A 在各轮试验中的频率 $m_1/n_1, m_2/n_2, \cdots, m_s/n_s$ 形成一个数列.频率稳定性指的就是:当各轮试验次数 $n_1, n_2, \cdots, n_s$ 充分大时,在各轮试验中事件 A 出现的频率之间,或者它们与某个平均值相差甚微.

关于频率和概率的关系,需要强调以下事实:对于较大的 n, n 次试验中事件 A 的频率一般与事件 A 的概率相差不大.试验次数 n 越大,频率与概率有显著差别的情形就越少见.

频率的稳定性有没有科学依据?这中间的奥秘何在?在历史上第一个指明其中规律的是著名数学家伯努利(Jacob Bernoulli,1654—1705).他的名著《推测术》是概率论中的一个丰碑.书中证明了极有意义的大数定律,对上述事实给出了科学的论述.在本书的第 5 章将介绍大数定律.

这种稳定性为用统计方法求概率的数值开拓了道路.

在实际中,当概率不易求出时,人们常取试验次数很大时事件的频率作为概率的估计值,称此概率为**统计概率**.这种确定概率的方法称为**频率方法**.

使用频率方法来确定概率,要求所涉及的随机现象能够进行大量重复.

例如,若我们希望知道某射手中靶的概率,应对这个射手在同样条件下大量射击的情况进行观察记录.若他射击 n 发,中靶 m 发,当 n 很大时,可用中靶频率 m/n 作为他中靶概率的估计.

在现实世界中,无限次重复是不可能的,只要重复次数足够多,就可用频率近似代替概率.实际使用中大多数概率就是用频率近似得到的.大家可以进入我们安排的随机试验(见配套光盘),进一步探讨频率与概率的关系.

1.2.5　概率的公理化定义与性质

1933 年,前苏联数学家柯尔莫哥洛夫给出了概率的公理化定义.即通过规定概率应具备的基本性质来定义概率.概率的基本性质基于频率的性质,从直观上易于理解.下面介绍用公理给出的概率定义.

设 E 是随机试验,S 是它的样本空间,对于 E 中的每一个事件 A,赋予一个实数,记为 $P(A)$,称为事件 A 的**概率**.如果集合函数 $P(\cdot)$ 满足下述三条公理:

公理 1　$P(A) \geqslant 0$; 　　　　　　　　　　　　　　　　　　　　　(1.3)

公理 2　$P(S) = 1$; 　　　　　　　　　　　　　　　　　　　　　(1.4)

公理 3　若 $A_1, A_2, \cdots$ 是 S 中互不相容的事件序列,即 $A_i A_j = \varnothing$,$i \neq j$,$i, j = 1, 2, \cdots$ 则有

$$P(A_1 + A_2 + \cdots) = P(A_1) + P(A_2) + \cdots \tag{1.5}$$

公理 1 说明,任一事件的概率是非负的;公理 2 说明,必然事件的概率为 1;公理 3 说明,对于可列个互不相容的事件,它们至少有一个发生的概率正好等于各自发生概率之和.公理 3 表达了概率最基本的特性:可加性.常称它为**可加性公理**,也常称它为**概率的加法公式**.

不难看到,三条公理与人们对概率的直观认识是一致的.而且可以验证,古典概率、几何概率及统计概率都无一例外地满足这三条公理.

概率的公理化定义迅速获得举世公认,为现代概率论的发展打下了坚实的基础.这个公理化体系是概率论发展史上的一个里程碑.

现在,从上面三条公理推导出概率的其他几条重要性质.

性质 1
$$P(\varnothing) = 0.$$
(1.6)

即不可能事件的概率为 0.

证明:设 $A_1, A_2, \cdots$ 为一特殊的事件序列,$A_1 = S, A_i = \varnothing, i > 1$,此时,各事件互不相容,且 $S = A_1 + A_2 + \cdots$. 由公理 3 可得

$$P(S) = P(A_1) + P(A_2) + \cdots = P(S) + P(\varnothing) + \cdots,$$

再由公理 2,得 $P(\varnothing) = 0$.

性质 2 对于有限个互不相容事件序列 $A_1, \cdots, A_n$,有

$$P(A_1 + \cdots + A_n) = P(A_1) + \cdots + P(A_n).$$
(1.7)

要证明此性质,只需在公理 3 中,令 $A_i = \varnothing, i > n$. 称性质 2 为有限可加性.

性质 3 对任一事件 A,有

$$P(\overline{A}) = 1 - P(A).$$

证明:由于 A 与 $\overline{A}$ 互不相容,即 $A\overline{A} = \varnothing$,而且 $A + \overline{A} = S$,由性质 2 和公理 3 可得 $1 = P(S) = P(A + \overline{A}) = P(A) + P(\overline{A})$,于是有

$$P(\overline{A}) = 1 - P(A).$$

这个性质可用文氏图(图 1.10)来说明. 设以边长为 1 个单位的正方形内一切点的集合表示样本空间 S,其中封闭曲线围成的一切点的集合表示事件 A,把图形的面积理解为相应事件的概率,则容易看到

$$P(A) + P(\overline{A}) = 1.$$

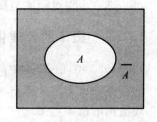

图 1.10

性质 3 在概率计算上很有用. 如果正面计算事件 A 的概率不容易,而计算对立事件 $\overline{A}$ 的概率较容易时,可以先计算 $P(\overline{A})$,再计算 $P(A)$.

【例 9】 有 r 个人,设每个人的生日是 365 天的任何一天是等可能的,试求事件“至少有两人同生日”的概率.

解 设 $A = \{$至少有两人同生日$\}$,则 $\overline{A} = \{$没有人同生日$\}$. 为求 $P(A)$,先求 $P(\overline{A})$.

$$P(\overline{A}) = \frac{\mathrm{P}_{365}^r}{(365)^r},$$

于是

$$P(A) = 1 - P(\overline{A}) = 1 - \frac{\mathrm{P}_{365}^r}{(365)^r}.$$

美国数学家伯格米尼曾经做过一个别开生面的实验. 在一个盛况空前、人山人海的世界杯足球赛赛场上,他随机地在某号看台上召唤了 22 个球迷,请他们分别写下自己的生日. 结果竟发现其中有两人同生日.

怎么会这样凑巧呢?用上面的公式可以计算此事($r = 22$)出现的概率为

$$P(A) = 1 - 0.524 = 0.476.$$

即 22 个球迷中至少有两人同生日的概率为 0.476.

这个概率不算小,因此它的出现不值得奇怪. 更令人吃惊的是,这个概率随着球迷人数的增加而迅速地增加,如表 1.2 所示.

所有这些概率都是在假定一个人的生日在 365 天的任何一天是等可能的前提下计算出来的. 实际上,这个假定并不完全成立,有关的实际概率比表中给出的还要大. 当人数超过 23 时,打赌说至少有两人同生日是有利的.

表 1.2　球迷中至少有两人同生日的概率

人　数	至少有两人同生日的概率
20	0.411
21	0.444
22	0.476
23	0.507
24	0.538
30	0.706
40	0.891
50	0.970
60	0.994

请进行"生日问题"的模拟试验(在配套光盘中). 你可以选择人数,看看模拟得到的结果如何.

当事件 B 包含事件 A 时,二者间的概率关系表述为性质 5.

性质 4　设 A、B 是两个事件,若 $A \subset B$,则有

$$P(B - A) = P(B) - P(A), \tag{1.8}$$

$$P(B) \geqslant P(A). \tag{1.9}$$

只要注意到 $B = A + (B - A)$ 且 $A(B - A) = \varnothing$,由有限可加性即得.

由　　　　　　$P(B) = P[A + (B - A)] = P(A) + P(B - A),$

移项得

$$P(B - A) = P(B) - P(A);$$

再由

$$P(B - A) \geqslant 0,$$

便得

$$P(B) \geqslant P(A).$$

式(1.8)给出了两事件 A、B 间有包含关系 $A \subset B$ 时,求事件 $B - A$ 的概率的计算公式. 此公式也称**减法公式**.

对任意两事件 A、B,由于 $A - B = A - AB$,且 $AB \subset B$,运用减法公式得

$$P(A - B) = P(A - AB) = P(A) - P(AB).$$

若 A、B 是任意两个事件,如何计算 $P(A + B)$ 呢?

注意到 $A + B$ 可以分解为两个互不相容事件 A 与 $(B - AB)$ 之和,由有限可加性即得

$$P(A + B) = P[A + (B - AB)] = P(A) + P(B - AB).$$

又因 $AB \subset B$,再由性质 4 便得性质 5.

性质 5　对任意两事件 A,B,有

$$P(A + B) = P(A) + P(B) - P(AB). \tag{1.10}$$

称公式(1.10)为**广义加法公式**,一般也称其为**加法公式**.

不难看出,当 A、B 互不相容时,$P(A+B) = P(A) + P(B)$,正是式(1.7)(两个事件的情形).式(1.10)也能推广到多个事件的情形.例如,设 A_1,A_2,A_3 为任意三个事件,则有

$$P(A_1 + A_2 + A_3) = P(A_1) + P(A_2) + P(A_3) - P(A_1A_2) - P(A_1A_3)$$
$$- P(A_2A_3) + P(A_1A_2A_3). \tag{1.11}$$

一般,对于任意 n 个事件 $A_1,\cdots,A_n$,可用归纳法证得

$$P\left(\sum_{i=1}^{n} A_i\right) = \sum_{i=1}^{n} P(A_i) - \sum_{1 \leqslant i < j \leqslant n} P(A_iA_j) + \sum_{1 \leqslant i < j < k \leqslant n} P(A_iA_jA_k)$$
$$+ \cdots + (-1)^{n-1} P(A_1A_2\cdots A_n). \tag{1.12}$$

证明请读者自行完成.

【**例 10**】 某人将三封写好的信随机装入三个写好地址的信封中,问没有一封信装正确的概率是多少?

解 设 $A_i = \{$第 i 封信装正确$\}$,$i = 1,2,3$;$A = \{$没有一封信装正确$\}$,则 $\overline{A} = \{$至少有一封信装正确$\}$.直接计算 $P(A)$ 不易,可先计算 $P(\overline{A})$.

$$\overline{A} = A_1 + A_2 + A_3,$$

$$P(\overline{A}) = P(A_1 + A_2 + A_3)$$
$$= P(A_1) + P(A_2) + P(A_3) - P(A_1A_2) - P(A_1A_3) - P(A_2A_3) + P(A_1A_2A_3).$$

其中

$$P(A_1) = P(A_2) = P(A_3) = \frac{2!}{3!} = \frac{1}{3},$$

$$P(A_1A_2) = P(A_1A_3) = P(A_2A_3) = \frac{1}{3!} = \frac{1}{6},$$

$$P(A_1A_2A_3) = \frac{1}{3!} = \frac{1}{6}.$$

将计算得到的各概率代入计算 $P(\overline{A})$ 的公式中,得

$$P(\overline{A}) = P(A_1 + A_2 + A_3) = 3 \cdot \frac{2!}{3!} - 3 \cdot \frac{1}{3!} + \frac{1}{3!}$$

$$= 1 - \frac{1}{2!} + \frac{1}{3!} = \frac{2}{3}.$$

因此

$$P(A) = 1 - P(\overline{A}) = \frac{1}{2!} - \frac{1}{3!} = \frac{1}{3}.$$

推广到 n 封信,用类似的方法可得,把 n 封信随机地装入 n 个写好地址的信封中,没有一封信装正确的概率为

$$1 - \left[1 - \frac{1}{2!} + \frac{1}{3!} - \cdots + (-1)^{n-1}\frac{1}{n!}\right] = \frac{1}{2!} - \frac{1}{3!} + \cdots + (-1)^n \frac{1}{n!}.$$

(试进行配套光盘中的"配对问题"试验,看看试验结果如何.)

下面看一个早期的例子.

【例 11】　在 17 世纪法国的赌场中,赌场老板愿以一对一的赌注设赌局,规则是:若玩家将一颗骰子抛掷四次,至少出一次"6"点,则玩家赢. 也有人提出另一种规则:若玩家将两颗骰子抛掷 24 次,至少出一次"双 6"点,则玩家赢.

这是怎么回事呢?

德梅尔认为上述两种赌法玩家赢的机会相同. 他的推理如下:

掷一颗骰子一次,有 1/6 的机会得"6"点. 因此,在四次抛掷中,有 $4 \times 1/6 = 2/3$ 的机会得到至少一次"6"点. 掷一对骰子一次,有 1/36 的机会得"双 6"点. 因此,在 24 次抛掷中,有 $24 \times 1/36 = 2/3$ 的机会得到至少一次"双 6"点.

根据这种推理,两种情况下的机会相同,都是 2/3.

但德梅尔在大量抛掷骰子的试验中却发现,第一个事件比第二个事件更可能出现. 这个矛盾称为德梅尔的悖论.

德梅尔以此问题请教数学家巴斯卡. 巴斯卡和他的朋友费尔马在通信中探讨了这个问题,他们发现德梅尔的推理是错误的.

把德梅尔的论证向前推进一点,可说明将一颗骰子抛掷六次,至少出一次"6"点的机会是 6/6 = 1;抛掷七次,这个概率就大于 1. 这显然是错误的.

那么,错在什么地方呢?又应如何计算呢?请读者给出回答.

我们在计算机上设计的模拟试验(见配套光盘试验"德梅尔的困惑")对上面的赌博游戏进行了模拟. 看看能不能发现上述差异. 当然,试验组数要多一些,我们在计算机上设计的是 1000 组.

1.2.6　主观概率

概率在现实生活中还有一个含义是"个人概率"或"主观概率".

例如,考虑某球队将进行的下一场足球赛,该球队获胜的概率是多少. 比赛的结果可能是获胜、失利和平局,它们出现的可能性并不一定相同. 此外,参赛队在近几年并没有几次交手,无数据可利用. 这时,如果要甲、乙、丙、丁四个人来估计该球队获胜的概率,他们的结果很可能不完全一致. 若这四个人估计的概率分别是 0.1,0.5,0.8,1,这意味着甲认为该球队获胜的可能性有,但很小;而丁认为该球队必然获胜;乙认为该球队有 1/2 的可能获胜;丙认为该球队有很大的可能获胜,但并非必然. 这些数字反映了这四个人对一种情况的估计.

又如,一个企业家考虑投资一个项目,有两种可能的前景:盈利或亏损. 在做出决定之前,他当然要估计一下盈利的可能性大小,也就是盈利这个事件发生的概率. 盈利和亏损并不一定是等可能的,而且这种事件是一次性的,即一过之后再也不能重复. 企业家不可能用频率方法去得到这个概率.

若这个企业家估计盈利的概率为 90%,那么他就很可能投资;如果估计盈利的概率为 40%,他也许就不投资. 不同人的估计可以有很大的出入,这与个人掌握的知识和信息资料有关,也与个人的看法和倾向有关.

前面两例中概率的确定是人们依据经验和已有信息对事件发生的可能性所给出的个人信念,这样给出的概率称为**主观概率**或**个人概率**.它也是在 0 和 1 之间的一个数字.

在日常生活中,我们常听说的"某事发生的可能性多大"一类说法,通常就是这种主观概率的表述.

主观概率表达的是对事件发生可能性的个人信念.对于一次性事件,尚没有一种得到公认的客观方法来计算概率,只能靠主观判断.但多数情况下,人们会利用所讨论问题的背景以及可获得的有关信息.尤其在一些较重要的问题中,当事人往往对所考察的事件有较多的了解,甚至是这一行的专家.所以主观概率不等于主观臆造和瞎说.

依据经验和历史资料等信息给出的主观概率没有什么固定的模式,但所确定的主观概率必须满足概率的三条公理.这时给出的主观概率才称得上是概率.

§1.3 条件概率与独立性

1.3.1 条件概率

一般地说,条件概率就是在附加某些条件之下所计算的概率.从广义上说,任何概率都是条件概率.因为,只有在某些确定的条件下才能谈论事件的概率.在概率论中,决定试验的一些基础条件被看做是确定不变的.如果不再加入其他条件或假定,则算出的概率就叫做"无条件概率",也就是通常所说的概率.当说到"条件概率"时,总是指另外附加的条件.例如,在事件 B 已经发生的条件下事件 A 的概率.由于附加了条件"已知事件 B 发生",它与事件 A 的概率 $P(A)$ 的意义是不同的.我们把这个概率记作 $P(A \mid B)$.

例如,考虑掷一颗骰子的试验.这里,骰子必须为均匀的正六面体,抛掷要有足够的高度等.这是试验的固有规定,不作为附加条件.我们用 A 表示事件"掷出 2 点",用 B 表示事件"掷出偶数点".下面求 $P(A)$ 和 $P(A \mid B)$.这里,样本空间

$$S = \{1,2,3,4,5,6\}, A = \{2\}, B = \{2,4,6\}.$$

由于 S 中每个元素(样本点)的出现都是等可能的,故

$$P(A) = 1/6.$$

若已知事件 B 发生,即在已知"掷出偶数点"的条件下,试验所有可能结果构成的集合就是 B. B 中共有三个元素,它们的出现是等可能的,其中只有一个在 A 中(见图 1.11),于是

$$P(A \mid B) = 1/3.$$

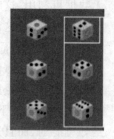

图 1.11

这里,可看到 $P(A) \neq P(A \mid B)$.这很容易理解,因为在求 $P(A \mid B)$ 时,我们是限制在 B 已发生的条件下考虑 A 发生的概率的.容易看到

$$P(A \mid B) = \frac{1}{3} = \frac{1/6}{3/6} = \frac{P(AB)}{P(A)}.$$

一般来说,若事件 B 已发生,则为使 A 发生,必然要求试验结果是既在 A 中又在 B 中的样本点,即此样本点必在 AB 中. 由于我们知道 B 已发生,故 B 变成了新的样本空间(缩减后的样本空间),于是 A 发生的概率等于 AB 的概率与 B 的概率之比(见图 1.12),即

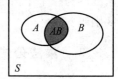

图 1.12

$$P(A \mid B) = \frac{P(AB)}{P(B)}.$$

由此得出如下条件概率的定义.

定义 设 A、B 是两个事件,且 $P(B) > 0$,则称

$$P(A \mid B) = \frac{P(AB)}{P(B)} \qquad (1.13)$$

为在事件 B 发生的条件下事件 A 的**条件概率**.

设 B 是一事件,且 $P(B) > 0$,则不难验证,条件概率 $P(\cdot \mid B)$ 满足概率公理化定义中的三条基本性质,即

(1) 对任一事件 A,$P(A \mid B) \geqslant 0$;

(2) $P(S \mid B) = 1$;

(3) 设 $A_1, A_2, \cdots$ 互不相容,则

$$P[(A_1 + A_2 + \cdots) \mid B] = P(A_1 \mid B) + P(A_2 \mid B) + \cdots$$

而且,前面对概率所证明的一些重要性质也都适用于条件概率. 这些留给读者自己证明.

计算条件概率,可以用 (1.13) 式,先计算 $P(AB)$,$P(B)$,再求 $P(A \mid B)$. 有时,直接从加入条件后改变了的情况去算,则更为方便.

【例 1】 掷两颗均匀骰子,已知第一颗掷出 6 点(记为事件 B),问"掷出点数之和不小于 10"(记为事件 A)的条件概率是多少?

解 掷两颗均匀骰子,有 $6 \times 6 = 36$ 种等可能的结果. 在第一颗掷出 6 点的条件下,只可能出现 6 种等可能结果之一. 为使事件 A 发生,第二颗骰子掷出点数只可能是 $4,5,6$ 三种情况,因此

$$P(A \mid B) = 3/6 = 1/2.$$

若用条件概率的定义式 (1.13) 直接来求,则

$$P(A \mid B) = \frac{P(AB)}{P(B)} = \frac{3/36}{6/36} = 1/2.$$

【例 2】 考虑恰有两个小孩的家庭,若已知一家有一个男孩(事件 B),问这一家的两个小孩都是男孩(事件 A)的概率是多少?(假定生男生女的概率相同).

解 对两个小孩的家庭,按年龄从大到小排列的性别有四种等可能的情形,即男男、男女、女男,女女.

已知一家有一个男孩,在此条件下,可能出现的结果有三种:男男、男女、女男,而两个小孩都是男孩只是其中的一种,故

$$P(A \mid B) = 1/3.$$

这个结果常使部分学生感到吃惊. 因为他们想, 既然已知有一个男孩, 另一个小孩是男孩还是女孩的概率都是 1/2, 所以所求的条件概率应是 1/2, 可这是错误的.

但如果我们把题目改为:"随机地遇到一个男孩, 并发现他是来自有两个小孩的家庭, 问这家庭的另一个小孩也是男孩的概率是多少?" 答案才是 1/2. 你能说明后一问题和前一问题的区别吗?

1.3.2 乘法公式

由条件概率的定义式(1.13), 若已知 $P(B), P(A \mid B)$ 时, 也可以反求 $P(AB)$, 即若 $P(B) > 0$, 则

$$P(AB) = P(B)P(A \mid B). \tag{1.14}$$

注意:在式(1.14)中, 可将 A, B 的位置互换, 这时有若 $P(A) > 0$, 则

$$P(BA) = P(A)P(B \mid A).$$

而 $P(AB) = P(BA)$, 于是得到:若 $P(A) > 0$, 则

$$P(AB) = P(A)P(B \mid A). \tag{1.15}$$

式(1.14)和式(1.15)都称为概率的**乘法公式**, 利用它们可计算两个事件同时出现的概率.

【例 3】 设有一批产品, 其中 820 件是正品, 180 件是次品. 从中任取两件, 两件都是次品的概率是多少?

解 我们令 A_i 表示"第 i 次抽到的是次品", $i = 1, 2$. 所求概率即为 $P(A_1 A_2)$, 因为共有 $820 + 180 = 1\ 000$ 件产品, 次品有 180 件, 故

$$P(A_1) = 180/1\ 000.$$

第一次取到次品后, 第二次抽取时有 999 件产品, 其中次品有 179 件, 因此

$$P(A_2 \mid A_1) = 179/999.$$

应用乘法公式得

$$P(A_1 A_2) = P(A_1)P(A_2 \mid A_1)$$
$$= (180/1\ 000)(179/999) \approx 0.032\ 25.$$

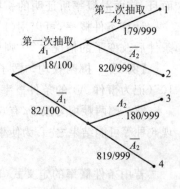

图 1.13 树形图

有时, 可以用简单的树形图来解决概率问题. 对本例, 可作出如图 1.13 所示的树形图.

从根起第一分叉上所示数字分别是 A_1 和 $\overline{A}_1$ 的概率, 后面分叉上所示概率是条件概率. 如 179/999 是 A_1 发生条件下 A_2 的概率, 180/999 是 $\overline{A}_1$ 发生条件下 A_2 的概率等. 由底部爬到任一顶点的概率可以由把那些相应概率相乘而得. 因此, 爬到顶点 1 的概率是

$$P(A_1 A_2) = (18/100)(179/999) \approx 0.032\ 25.$$

爬到顶点 2 的概率是

$$P(A_1 \overline{A}_2) = (18/100)(820/999) \approx 0.147\ 75.$$

于是,抽得第一件是次品的概率是顶点 1 和顶点 2 的概率之和,即为 $0.032\ 25 + 0.147\ 75 = 0.18$.

乘法公式可以推广到多个事件的情形,即当 $P(A_2 \cdots A_{n-1}) > 0$ 时,有

$$P(A_1 A_2 \cdots A_n) = P(A_1) P(A_2 \mid A_1) \cdots P(A_n \mid A_1 A_2 \cdots A_{n-1}). \tag{1.16}$$

再看两个例子:

【例 4】　(波里亚罐子模型) 一个罐子中包含 b 个黑球和 r 个红球. 随机地抽取一个球,观看颜色后放回罐中,并且再加进 c 个与所抽出的球具有相同颜色的球. 这种手续进行四次,试求第一、二次取到黑球且第三、四次取到红球的概率.

解　设 $B_i = \{$第 i 次取出是黑球$\}$,$R_j = \{$第 j 次取出是红球$\}$,于是 $B_1 B_2 R_3 R_4$ 表示事件"连续取四个球,第一、第二个是黑球,第三、第四个是红球".

用乘法公式容易求出

$$P(B_1 B_2 R_3 R_4) = P(B_1) P(B_2 \mid B_1) P(R_3 \mid B_1 B_2) P(R_4 \mid B_1 B_2 R_3)$$

$$= \frac{b}{b+r} \cdot \frac{b+c}{b+r+c} \cdot \frac{r}{b+r+2c} \cdot \frac{r+c}{b+r+3c}.$$

当 $c > 0$ 时,由于每次取出球后会增加下一次也取到同色球的概率,所以这是一个传染病模型. 即每出现一个传染病患者,都会增加再传染的概率.

【例 5】　一场精彩的足球赛将要举行,五个球迷好不容易才搞到一张入场券. 大家都想去,只好用抽签的方法来解决.

五张同样的卡片,只有一张上写有"入场券",其余的什么也没写. 将它们放在一起,洗匀,让五个人依次抽取. 可他们争先恐后,唯恐被排在后面抽.

"先抽的人当然要比后抽的人抽到的机会大."

"第一个人抽的时候,无论如何,写有'入场券'的卡片还在. 假如它被第一个人抽去了,后面的人就根本不用抽了."

后抽比先抽的确实吃亏吗?

主持抽签者出来说:"大家不必争先恐后,你们一个一个按次序来,谁抽到'入场券'的机会都一样大."

到底谁说得对呢?让我们用概率论的知识来计算一下每个人抽到"入场券"的概率到底有多大. 用 A_i 表示"第 i 个人抽到入场券",$i = 1,2,3,4,5$. 则 $\overline{A}_i$ 表示"第 i 个人未抽到入场券". 显然,$P(A_1) = 1/5$,$P(\overline{A}_1) = 4/5$,也就是说,第一个人抽到入场券的概率是 $1/5$.

再来看第二个人,要想第二个人抽到入场券,必须第一个人未抽到. 因此

$$P(A_2) = P(\overline{A}_1 A_2).$$

应用乘法公式得

$$P(A_2) = P(\overline{A}_1) P(A_2 \mid \overline{A}_1) = (4/5)(1/4) = 1/5.$$

其中 $P(A_2 \mid \overline{A}_1) = 1/4$,是因为在 $\overline{A}_1$(第一个人未抽到入场券)发生的条件下,第二个人在剩下的四张卡片中抽到"入场券"的概率是 $1/4$.

同理,第三个人要抽到"入场券",必须第一、第二个人都没有抽到.因此

$$P(A_3) = P(\overline{A_1}\overline{A_2}A_3) = P(\overline{A_1})P(\overline{A_2} \mid \overline{A_1})P(A_3 \mid \overline{A_1}\overline{A_2})$$
$$= (4/5)(3/4)(1/3) = 1/5.$$

继续做下去就会发现,每个人抽到"入场券"的概率都是1/5.

这就是有关抽签顺序问题的正确解答.也就是说,抽签不必争先恐后.大家还可以进行"抽签"试验(在配套光盘中)来验证上述结论.

1.3.3 事件的独立性

1. 两事件的独立性

上一小节的例题表明,在事件 B 发生的条件下事件 A 的条件概率一般不等于 A 的无条件概率.换句话说,已知事件 B 发生一般要改变事件 A 发生的机会.但也会碰到 $P(A \mid B)$ 与 $P(A)$ 相等的特殊情形.例如,抛掷两枚均匀硬币,设 B 表示事件"第一枚出正面",A 表示"第二枚出正面".我们知道,$P(A) = 1/2$,若知道 B 已出现,A 的条件概率 $P(A \mid B)$ 仍然是1/2.这就是说,B 的出现与否并不影响 A 的概率,即 $P(A \mid B) = P(A)$.此时我们说 A 独立于 B.

在事件独立的情况下,乘法公式就变得很简单,

$$P(AB) = P(A)P(B).$$

用此式来刻画独立性,比用 $P(A \mid B) = P(A)$ 或 $P(B \mid A) = P(B)$ 更好,因它不受 $P(B) > 0$(或 $P(A) > 0$)的制约.因此,我们有如下定义.

定义 2 若两事件 A、B 满足

$$P(AB) = P(A)P(B), \tag{1.17}$$

则称 A、B **独立**,或称 A、B **相互独立**.

【例 6】 从一副不含大、小王的扑克牌中随意抽出一张,记事件 A 为"抽到 K",事件 B 为"抽到的牌是黑色的".则由于

$$P(A) = 4/52 = 1/13, \quad P(B) = 26/52 = 13/26,$$
$$P(AB) = 2/52 = 1/26,$$

可见

$$P(AB) = P(A)P(B).$$

说明事件 A 与 B 独立.

在实际应用中,往往根据问题的实际意义去分析判断两事件是否独立.例如,两个工人分别在两台机床上进行生产,彼此各不相干,则各自是否生产出废品这类事件应是独立的;一城市中两个相距较远的地段是否出现交通事故等也是相互独立的.

2. 多个事件的独立性

对于三个事件 A、B、C 独立,自然要求任何一个事件发生的概率不受其他事件发生与否的影响.因此除要求 A 与 B,B 与 C,A 与 C 独立外,还应要求 A 与 BC,B 与 AC,C 与 AB 独立.其

定义如下：

定义 3　对于三个事件 A、B、C，如果

$$\begin{cases} P(AB) = P(A)P(B) \\ P(BC) = P(B)P(C) \\ P(AC) = P(A)P(C) \\ P(ABC) = P(A)P(B)P(C) \end{cases} \tag{1.18}$$

四个等式同时成立，则称事件 A、B、C **相互独立**.

推广到 n 个事件，可类似地写出定义 4.

定义 4　设 $A_1, A_2, \cdots, A_n$ 是 n 个事件，如果对任意 $k(2 \leqslant k \leqslant n)$，任意 $1 \leqslant i_1 < i_2 < \cdots < i_k \leqslant n$，等式

$$P(A_{i_1} A_{i_2} \cdots A_{i_k}) = P(A_{i_1}) P(A_{i_2}) \cdots P(A_{i_k}) \tag{1.19}$$

成立，则称 $A_1, A_2, \cdots, A_n$ 为**相互独立的事件**.

包含的等式总数为

$$C_n^2 + C_n^3 + \cdots + C_n^n = (1+1)^n - C_n^1 - C_n^0 = 2^n - n - 1.$$

两个或多个事件的独立性概念在概率论及其应用中起着十分重要的作用. 从事件独立性的定义可以看出，对于独立事件，许多概率计算可以简化.

3. 举例

【例 7】　一门火炮向某一目标射击，每发炮弹命中目标的概率为 0.7. 求：

（1）连射三发都命中的概率；

（2）至少有一发命中的概率.

解　我们用 A_i 表示"第 i 发炮弹命中目标"，$i = 1, 2, 3$.

显然，A_1, A_2, A_3 独立，故三发都命中的概率是

$$P(A_1 A_2 A_3) = P(A_1) P(A_2) P(A_3) = 0.7^3 = 0.343.$$

"至少有一发命中"就是事件 $A_1 + A_2 + A_3$. 因这三个事件不是互不相容的，故不能用互不相容时的加法公式. 而用相容时的加法公式则较复杂，但通过考虑其对立事件，可以转化为求三个独立事件积的概率."至少有一发命中"的反面是"三发都未命中"，所以

$$\begin{aligned} P(A_1 + A_2 + A_3) &= 1 - P(\overline{A_1 + A_2 + A_3}) \\ &= 1 - P(\overline{A_1}\,\overline{A_2}\,\overline{A_3}) \\ &= 1 - P(\overline{A_1}) P(\overline{A_2}) P(\overline{A_3}) \\ &= 1 - 0.3^3 = 0.973. \end{aligned}$$

可得到 n 个独立事件和的概率公式：

设 $A_1, A_2, \cdots, A_n$ 相互独立，则

$$\begin{aligned} P(A_1 + A_2 + \cdots + A_n) &= 1 - P(\overline{A_1 + A_2 + \cdots + A_n}) \\ &= 1 - P(\overline{A_1}\,\overline{A_2}\cdots\overline{A_n}) \\ &= 1 - P(\overline{A_1}) P(\overline{A_2}) \cdots P(\overline{A_n}). \end{aligned}$$

也就是说,n 个独立事件至少有一个发生的概率等于 1 减去各自对立事件概率的乘积.

【例8】 三个电子部件 A,B,C 的可靠性(即各部件正常工作的概率)依次为 0.95、0.90 和 0.99,由它们组成图 1.14 和图 1.15 所示的两个系统,哪个的可靠性高?

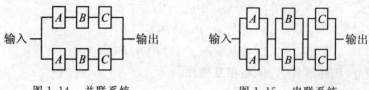

图 1.14　并联系统　　　　　图 1.15　串联系统

解 设 $C = \{$系统正常工作$\}$,并设图 1.14 的系统是由线路Ⅰ和线路Ⅱ并联而成(图1.16),图 1.15 的系统是由线路Ⅰ、线路Ⅱ和线路Ⅲ串联而成(见图 1.17).各线路通与不通是相互独立的.

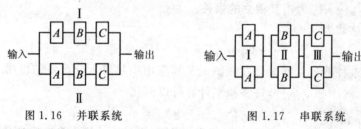

图 1.16　并联系统　　　　　图 1.17　串联系统

对图 1.16 的并联系统:

$$P(C) = 1 - P(\bar{C})$$
$$P(\bar{C}) = P(线路Ⅰ不通)P(线路Ⅱ不通)$$
$$= [1 - (0.95)(0.9)(0.99)]^2,$$

计算得 $P(C) = 0.976\,42$;

对图 1.17 的串联系统:

$$P(C) = P(线路Ⅰ通)P(线路Ⅱ通)P(线路Ⅲ通)$$
$$= [1 - (1 - 0.95)^2][1 - (1 - 0.9)^2][1 - (1 - 0.99)^2]$$
$$= 0.987\,43,$$

故图 1.17 的系统可靠性高.可见,通过串联能提高系统的可靠性.

§1.4　全概率公式和贝叶斯公式

全概率公式和贝叶斯公式主要用于计算比较复杂事件的概率,它们实质上是加法公式和乘法公式的综合运用.

1.4.1　全概率公式

下面看一个例子.

【例 1】　有三个箱子,分别编号为 1,2,3.1 号箱装有一个红球四个白球,2 号箱装有两个红球三个白球,3 号箱装有三个红球.某人从任一箱中任意摸出一球,求取得红球的概率.

解　记 $A_i = \{$球取自 i 号箱$\}, i = 1,2,3; B = \{$取得红球$\}$.

B 发生总是伴随着互不相容事件 A_1, A_2, A_3 之一同时发生,即 $B = A_1B + A_2B + A_3B$,且 A_1B, A_2B, A_3B 互不相容.于是,由加法公式

$$P(B) = P(A_1B + A_2B + A_3B) = P(A_1B) + P(A_2B) + P(A_3B),$$

对右端求和中的每一项使用乘法公式,得

$$P(B) = \sum_{i=1}^{3} P(A_i)P(B \mid A_i).$$

由题设条件,可得:

$$P(A_i) = 1/3, \quad i = 1,2,3;$$
$$P(B \mid A_1) = 1/5, \quad P(B \mid A_2) = 2/5, \quad P(B \mid A_3) = 1.$$

代入计算 $P(B)$ 的公式得

$$P(B) = (1/3)(1/5) + (1/3)(2/5) + (1/3) = 8/15.$$

将此例中所用的方法推广到一般情形,就得到在概率计算中常用的全概率公式.

设 S 为随机试验的样本空间,$A_1, A_2, \cdots, A_n$ 是互不相容的事件,且有 $P(A_i) > 0, i = 1,2, \cdots, n, S = \bigcup_{i=1}^{n} A_i$,则对任一事件 B,有

$$P(B) = \sum_{i=1}^{n} P(A_i)P(B \mid A_i). \tag{1.20}$$

称此公式为**全概率公式**,称满足上述条件的 $A_1, A_2, \cdots, A_n$ 为**完备事件组**,也称样本空间的一个**划分**.全概率公式由式(1.20)不难看出:"全"部概率 $P(B)$ 被分解成了许多部分之和.它的理论和实用意义在于:在较复杂情况下直接计算 $P(B)$ 不易,但 B 总是伴随着某个 A_i 出现,适当去构造这一组 A_i 往往可以简化计算.

下面通过例子进一步说明全概率公式的应用.

【例 2】　某二进制对称信道(BSC)的模型如图 1.18 所示.设信道的输入符号为 X,输出符号为 Y.

$$P(X = 0) = p, \quad P(X = 1) = 1 - p.$$

信道有干扰,已知误码率[①] 为 ε,即

$$P(Y = 0 \mid X = 0) = 1 - \varepsilon, \quad P(Y = 1 \mid X = 0) = \varepsilon,$$
$$P(Y = 0 \mid X = 1) = \varepsilon, \quad P(Y = 1 \mid X = 1) = 1 - \varepsilon.$$

求输出符号为 0 的概率.

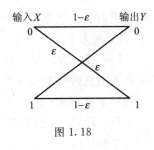

图 1.18

解　记 $A = \{X = 0\}$,则 $B = \{Y = 0\}, \overline{A} = \{X = 1\}$,则

$$B = AB + \overline{A}B.$$

① 误码率是指输入信号为 i 时,输出信号为 j 的条件概念 $P(Y = j \mid x = i)$.

即 B 是与互不相容事件 $A,\overline{A}$ 之一同时发生.已知原因求结果,用全概率公式,

$$P(B) = P(A)P(B \mid A) + P(\overline{A})P(B \mid \overline{A})$$
$$= p(1-\varepsilon) + (1-p)\varepsilon.$$

若 $p = 0.5, \varepsilon = 0.1$,则可计算得 $P(B) = 0.5$.同学们可以进行"信号传输"试验(在配套光盘中),对 p 取不同值的情形进行模拟试验和观察.

全概率公式还可以从另一个角度去理解:某一事件 B 的发生有各种可能的原因 $A_i(i = 1, 2, \cdots, n)$,如果 B 是由原因 A_i 所引起,则 B 发生的概率是

$$P(BA_i) = P(A_i)P(B \mid A_i).$$

每一原因都可能导致 B 发生,故 B 发生的概率是各原因引起 B 发生概率的总和,即全概率公式.

由此可以形象地把全概率公式看成为"由原因推结果".每个原因对结果的发生有一定的"作用",即结果发生的可能性与各种原因的"作用"大小有关.全概率公式表达了它们之间的关系.

1.4.2　贝叶斯公式

实际中还有下面一类问题,是"已知结果求原因".如在本节例1中,将问题改为:某人从任一箱中任摸一球,发现是红球,求该球是取自1号箱的概率,或者问该球取自哪号箱的可能性最大?这一类问题在实际中更为常见.它所求的是条件概率,是已知某结果发生条件下,求各原因发生可能性大小.接下来介绍为解决这类问题而引出的贝叶斯公式.

在全概率公式的假定之下,有

$$P(A_i \mid B) = \frac{P(BA_i)}{P(B)} = \frac{P(A_i)P(B \mid A_i)}{\sum\limits_{j=1}^{n} P(A_j)P(B \mid A_j)}, \quad i = 1, 2, \cdots, n. \tag{1.21}$$

称此公式为贝叶斯公式.

该公式于1763年由贝叶斯(Bayes)给出.它是在观察到事件 B 已发生的条件下,寻找导致 B 发生的每个原因 A_i 的概率.用贝叶斯公式计算.

贝叶斯公式在实际中有很多应用,可以帮助人们确定事件 B 发生的最可能原因.

下面来看一个例子.

【例3】　某一地区患有癌症的人占 0.5%.患者对一种试验反应是阳性[①] 的概率为 0.95,正常人对这种试验反应是阳性的概率为 0.04.现抽查了一个人,试验反应是阳性,问此人是患者的概率有多大?

解　设 $C = \{$抽查的人患有癌症$\}$,$A = \{$试验结果是阳性$\}$,则 $\overline{C} = \{$抽查的人不患癌症$\}$.
已知 $P(C) = 0.005, P(\overline{C}) = 0.995, P(A \mid C) = 0.95, P(A \mid \overline{C}) = 0.04$,求 $P(C \mid A)$.
由贝叶斯公式,可计算得

$$P(C \mid A) = \frac{P(C)P(A \mid C)}{P(C)P(A \mid C) + P(\overline{C})P(A \mid \overline{C})},$$

---

① 这里的阳性和阴性是诊断疾病时,对进行某种化验所得结果的表示方法,阳性代表有病或有病毒,阴性代表正常.

代入数据计算得

$$P(C \mid A) = 0.106\ 6.$$

现在来分析计算结果的意义.

从题设条件看,这种试验对于诊断一个人是否患有癌症是有意义的.因为患者阳性反应的概率是 0.95,如果不作试验,抽查一人,他是患者的概率只有 0.005,试验后得阳性反应.由试验得来的信息,此人是患者的概率从 0.005 增加到 0.106 6,将近增加 18 倍.但是,即使检出阳性,尚可不必过早下结论有癌症,这种可能性只有 10.7%.

【例 4】　某次考试中有一道选择题,同时列出 m 种选择答案,要求学生把其中唯一的正确答案选择出来.某考生可能知道哪个是正确答案,也可能乱猜(这里排除不知道答案且不回答的情况).设考生知道正确答案的概率是 p,而乱猜的概率为 $1 - p$,乱猜答案答对的概率应为 $1/m$.考试后已知该考生答对了,问他确实知道正确答案的概率是多少?

解　令 $A = \{该考生知道正确答案\}, B = \{该考生答对\}$,于是 $\overline{A} = \{该考生乱猜\}$.

所求为 $P(A \mid B)$,由贝叶斯公式可求得

$$P(A \mid B) = \frac{P(AB)}{P(B)} = \frac{P(A)P(B \mid A)}{P(A)P(B \mid A) + P(\overline{A})P(B \mid \overline{A})}.$$

将题设条件 $P(A) = p, P(\overline{A}) = 1 - p, P(B \mid A) = 1, P(B \mid \overline{A}) = 1/m$ 代入得

$$P(A \mid B) = \frac{mp}{1 + (m - 1)p}.$$

例如,当 $p = 1/2, m = 4, P(A \mid B) = 4/5$.

可见,在考题类型是选择题时,当考生知道正确答案的概率是 0.5,且一道考题同时列出四种选择答案,若考生答对了,则他确实知道正确答案的概率是 0.8.

试进一步思考,如果一道考题同时列出的标准答案个数 m 减少,其他条件不变,若考生答对了,则他确实知道正确答案的概率是增加还是减少?如果一道考题同时列出的标准答案个数 m 增加呢?

在贝叶斯公式中,$P(A_i)$ 和 $P(A_i \mid B)$ 分别称为原因 A_i 的**验前概率**和**验后概率**.$P(A_i)(i = 1, 2, \cdots, n)$ 是在没有进一步信息(不知道事件 B 是否发生)的情况下,人们对诸事件 A_i 发生可能性大小的认识.当有了新的信息(知道 B 发生),人们对诸事件 A_i 发生可能性大小 $P(A_i \mid B)$ 有了新的估计.贝叶斯公式从数量上刻画了这种变化.

后来的学者依据贝叶斯公式的思想发展了一整套统计推断方法,叫做"贝叶斯统计",可见贝叶斯公式的影响.

§1.5　综合应用举例

【例 1】　图 1.19 是一个串并联电路示意图,A、B、C、D、E、F、G、H 都是电路中的元件.它们下方的数是其各自正常工作的概率.求电路正常工作的概率.

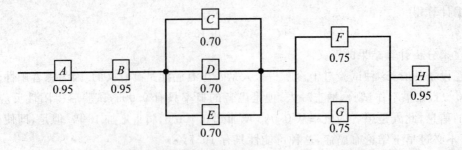

图 1.19

解:将电路正常工作记为 W,并用 A、B、C、D、E、F、G、H 表示这些元件正常工作.于是事件 W 发生等价于事件 A,B,$(C+D+E)$,$(F+G)$ 和事件 H 同时发生,其中事件 $(C+D+E)$ 表示 C、D、E 这三个元件至少有一个正常工作,$(F+G)$ 表示 F,G 这两个元件至少有一个正常工作.

由于各元件独立工作,有

$$P(W) = P(A)P(B)P(C+D+E)P(F+G)P(H).$$

其中

$$P(C+D+E) = 1 - P(\bar{C})P(\bar{D})P(\bar{E}) = 1 - 0.3^3 = 0.973,$$

$$P(F+G) = 1 - P(\bar{F})P(\bar{G}) = 1 - 0.25^2 = 0.9375,$$

代入得

$$P(W) = 0.95^3 \times 0.973 \times 0.9375 \approx 0.782.$$

本例应用到的知识点是:

(1) 计算独立事件同时发生概率的乘法公式;

(2) 独立事件至少有一个发生概率等于 1 减去各自对立事件概率的乘积.

【例 2】 (囚犯处决问题) 监狱看守通知三个囚犯,在他们中随机选出一个准备处决,而把另外两个释放.囚犯甲请求看守秘密地告诉他,另外两个囚犯中谁将获得自由.甲声言:"因为我已经知道他们两人中至少有一人要获得自由,所以你泄露这点消息是无妨的."但是看守拒绝回答这个问题.他对甲说:"如果你知道了你的同伙中谁将获释,那么,你自己被处决的概率就由 1/3 增加到 1/2,因为你就成了剩下的两个囚犯中的一个了."你认为看守的说法对吗?

解 看守的说法是不正确的.可用贝叶斯公式对此进行解答.

用 A、B、C 分别表示事件囚犯甲、乙、丙将被处决,用 D、E 分别表示事件看守告诉甲要获释的囚犯是乙、丙.

由已知条件,$P(A) = P(B) = P(C) = 1/3$.假设看守告诉甲要获释的囚犯是乙,即事件 D 发生了.由贝叶斯公式 (1.21) 有

$$P(A \mid D) = \frac{P(D \mid A)P(A)}{P(D)}$$

$$= \frac{P(D \mid A)P(A)}{P(D \mid A)P(A) + P(D \mid B)P(B) + P(D \mid C)P(C)}.$$

因为,若要处决的囚犯是甲,则看守会随机在乙或丙中选一人告诉甲此人会释放,所以 $P(D \mid A) = 1/2$;用类似的分析方法可得 $P(D \mid B) = 0, P(D \mid C) = 1$. 于是

$$P(A \mid D) = \frac{\frac{1}{2} \cdot \frac{1}{3}}{\frac{1}{2} \cdot \frac{1}{3} + 0 \cdot \frac{1}{3} + 1 \cdot \frac{1}{3}} = 1/3.$$

同理可计算 $P(A \mid E) = 1/3$.

所以,看守告诉甲谁将被获释,但并没有给甲提供更多的信息.

基本练习题一

1. 写出以下试验的样本空间:

(1) 将一枚硬币抛掷 n 次,观察出现正面的次数;

(2) 一射手向目标射击,直到击中目标为止,观察其射击次数;

(3) 对某工厂生产的产品进行检查,合格的盖上"正品",不合格的盖上"次品". 如连续查出两个次品就停止检查,或检查四个就停止检查. 记录检查的结果;

(4) 在单位圆内任取一点,记录它的坐标;

(5) 将一尺之锤折成三段,观察各段的长度.

2. 一试验恰有四种可能的结局:

(1) 试写出该试验的样本空间;

(2) 该试验共有多少个事件?请列举所有事件.

3. 设 A、B、C 为三个事件,用 A、B、C 的运算关系表示下列各事件:

(1) A 发生,B 与 C 不发生;

(2) A 与 B 都发生,而 C 不发生;

(3) A、B、C 中至少有一个发生;

(4) A、B、C 都发生;

(5) A、B、C 中至少有两个发生;

(6) A、B、C 都不发生;

(7) A、B、C 中不多于一个发生;

(8) A、B、C 中不多于两个发生.

4. 设 $S = \{x \mid 0 \leqslant x \leqslant 2\}, A = \{x \mid 1/2 < x \leqslant 1\}, B = \{x \mid 1/4 \leqslant x < 3/2\}$,请写出下列各事件:

(1) $\overline{A}B$;　　(2) $\overline{A} + B$　　(3) $\overline{\overline{A}B}$;　　(4) $\overline{AB}$;　　(5) $\overline{A + B}$.

5. 从 $0 \sim 9$ 这十个数字中任取两个,求这两个数字的和等于 3 的概率.

6. 假定生男生女是等可能的. 一家四个孩子最可能的性别情况是哪一种?是三个孩子是一种性别,另一孩子是另一种性别,还是两个男孩,两个女孩?请说明理由.

7. 设一盒中有 5 个白球,4 个黄球,3 个红球. 从盒中任取 4 个球,各种颜色的球都有的概率是多少?

8. 某城有五家旅馆. 有一天,某三人去这城里的旅馆投宿,问三人分住三处的概率是多少?解此题时你作了怎样的假设?有两人同住一旅馆的概率是多少?三人同住一旅馆呢?

9. 构造适当的概率模型证明等式

$$C_n^0 C_m^k + C_n^1 C_m^{k-1} + \cdots + C_n^k C_m^0 = C_{m+n}^k.$$

(提示:可考虑从箱中取球的模型.)

10. 若在区间 $(0,1)$ 内任取两个数,问两数之和小于 6/5 的概率是多少?

11. 设事件 A,B 互不相容,且已知 $P(A) = p, P(B) = q, 0 < p + q < 1$,求 $P(\overline{A}\,\overline{B})$.

12. 证明三个事件之和的概率公式.

(1) 利用两个事件的广义加法公式

$$P(A + B) = P(A) + P(B) - P(AB)$$

证明三个事件之和的概率公式;

(2) 通过把 $A + B + C$ 表示为互不相容事件和的形式,以证明任意三个事件之和的概率公式.(提示: $A + B + C = A + (B - A) + [C - (A + B)]$.)

13. 设 A,B 是两个事件且 $P(A) = 0.6, P(B) = 0.7$. 问:

(1) 在什么条件下, $P(AB)$ 取到最大值,最大值是多少?

(2) 在什么条件下, $P(AB)$ 取到最小值,最小值是多少?

14. 设 A,B 是两个事件,已知 A 和 B 至少有一个发生的概率是 1/3, A 发生且 B 不发生的概率是 1/9,求 B 发生的概率.

15. 甲、乙两台机器在一小时内开动的时间分别为 50 min 和 45 min,两台机器同时开动的时间为 40min,求两台机器至少有一台开动的概率.

16. 在不超过 100 的自然数里任取一数,求此数能被 2 或能被 5 整除的概率为多少?

17. 已知 $P(A) = P(B) = P(C) = 1/4$、$P(AC) = P(BC) = 1/16$、$AB = \varnothing$,求事件 A, B, C 全不发生的概率.

18. 某种集成电路使用到 2 000 h 还能正常工作的概率是 0.94,使用到 3 000 h 还能正常工作的概率是 0.87. 问已经工作了 2 000 h 的集成电路,到了 3 000 h 还能正常工作的概率是多少?

19. 掷两颗骰子,已知两颗骰子点数之和为 7,求其中有一颗为 1 的概率(用两种方法求解).

20. 已知在十只晶体管中有两只次品. 在其中取两次,每次任取一只,作不放回抽样. 求下列事件的概率:

(1) 两只都是正品;   (2) 两只都是次品;

(3) 一只是正品,一只是次品;   (4) 第二次取出的是次品.

21. 某人忘记了电话号码的最后一个数字,因而他随意地拨号. 求他拨号不超过三次而接通所需电话的概率. 若已知最后一个数字是奇数,那么此概率是多少?

22. 已知 $P(\overline{A}) = 0.3, P(B) = 0.4, P(A\overline{B}) = 0.5$, 求 $P(B \mid A + \overline{B})$.

23. 已知 $P(A) = 1/4, P(B \mid A) = 1/3, P(A \mid B) = 1/2$, 求 $P(A + B)$.

24. 电路由电池 A 与两个并联的电池 B 及 C 串联而成.设电池 A、B、C 损坏的概率分别为 0.3、0.2、0.2, 求电路发生断电的概率.

25. 抛掷一颗均匀骰子,设事件 $A = \{$得到的结果是偶数$\}$,$B = \{$得到的结果是3的倍数$\}$. 问 A 和 B 是否独立?若把骰子换成下面两种情形:

(1) 骰子的形状是正四面体,各个面上分别标上 $1,2,3,4$;

(2) 骰子的形状是正八面体,各个面上分别标上 $1 \sim 8$.

问 A 和 B 是否独立?

26. 三台机器独立运转,设第一、第二、第三台机器不发生故障的概率分别为 0.9、0.8、0.7, 则这三台机器中至少有一台发生故障的概率是多少?

27. 对下图所示并联系统,假设每个部件的可靠性(即各部件正常工作的概率)相同,问每个部件的可靠性应是多少才能使系统的可靠性达到 0.9?

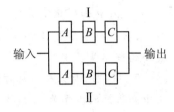

第 27 题图

28. 设每支枪击毁目标的概率为 0.4,问至少需要多少支枪同时射击才能使目标被击毁的概率不小于 0.9?

29. 某采购员购买 20 个一包的晶体管.他的方法是:从每包中随机地选择 4 只,只有当 4 只全无缺陷时才买下这一包. 设各晶体管有缺陷的概率独立地为 0.1,问被拒绝的包数占多大比例?

30. 设 $1\,000$ 个男人中有 5 个色盲者,而 $10\,000$ 个女人中只有 25 个色盲者.如检查色盲的人中有 $3\,000$ 个男人,$2\,000$ 个女人,任检查一人,求此人是色盲的概率.

31. 两台车床加工同样的零件,第一台废品率是 3%,第二台废品率是 2%.加工出来的零件放在一起,并且已知第一台加工的零件比第二台加工的零件多一倍.求:

(1) 任意取出一个零件是合格品的概率;

(2) 如果任意取出的零件是废品,求是第二台车床加工的概率.

32. 轰炸机轰炸目标时,它能飞到距目标 $400\mathrm{m}$、$200\mathrm{m}$、$100\mathrm{m}$ 的概率分别是 0.5、0.3、0.2. 设它在距目标 $400\mathrm{m}$、$200\mathrm{m}$、$100\mathrm{m}$ 的命中率分别为 0.01、0.02、0.1. 当目标被命中时,求飞机是在 $400\mathrm{m}$、$200\mathrm{m}$、$100\mathrm{m}$ 处轰炸的概率各为多少?

33. 将两信息分别编码为 A 和 B 传送出去.接收站收到信息时,A 被误收为 B 的概率为 0.02,而 B 被误收为 A 的概率为 0.01.信息 A 和信息 B 传送的频繁程度为 $2:1$.若接收站接收到的信息是 A,问原发信息是 A 的概率是多少?

34. 一个男人到闹市区去,他遭到了背后袭击和抢劫,他断言凶犯是个黑人.然而,当调查这一案件的法院在可比较的光照条件下多次重新展现现场情况时,受害者正确识别袭击者种族的次数大约只占到 80%.假定在这个城市的人口中 90% 是白人,10% 是黑人,问袭击他的人确实是黑人的概率是多少？在解题中，你使用了什么假设？

提高题一

1. 有四个女孩在一家餐馆打工，她们去洗餐具，共打破了四个食具，其中有三个是名叫小红的女孩打破的，因此人家说她笨，她是否有理由申辩这完全是碰巧？讨论这一问题和球随机地放入箱中的联系.

2. 随机地将 15 名新生平均分配到三个班级中，这 15 名学生中有 3 名是优等生，求：

(1) 每一个班级各分配到一个优等生的概率；

(2) 3 名优等生分配到同一班级的概率.

3. 假设一根棍子从中间折成三段，问得到的三段能够组成一个三角形的概率是多少？

4. 50 只铆钉随机地取来用在 10 个部件上，其中有 3 个铆钉强度太弱. 每个部件用 3 个铆钉. 若将 3 个强度太弱的铆钉都装在一个部件上，则这个部件强度太弱. 问发生一个部件强度太弱的概率是多少？

5. 甲、乙、丙三人同时对飞机进行射击，三人击中的概率分别为 0.4、0.5、0.7. 飞机被一人击中而击落的概率为 0.2，被两人击中而击落的概率为 0.6，若三人都击中，飞机必定被击落. 求飞机被击落的概率.

6. 在一盒子中装有 12 个乒乓球，其中有 9 个新球. 在第一次比赛时任意取出 3 个球，比赛后仍放回原盒中；在第二次比赛时同样任意取出 3 个球.

(1) 求第二次取出的 3 个球均为新球的概率.

(2) 若已知第二次取出的球都是新球，求第一次取出的球都是新球的概率.

7. 玻璃杯成箱出售，每箱 20 只. 假设各箱含有 0、1、2 只残次品的概率相应为 0.8、0.1、0.1. 一顾客欲购一箱玻璃杯. 在购买时，售货员随意取一箱，顾客开箱随机地察看四只，若无残次品，则买下这箱玻璃杯，否则退回. 求：

(1) 顾客买下该箱的概率；

(2) 在顾客买下的一箱中，确实没有残次品的概率.

8. 有 $n+1$ 个罐子，其中 n 个罐中的每一个都装有 4 个白球与 6 个黑球，另一个罐中装有 5 个白球与 5 个黑球. 从这 $n+1$ 个罐中随机选取一罐，从中任取两球，发现都是黑球. 已知在所选取的罐中还剩有 5 个白球和 3 个黑球的概率是 1/7，求 n.

第 2 章

随机变量及其分布

本章通过随机变量研究随机现象. 主要介绍随机变量及其分布函数的概念,离散型随机变量及其概率函数,连续型随机变量及其概率密度函数,随机变量函数的分布以及几种常用的离散型和连续型分布.

§2.1　随机变量及其分布函数

2.1.1　随机变量

随机变量是描述随机现象的主要工具,是第 1 章所讨论的随机事件概念的推广.

在对随机现象的研究中,人们注意到,随机试验的结果都可以用数量来表示. 或者说,随机试验的结果可以和实数建立起对应关系. 由此就产生了随机变量的概念.

有不少随机试验,其试验结果本身就是用数量表示的. 例如,掷一颗骰子面上出现的点数,一批产品中的次品个数,每天进入北京站的人数,等等.

在有些试验中,试验结果看来与数值无关,但可以引进一个变量来表示它的各种结果. 例如,观察在某医院出生的新生婴儿的性别,其结果不是数值. 引进一个变量 X,表示一次生育中出生的男婴数. 即

$$X = \begin{cases} 1 & \text{出生的是男婴} \\ 0 & \text{出生的是女婴} \end{cases}.$$

变量 X 与试验结果建立了一种对应关系.

可见,不论随机试验的结果是与数值有关还是无关,我们都可以使它们与实数建立起对应关系. 这种对应关系在数学上理解为定义了一种实值函数.

我们知道,样本空间是试验所有可能结果的集合. 所以这种实值函数是定义在样本空间上的函数,它随试验结果(样本点)的不同而取不同的值. 因而在试验之前只知道它可能取值的范围,而不能预先肯定它将取哪个值. 由于试验结果的出现具有一定的概率,于是这种实值函

数取每个值和取每个确定范围内的值也有一定的概率. 我们称这种定义在样本空间上的实值函数为**随机变量**.

和微积分中的变量不同, 概率论中的随机变量 X 是取值随机会而定的变量.

可以举出许多随机变量的例子. 例如, 一天内某交通路口的事故数, 某地区七月份的最高温度, 随机抽查的一个人的身高、体重、胆固醇或红血球的数量, 从商场购买的一台电视机的寿命, 等等, 都是随机变量.

随机变量通常用大写英文字母 X, Y, Z 等表示. 而表示随机变量所取的值时, 一般采用小写字母 x, y, z 等. 例如, 当涉及从某一学校随机选一学生, 测量他的身高时, 可以把可能的结果看作随机变量 X, 然后就可以提出关于 X 的各种问题. 比方说, "$X \geqslant 1.7\text{m}$" 的概率, 或者 "$X < 1.6\text{m}$" 的概率, 等等. 一旦实际选定了一个学生并量了他的身高之后, 就得到 X 的一个具体的值, 记作 x. 对于这个具体的 x 来说, 要么 $x \geqslant 1.7$, 要么 $x < 1.7$, 再去讨论这个具体的值 $x \geqslant 1.7$ 的概率就没有什么意义了.

引进随机变量以后, 随机事件就可以通过随机变量来表示, 进一步可表示事件的概率. 例如, 盒中有 5 个球, 其中有 2 个白球, 3 个黑球. 从中任取 3 个球, 则取到的白球数 X 是一个随机变量. 它可能取的值是 $0, 1, 2$, 即 $S = \{0, 1, 2\}$. 于是 "取到一个白球" 的事件可表示为 $\{X = 1\}$, "至多取到两个白球" 的事件可表示为 $\{X \leqslant 2\}$, 相应的概率可表示为 $P\{X = 1\}, P\{X \leqslant 2\}$.

可见, 随机事件这个概念实际上包容在随机变量这个更广的概念内. 也可以说, 随机事件是从静态的观点来研究随机现象, 而随机变量则是一种动态的观点, 就像微积分中常量与变量的区别那样. 概率论能从计算一些孤立事件的概率发展为更高的理论体系, 其基础概念就是随机变量.

随机变量概念的产生是概率论发展史上的重大事件. 引入随机变量后, 对随机现象统计规律的研究就由对事件及事件概率的研究扩大为对随机变量及其取值规律的研究. 今后我们所讨论的随机现象, 几乎都用随机变量来描述. 这样就可以用微积分等数学工具进行比较深入的研究.

常用的随机变量有如下两大类:

一类叫**离散型随机变量**. 其特征是随机变量的所有取值可以逐个列举出来. 如前面说到的 "掷骰子出现的点数", "交换台收到的呼叫数" 等都属于此类.

另一类叫**连续型随机变量**. 这种变量的全部可能取值不仅是无穷多的, 而且还不能无遗漏地列举出来, 而是充满一个区间. 例如, "电视机的寿命", 实际中常遇到的 "测量误差" 等都是连续型随机变量.

这两种类型的随机变量因为都是随机变量, 自然有很多相同或相似之处, 但因其取值方式不同, 又有其各自的特点. 将在后面的内容中分别加以介绍.

2.1.2　随机变量的分布函数

为了更一般地研究随机变量取值的统计规律性, 引进如下定义.

定义 1　设 X 是一个随机变量, x 是任一实数, 称

$$F(x) = P(X \leqslant x)(-\infty < x < +\infty) \tag{2.1}$$

为 X 的**分布函数**,记作 $X \sim F(x)$ 或 $F_X(x)$.

如果将 X 看作数轴上随机点的坐标,那么分布函数 $F(x)$ 在点 x 处的值就表示 X 落在区间 $(-\infty, x]$ 上的概率.

在 (2.1) 式中,X, x 皆为变量. X 是随机变量,x 是参变量. $F(x)$ 是随机变量 X 取值不大于 x 的概率.

对于任意的实数 $x_1, x_2 (x_1 < x_2)$,随机变量 X 落在区间 $(x_1, x_2]$ 内的概率可由分布函数计算.

$$P(x_1 < X \leqslant x_2) = P(X \leqslant x_2) - P(X \leqslant x_1) = F(x_2) - F(x_1).$$

因此,只要知道了随机变量 X 的分布函数,X 的统计特性就可以得到全面的描述.

分布函数 $F(x)$ 是一个定义在实数集上的函数,它具有下列性质:

(1) $F(x)$ 是非降函数,即若 $x_1 < x_2$,则 $F(x_1) \leqslant F(x_2)$;

(2) $F(-\infty) = \lim\limits_{x \to -\infty} P(X \leqslant x) = 0, F(+\infty) = \lim\limits_{x \to +\infty} P(X \leqslant x) = 1$;

(3) $F(x)$ 右连续,即 $\lim\limits_{x \to x_0^+} F(x) = F(x_0)$.

其中 $\lim\limits_{x \to x_0^+}$ 表示在 $x > x_0$ 条件下,$x \to x_0$ 时所得到的极限.

性质 (1) 成立是因为事件 $\{X \leqslant x_1\} \subset \{X \leqslant x_2\}$. 性质 (2) 可从几何上加以说明,在图 2.1 中,将区间端点 x 沿数轴无限向左移动 (即 $x \to -\infty$),则随机点 X 落在 x 左边的概率趋于 0,即有 $F(-\infty) = 0$;又若将 x 沿数轴无限向右移动 (即 $x \to \infty$),

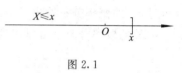

图 2.1

则随机点 X 落在 x 左边的概率趋于 1,即有 $F(+\infty) = 1$. 性质 (3) 的证明超出本书范围,从略.

如果一个函数具有上述性质,则一定是某个随机变量 X 的分布函数. 也就是说,性质 (1) ~ (3) 是鉴别一个函数是否是某随机变量的分布函数的充分必要条件.

§2.2　离散型随机变量及其分布

至多能取可数多个值的随机变量称为离散型随机变量.

2.2.1　离散型随机变量的概率函数

设 X 是一个离散型随机变量,它可能取的值是 $x_1, x_2, \cdots$. 为了描述随机变量 X,只知道它可能取的值是不够的,更重要的是要知道它取各个值的概率. 也就是说,必须知道它的概率分布情况.

【例1】　盒中有 5 个球,其中有 2 个白球,3 个黑球. 从中任取 3 个球,则取到的白球数 X 是一个随机变量,它可能取的值是 $0, 1, 2$. 利用求古典概率的方法可得

$$P(X = 0) = \frac{C_3^3}{C_5^3} = \frac{1}{10}, \quad P(X = 1) = \frac{C_3^2 C_2^1}{C_5^3} = \frac{6}{10},$$

$$P(X=2)=\frac{C_3^1 C_2^2}{C_5^3}=\frac{3}{10}.$$

这里,不仅知道随机变量 X 的取值,而且还知道 X 取每个值的概率.这样,就掌握了 X 这个随机变量取值的概率规律.

一般地,我们给出如下定义.

定义 1　设 $x_k(k=1,2,\cdots)$ 是离散型随机变量 X 所取的一切可能值,称

$$P(X=x_k)=p_k,\quad k=1,2,\cdots \tag{2.2}$$

或写成

$$\begin{pmatrix} x_1 & x_2 & \cdots & x_k & \cdots \\ p_1 & p_2 & \cdots & p_k & \cdots \end{pmatrix},$$

为离散型随机变量 X 的**概率函数**(或**概率分布**,也称**分布律**,**分布列**).

其中 $p_k(k=1,2,\cdots)$ 满足:

(1) $p_k\geqslant 0,\quad k=1,2,\cdots$;

(2) $\sum\limits_k p_k=1.$

可见,X 的概率分布给出了全部概率 1 在 X 的可能取值上的分布情况.

X 的概率分布也可以用列表方式给出:

X 的值	x_1	x_2	$\cdots$	x_k	$\cdots$
概率	p_1	p_2	$\cdots$	p_k	$\cdots$

或写成

$$X\sim\begin{pmatrix} x_1 & x_2 & \cdots & x_k & \cdots \\ p_1 & p_2 & \cdots & p_k & \cdots \end{pmatrix}.$$

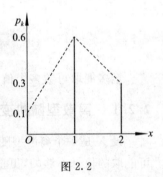

图 2.2

还可以形象地用图示方法来表示概率分布.我们在 x 轴上画出 X 可能取的值 $x_1,x_2,\cdots,x_k,\cdots$,在每个点 x_k 画一条垂直于 x 轴的线段,其长度等于对应的概率 $p_k=P(X=x_k)$,这样就得到一个概率分布图.例 1 中的概率分布如图 2.2 所示.

在求得某个随机变量 X 的概率函数后,我们不仅知道 X 取每个可能值的概率,而且也很容易求出 X 取某个范围内的数值的概率.如在例 1 中,求{取到白球数 $\geqslant 1$} 的概率,只需将分布在这个范围内的概率相加,

$$P(X\geqslant 1)=P(X=1)+P(X=2)=\frac{6}{10}+\frac{3}{10}=\frac{9}{10}.$$

【例 2】　将 20 个同样的乒乓球分别编号为 1 到 20,放入一个桶中,搅匀后,从桶中任取一球,设其上的号码为 X,则 X 是一个随机变量,它的概率函数是:

$$X \sim \begin{pmatrix} 1 & 2 & \cdots & 20 \\ \dfrac{1}{20} & \dfrac{1}{20} & \cdots & \dfrac{1}{20} \end{pmatrix}.$$

一般地,若随机变量 X 的概率函数是

$$P(X = x_k) = \frac{1}{n}, \qquad k = 1, 2, \cdots, n. \tag{2.3}$$

则称随机变量 X 服从离散均匀分布.

例 2 中的随机变量 X 即服从离散均匀分布.

【例3】　某加油站替公共汽车站代营出租汽车业务,每出租一辆汽车,可从出租公司得到 3 元.因代营业务,每天加油站要多付给职工服务费 60 元.设每天出租汽车数 X 是一个随机变量,它的概率分布如下:

$$X \sim \begin{pmatrix} 10 & 20 & 30 & 40 \\ 0.15 & 0.25 & 0.45 & 0.15 \end{pmatrix}.$$

求因代营业务得到的收入大于当天的额外支出费用的概率.

解　加油站每代营出租一辆车,可得 3 元.每天出租汽车数为 X,因代营业务得到的收入为 $3X$ 元.每天加油站要多付给职工服务费 60 元,即当天的额外支出费用.

于是,因代营业务得到的收入大于当天的额外支出费用的概率为

$$P\{3X > 60\} = P\{X > 20\} = P\{X = 30\} + P\{X = 40\} = 0.6.$$

也就是说,加油站因代营业务得到的收入大于当天的额外支出费用的概率为 0.6.

2.2.2　离散型随机变量的分布函数

设 X 是离散型随机变量,其概率函数是

$$\begin{pmatrix} x_1 & x_2 & \cdots & x_k & \cdots \\ p_1 & p_2 & \cdots & p_k & \cdots \end{pmatrix},$$

则有

$$F(x) = P(X \leqslant x) = \sum_{k: x_k \leqslant x} p_k. \tag{2.4}$$

即 $F(x)$ 是 X 取 $\leqslant x$ 的诸值 x_k 的概率之和,故又称 $F(x)$ 为**累积概率函数**.

【例4】　设随机变量 X 具有概率函数

$$X \sim \begin{pmatrix} 0 & 1 & 2 \\ \dfrac{1}{3} & \dfrac{1}{6} & \dfrac{1}{2} \end{pmatrix},$$

其概率函数如图 2.3 所示.我们来计算它的分布函数.

解　当 $x < 0$ 时,因为事件 $\{X \leqslant x\} = \varnothing$,所以 $F(x) = 0$;

当 $0 \leqslant x < 1$ 时,$F(x) = P(X \leqslant x) = P(X = 0) = \dfrac{1}{3}$;

当 $1 \leqslant x < 2$ 时，$F(x) = P(X = 0) + P(X = 1) = \dfrac{1}{3} + \dfrac{1}{6} = \dfrac{1}{2}$；

当 $x \geqslant 2$ 时，$F(x) = P(X = 0) + P(X = 1) + P(X = 2) = 1.$

故有

$$F(x) = \begin{cases} 0 & \text{当 } x < 0 \\ 1/3 & \text{当 } 0 \leqslant x < 1 \\ 1/2 & \text{当 } 1 \leqslant x < 2 \\ 1 & \text{当 } x \geqslant 2 \end{cases}.$$

$F(x)$ 的图形如图 2.4 所示.这是一个阶梯状的图形,在 $X = 0, 1, 2$ 处具有跳跃,其跃度分别等于 $P(X = 0), P(X = 1), P(X = 2).$

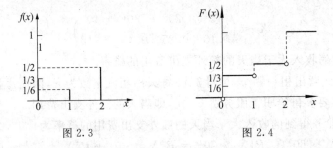

图 2.3   图 2.4

【例 5】 设 X 具有离散均匀分布(见(2.3)式),则 X 的分布函数为

$$F(x) = \begin{cases} 0 & \text{当 } x < \min(x_1, \cdots, x_n) \\ \dfrac{k}{n} & \text{当 } x \geqslant \min(x_1, \cdots, x_n), \text{且 } x_j (j = 1, 2, \cdots, n) \text{ 中恰有 } k \text{ 个不大于 } x. \\ 1 & \text{当 } x \geqslant \max(x_1, \cdots, x_n) \end{cases}$$

这个结果在数理统计中会用到.

2.2.3 伯努利概型与二项分布

伯努利概型是一种有广泛应用的概率模型,我们从一个例子说起.

【例 6】 设生男孩的概率为 p,生女孩的概率为 $q = 1 - p$(不考虑多胞胎).把观察一个出生婴儿的性别看作一次试验,这个试验只有两个可能的结果:是男孩或女孩.这种只有两个可能结果的随机试验称作**伯努利试验**.

一般地,我们把一次试验中两个互逆的结果分别称为"成功"和"失败",(如例 6 中的"是男孩"和"是女孩"用 $p(0 < p < 1)$ 表示成功的概率,则 $1 - p$ 表示失败的概率.用随机变量 X 表示一次试验中成功的次数,即

$$X = \begin{cases} 1 & \text{出现成功} \\ 0 & \text{出现失败} \end{cases}.$$

不难得到, X 的概率分布为

$$X \sim \begin{pmatrix} 0 & 1 \\ 1-p & p \end{pmatrix},$$

用公式表示为

$$P(X=k) = p^k q^{1-k}, \quad k=0,1, \quad q=1-p, \tag{2.5}$$

称此分布为**伯努利分布**或 **0 − 1 分布**.

在实际问题中,人们经常关心的是 n 次独立重复伯努利试验中的情况,即把伯努利试验独立地重复 n 次. 这里的重复是指每次试验的条件不变,这意味着在每次试验中,成功出现的概率 p 不变. 独立是指一次试验中出现怎样的结果,与前面已做的试验无关. 这样的 n 次独立重复伯努利试验称作 n **重伯努利试验**或**伯努利概型**.

可见,伯努利概型要满足以下三个条件:

(1) 每次试验中,我们只关心两个互逆的结果 A 或 $\overline{A}$(成功或失败);

(2) 每次试验中,事件 A 出现的概率都是 p;

(3) 各次试验相互独立.

在 n 重伯努利试验中,我们往往只关心成功的总次数而不考虑成功的出现顺序. 用 X 表示成功的总次数,它可能取的值是 $0,1,2,\cdots,n$. 现在我们来求 X 的概率分布.

由于各次试验是相互独立的,因此,事件 A(成功)在指定的 $k(0 \leqslant k \leqslant n)$ 次试验中发生,在其余 $n-k$ 次试验中不发生的概率为

$$\underbrace{p \cdot p \cdot \cdots \cdot p}_{k个} \cdot \underbrace{q \cdot \cdots \cdot q}_{n-k个} = p^k q^{n-k}.$$

这种指定的方式共有 C_n^k 种,它们是两两互斥的,故事件 A 在 n 次试验中发生 k 次的概率是 $P(X=k) = C_n^k p^k (1-p)^{n-k}$. 由此不难得到 X 的概率分布,这个分布就是二项分布.

可见,二项分布描述的是 n 重伯努利试验中成功出现的次数的分布.

定义 2　若随机变量 X 的概率函数为

$$P(X=k) = C_n^k p^k (1-p)^{n-k}, \quad k=0,1,\cdots,n, \quad 其中 0<p<1, \tag{2.6}$$

则称 X 服从参数为 n 和 p 的**二项分布**,并记作 $X \sim B(n,p)$.

显然

$$P(X=k) \geqslant 0, \quad \sum_{k=0}^n C_n^k p^k q^{n-k} = (p+q)^n = 1,$$

而 $P(X=k) = C_n^k p^k q^{n-k}$ 正好是二项式 $(p+q)^n$ 的展开式中第 $k+1$ 项.

【例 7】 已知 100 个产品中有 5 个次品. 现从中有放回地取 3 次,每次任取 1 个,求在所取的 3 个中恰有 2 个次品的概率.

解　因为这是有放回地取 3 次,因此这 3 次试验的条件完全是相同的,它是伯努利试验. 依题意,每次试验取到次品的概率为

$$p = \frac{5}{100} = 0.05.$$

设 X 为所取的 3 个产品中的次品数,则 $X \sim B(3, 0.05)$,于是有

$$P(X = 2) = C_3^2 (0.05)^2 (0.95) = 0.007\ 125.$$

如果将本例中的"有放回"改为"无放回",那么各次试验条件就不同了,故不能用(2.6)式,而只能用古典概型求解.

$$P(X = 2) = \frac{C_{95}^1 C_5^2}{C_{100}^3} \approx 0.006\ 18.$$

在实际问题中,真正在完全相同条件下进行试验是不多见的.例如,向同一目标射击 n 次,这 n 次射击条件不可能完全一样,只是大致相同,可用伯努利概型来近似处理而已.对于抽样问题来说,当原产品的批量相当大时,"无放回"可以当作"有放回"来处理,于是可用(2.6)式来近似计算取到的产品中含有 k 个次品的概率.

【**例 8**】 某射手射击一次命中率为 0.7.在 10 次射击中,他命中 0,1,2,…,10 次的概率各是多少?该射手命中几次的可能性最大?

解 把射击一次作为一次试验,每次命中(成功)概率为 $p = 0.7$,共做 10 次独立试验,它是伯努利试验.设 X 为 10 次射击命中的次数,则 $X \sim B(10, 0.7)$,且

$$P(X = k) = C_{10}^k (0.7)^k (0.3)^{10-k}, \quad k = 0, 1, 2, \cdots, 10.$$

将计算结果列表如下(表 2.1).

表 2.1　某射手射击时不同命中次数的概率

命中次数 $X = k$	概率	命中次数 $X = k$	概率
0	0.000 01	6	0.200 12
1	0.000 13	7	0.266 83
2	0.001 45	8	0.233 47
3	0.009 00	9	0.121 06
4	0.036 76	10	0.028 25
5	0.102 92		

依结果画出概率函数图形(见图 2.5).

从图 2.5 可以看到,当 k 增加时概率 $P(X = k)$ 先是随之增加直至达到最大值(本例中当 $k = 7$ 时取到最大值),随后单调减少.一般来说,对于固定 n 及 p,二项分布 $B(n, p)$ 都具有这一性质(参见配套光盘中"二项分布").

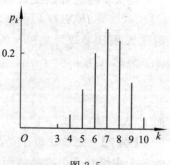

图 2.5

2.2.4　泊松分布

泊松($poisson$)是法国数学家,以他的名子命名的分布泊松分布是概率论中最重要的分布之一.它的定义如下:

定义 3 设随机变量 X 所有可能取的值为 0,1,2,…,且概率函数为

$$P(X = k) = \frac{\lambda^k \mathrm{e}^{-\lambda}}{k!}, \quad k = 0, 1, 2, \cdots, \tag{2.7}$$

其中 $\lambda > 0$ 是常数,则称 X 服从参数为 λ 的**泊松分布**,记为 $X \sim P(\lambda)$.

显然,$P\{X = k\} \geqslant 0, \quad k = 0, 1, 2, \cdots$.

由指数函数的幂级数的展开式

$$\mathrm{e}^{\lambda} = 1 + \lambda + \frac{\lambda^2}{2!} + \frac{\lambda^3}{3!} + \cdots = \sum_{k=0}^{\infty} \frac{\lambda^k}{k!},$$

得到

$$\sum_{k=0}^{\infty} P\{X = k\} = \sum_{k=0}^{\infty} \frac{\lambda^k}{k!} \mathrm{e}^{-\lambda} = \mathrm{e}^{-\lambda} \cdot \sum_{k=0}^{\infty} \frac{\lambda^k}{k!} = \mathrm{e}^{-\lambda} \mathrm{e}^{\lambda} = 1.$$

图 2.6 给出了参数为 $\lambda = 4$ 和 $\lambda = 3.5$ 的两个泊松分布的概率函数的图形.

(参看配套光盘中的演示"泊松分布".注意观察泊松分布的概率函数的图形随参数变化的情形,了解泊松分布的图形特点.)

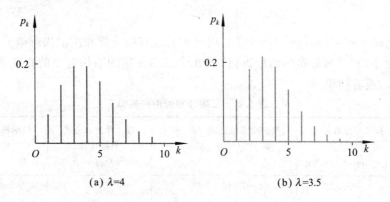

(a) $\lambda = 4$ (b) $\lambda = 3.5$

图 2.6   参数为 λ 的泊松分布概率函数的图形

在历史上,泊松分布是作为二项分布的近似,于 1837 年由法国数学家泊松引入的.下面的泊松定理指出:当 n 足够大,p 充分小,而使得 np 保持适当的大小时,以 n, p 为参数的二项分布可用 $\lambda = np$ 的泊松分布来近似.

定理 1 **(泊松定理)** 设 λ 是一个正常数,若有 $\lim\limits_{n \to \infty} np_n = \lambda$,则有

$$\lim_{n \to \infty} C_n^k p_n^k (1 - p_n)^{n-k} = \mathrm{e}^{-\lambda} \frac{\lambda^k}{k!}, \quad k = 0, 1, 2, \cdots. \tag{2.8}$$

证 记 $\lambda_n = np_n$,则 $p_n = \lambda n / n$.

$$C_n^k p_n^k (1 - p_n)^{n-k} = \frac{n(n-1) \cdot \cdots \cdot (n-k+1)}{k!} \cdot \left(\frac{\lambda_n}{n}\right)^k \left(1 - \frac{\lambda_n}{n}\right)^{n-k}$$

$$= \frac{\lambda_n^k}{k!} \left(1 - \frac{1}{n}\right) \left(1 - \frac{2}{n}\right) \cdots \left(1 - \frac{k-1}{n}\right) \frac{\left(1 - \dfrac{\lambda_n}{n}\right)^n}{\left(1 - \dfrac{\lambda_n}{n}\right)^k}.$$

由于对任意指定的 k,有

$$\lim_{n\to\infty}\lambda_n = \lambda;$$

$$\lim_{n\to\infty}\left(1-\frac{1}{n}\right)\left(1-\frac{2}{n}\right)\cdots\left(1-\frac{k-1}{n}\right) = 1,$$

$$\lim_{n\to\infty}\left(1-\frac{\lambda_n}{n}\right)^k = 1, \quad \lim_{n\to\infty}\left(1-\frac{\lambda_n}{n}\right)^n = \mathrm{e}^{-\lambda},$$

故

$$\lim_{n\to\infty}\mathrm{C}_n^k p_n^k (1-p_n)^{n-k} = \mathrm{e}^{-\lambda}\frac{\lambda^k}{k!}, \quad k = 0,1,\cdots,n.$$

显然,定理的条件 $\lim\limits_{n\to\infty} np_n = \lambda$(常数)意味着当 n 很大时,p_n 必定很小. 因此,泊松定理表明,当 n 很大,p 很小时有以下近似式:

$$\mathrm{C}_n^k p^k (1-p)^{n-k} \approx \frac{\lambda^k \mathrm{e}^{-\lambda}}{k!}, \quad k = 0,1,\cdots,n, \tag{2.9}$$

其中 $\lambda = np$.

表 2.2 比较了 $n = 100, p = 0.01$ 按二项分布公式直接计算和用泊松近似公式计算所得结果.(配套光盘中的"二项分布的泊松近似"给出了二项分布的泊松近似的直观演示. 也可以自行输入 n 和 p,观看结果.)

表 2.2 　二项分布的泊松近似

k	按二项分布公式直接计算 $n=100, p=0.01$	按泊松近似公式 (2.9) 式计算 $\lambda = np = 1$	k	按二项分布公式直接计算 $n=100, p=0.01$	按泊松近似公式 (2.9) 式计算 $\lambda = np = 1$
0	0.366 032	0.367 879	5	0.002 898	0.003 066
1	0.369 730	0.367 879	6	0.000 463	0.000 511
2	0.184 865	0.183 940	7	0.000 063	0.000 073
3	0.060 999	0.061 313	8	0.000 007	0.000 009
4	0.014 942	0.015 328	9	0.000 001	0.000 001

实用中,当 $n \geqslant 30$,$np \leqslant 9$ 时,近似效果就很好.

可以把在每次试验中出现概率很小的事件称作**稀有事件**,如地震、火山爆发、特大洪水、意外事故等. 由泊松定理,n 重伯努利试验中稀有事件出现的次数近似地服从泊松分布.

【例 9】 在一个繁忙的交通路口,单独一辆汽车发生意外事故的概率 p 是很小的,设 $p = 0.000\ 1$. 如果某段时间内有 $1\ 000$ 辆汽车通过这个路口,问出事故的次数不小于 2 的概率是多少?

解 这里我们假设每辆汽车发生事故的概率都是 p,并且假设每辆汽车是否发生事故与其他汽车无关. 设 X 是通过路口的 $1\ 000$ 辆汽车中发生事故的次数,则 $X \sim B(1\ 000, 0.000\ 1)$. 由于 n 很大,p 很小,$np = 0.1$,应用泊松定理得

$$P\{X=k\} \approx \frac{e^{-0.1}(0.1)^k}{k!}, \quad k=0,1,2,\cdots,$$

即 X 近似服从参数为 $\lambda=0.1$ 的泊松分布.

于是

$$P(X \geqslant 2)=1-P(X=0)-P(X=1) \approx 1-e^{-0.1}-0.1e^{-0.1} \approx 0.0047.$$

这个例子说明,如果进行 n 次独立重复试验,每次试验获得成功的概率为 p. 那么,当 n 充分大, p 足够小,使得 np 保持适当的大小时,出现成功的次数近似服从参数为 $\lambda=np$ 的泊松分布. 换句话说, n 重伯努利试验中稀有事件出现的次数近似地服从泊松分布.

泊松分布常用于描述一定时间或空间内随机事件发生的次数. 下面是通常认为服从或近似服从泊松分布的随机变量的几个例子:

(1) 电话交换台在某段时间内接收到的呼叫次数;

(2) 放射性物质在某段时间内放射出的粒子数;

(3) 在一天中进入某商店的人数;

(4) 纺纱机在某段时间内的断头次数;

(5) 一本书一页中印刷错误的个数;

(6) 天空中某范围的星体数;

(7) 在某固定时间间隔内发生地震的次数;

(8) 用显微镜观察落在某区域的微生物的数目;

(9) 某地区的居民中活到 100 岁的人数;

(10) 飞机投在某阵地上的炸弹数.

泊松分布的参数 λ 是单位时间(或单位面积)内随机事件的平均发生率.

今天,在自然科学、社会科学、工业、农业、商业、医药、军事等各个领域,都可找到泊松分布的应用.

【例 10】　一家商店采用科学管理. 由该商店过去的销售记录知道,某种商品每月的销售量可以用参数 $\lambda=5$ 的泊松分布来描述,为了以 95% 以上的把握保证不脱销,问商店在月底至少应进某种商品多少件?

解　设该商品每月的销售量为 X,已知 X 服从参数 $\lambda=5$ 的泊松分布.

设商店在月底应进某种商品 m 件,问题是求满足 $P(X \leqslant m)>0.95$ 的最小的 m. 也即 $P(x>m) \leqslant 0.05$.

$$P(X>m)=\sum_{k=m+1}^{\infty} \frac{e^{-5}5^k}{k!} \leqslant 0.05$$

查书后的泊松分布表得

$$\sum_{k=10}^{\infty} \frac{e^{-5}5^k}{k!} \approx 0.032, \quad \sum_{k=9}^{\infty} \frac{e^{-5}5^k}{k!} \approx 0.068.$$

于是得 $m+1=10, m=9$(件).

即为了以 95% 以上的把握保证不脱销,商店在月底至少应进某种商品 9 件.

【例 11】 放射性物质放射出 α 粒子,在时间 t 内到达指定区域的粒子数是一个随机变量,可认为它服从泊松分布. 在一个著名的放射性物质的观察中,共进行 $N = 2\ 608$ 次观察,每次时间区间是 7.5s,并且记下到达指定区域的粒子数. 表 2.3 给出了有 k 个粒子的区间数 N_k,粒子总数是 $T = \sum kN_k = 10\ 094$,平均数是 $T/N = 10\ 094/2\ 608 = 3.87$. 第 3 列是由泊松分布算出的理论值,即理论上恰好出现 k 个 α 粒子的 7.5s 长的区间数 N_k^*.

比较这些数字,可以看出观察结果与泊松分布的拟合程度是很好的. 至于 N_k^* 是如何求得的,当同学们学了数理统计后就会明白.

表 2.3 放射性物质实验中测量值与理论值的比较

k	N_k	N_k^*	k	N_k	N_k^*
0	57	54.399	6	273	253.817
1	203	210.523	7	139	140.325
2	383	407.361	8	45	67.822
3	525	525.496	9	27	29.189
4	532	508.418	$k \geqslant 10$	16	17.075
5	408	393.515	总数	2 608	2 608.000

2.2.5 超几何分布

在例 7 中,我们看到,如果对有限总体(100 个产品)进行不重复(无放回)抽样,就破坏了伯努利试验的条件. 在这种条件下,随机变量 X(所抽取的 n 个产品中次品的个数)就不服从二项分布,而是下面的超几何分布.

【例 12】 袋中有 N 个球,其中有 M 个红球. 现从中不放回任取 n 个球(假定 $n < N$),则在这 n 个球中红球的个数 X 是一个随机变量,我们来求 X 的概率函数.

解 类似于 1.2 节例 5 的分析,可得 X 的概率函数

$$P(X = k) = \frac{C_M^k C_{N-M}^{n-k}}{C_N^n}, \quad k = 0, 1, \cdots, r, \quad r = \min(M, n). \tag{2.10}$$

若随机变量 X 的概率函数如(2.11)式,则称 X 服从**超几何分布**,记作 $X \sim H(n, M, N)$. 超几何分布在下述问题中出现.

在一个包含 N 个元素的有限总体中,每个元素按其是否具有某种特征被分为两类,用不重复(即无放回)抽样方式从中抽取 n 个元素,令 X 表示其中具有某种特征的元素的个数,则随机变量 X 服从超几何分布.

在例 12 中,若取 n 个球时,采用的是有放回方式,即每取一个观看颜色后再放回袋中,则取出的 n 个球中红球的个数 Y 服从参数为 n 和 $p = M/N$ 的二项分布.

当 m 远小于 N,即抽取个数 n 远小于球的总数时,有放回和无放回抽取就没有什么差别.

此时,不管前面抽了多少球,接下来抽到红球的概率仍然近似等于 $p = M/N$. 这时,超几何分布可用二项分布近似.

超几何分布在抽样理论中占有重要地位.

2.2.6　几何分布和负二项分布

我们从一个例子引入几何分布.

【例 13】　某射手连续向一目标射击,直到命中为止.已知他每发命中的概率是 p,求所需射击发数 X 的概率函数.

解　显然,X 可能取的值是 $1,2,\cdots$,我们来计算 $P\{X = k\}(k = 1,2,\cdots)$.

$\{X = k\}$ 的充分必要条件是前 $k-1$ 次射击都没有命中而第 k 次才首次命中,由于各次射击相互独立,于是由概率的乘法公式得

$$P\{X = k\} = (1-p)^{k-1} \cdot p, \quad k = 1,2,\cdots. \tag{2.11}$$

这就是 X 的概率分布.

（请读者自己证明：$\sum\limits_{k=1}^{\infty} (1-p)^{k-1} p = 1$.）

若随机变量 X 的概率函数如（2.12）式,则称 X 服从参数为 p 的 **几何分布**,并记作 $X \sim G(p)$.

一般地,若我们重复进行一个每次成功概率为 p 的独立试验,或者说,将一个成功概率为 p 的伯努利试验一个接一个地独立进行,那么,直到首次出现成功为止所需的试验次数 X 就服从参数为 p 的几何分布,

例如,抛掷一颗骰子直到出现 6 点为止所需的抛掷次数服从参数为 $1/6$ 的几何分布.

又如,若生男生女的概率相同,一对夫妇直到生男孩为止所生小孩的个数服从参数为 $1/2$ 的几何分布.

几何分布有一个重要的性质,叫做 **无记忆性**. 用公式表述如下：

设 X 是服从几何分布的随机变量,若 n,m 为任意两个正整数,则

$$P(X > n+m \mid X > n) = P(X > m).$$

对例 13,X 表示首次命中所需的射击发数.公式告诉我们的是,若该射手已射击了 n 发,都没有命中目标($X > n$),则再射击 m 发,仍没有命中目标($X > n+m$）的概率与已知的信息(前 n 发没有命中目标) 无关.

无记忆性深刻地刻画了几何分布的特征.若一个离散型随机变量取值为正整数,且满足上述重要性质,可以证明这个随机变量的分布一定是几何分布.

几何分布是下面负二项分布的一种特殊情况.

考虑成功概率为 p 的相继的伯努利试验,一直进行到出现第 r 次成功为止,用 X 表示所需要的试验次数.显然,X 可能取的值是 $r,r+1,\cdots$. 为求出 X 的概率分布,我们作如下分析：

事件 $\{X = k\}$ 等价于 $\{$在前 $k-1$ 次试验中出现 $r-1$ 次成功,第 k 次试验出现成功$\}$,于是

$$P\{X = k\} = P\{在前 k-1 次试验中出现 r-1 次成功\} \times P\{第 k 次试验出现成功\}$$
$$= C_{k-1}^{r-1} p^{r-1} (1-p)^{(k-1)-(r-1)} p.$$

可见,X 的概率分布为

$$P(X = k) = C_{k-1}^{r-1} p^r (1-p)^{(k-r)}, \quad k = r, r+1, \cdots. \tag{2.12}$$

若随机变量 X 的概率函数如(2.13)式,则称 X 服从参数为(r,p) 的**负二项分布**.显然,几何分布是参数为$(1,p)$ 的负二项分布.

§2.3　连续型随机变量及其分布

另一类常见的随机变量是连续型随机变量.连续型随机变量的一切可能取值充满某个区间(a,b),其取值不可能逐个列举出来.此外连续型随机变量取任意一个确定值的概率都是0(这点将在后面说明).因此,我们不能像离散型随机变量那样,以指定它取每个值概率的方式,而是通过给出所谓"概率密度函数"的方式给出其概率分布.

2.3.1　连续型随机变量的概率密度函数

下面用一个实例说明概率密度函数的概念.

【例1】　为了掌握上海地区年降雨量的分布情况,上海市中心气象局收集了 99 年(1884 ~1982)的年降雨量的数据(见表 2.4),通过这些数据,想找出年降雨量的大致分布情况.具体步骤如下:

第一步,找出它们的最大值为 1 659.3,最小值为709.2,极差 $R = 1\,659.3 - 709.2 = 950.1$.

表 2.4　1884 ~ 1982 年上海市年降雨量数据　　　　　　单位:mm

1 184.4	1 113.4	1 203.9	1 160.7	975.4	1 462.3	947.8	1 416.0	709.2
1 147.5	935.0	1 016.3	1 031.6	1 105.7	849.9	1 233.4	1 008.6	1 063.8
1 004.9	1 086.2	1 022.5	1 330.9	1 439.4	1 236.5	1 088.1	1 288.7	1 115.8
1 217.5	1 320.7	1 078.1	1 203.4	1 480.0	1 269.9	1 099.2	1 318.4	1 192.0
946.0	1 508.2	1 159.6	1 021.3	986.1	794.7	1 318.3	1 171.2	1 161.7
791.2	1 143.8	1 602.0	951.4	1 003.2	840.4	1 061.4	958.0	1 025.2
1 285.0	1 196.5	1 120.7	1 659.3	942.7	1 123.3	910.2	1 398.5	1 208.6
1 305.5	1 242.3	1 572.3	1 416.9	1 256.1	1 285.9	984.8	1 390.3	1 062.2
1 287.3	1 477.0	1 017.9	1 127.2	1 197.1	1 143.0	1 018.8	1 243.7	909.3
1 030.3	1 124.4	811.4	820.9	1 184.1	1 107.5	991.4	901.7	1 176.5
1 113.5	1 272.9	1 200.3	1 508.7	772.3	813.0	1 392.3	1 006.2	1 108.8

第二步,分组定组距.

分组没有一定的通用原则,通常当数据个数 $n \geqslant 50$ 时,分成 10 组以上;当 $n < 50$ 时,一般分 5 组左右.分组数 m 确定后,可按

$$\frac{R}{m} < d \leqslant \frac{R}{m-1}$$

来确定组距 d（选 d 为在上述范围内便于分组的值）.

本例中,将数据分成 10 组,组距为 100.

第三步,定分点,定区间.

取起点 $a = 670$,终点 $b = 1\ 670$,从而得作图区间为 $[670, 1\ 670]$,可保证所有数据均在此区间内.

第四步,将频数及频率列表(见表 2.5).

第五步,作频率直方图.

在横轴上标明各组的组界,在纵轴标明频数,然后以每一组的组距为底,以频率/组距为高作长方形,就得频率直方图(见图 2.7).

这样做的频率直方图有三个特点:

(1) 每个小长方形的面积等于该组的频率;

(2) 所有的小长方形的面积之和等于 1;

表 2.5　降雨量的频数及频率

分　组	频　数	频　率
670 ~ 770	1	0.010
770 ~ 870	8	0.081
870 ~ 970	9	0.091
970 ~ 1 070	19	0.192
1 070 ~ 1 170	20	0.202
1 170 ~ 1 270	18	0.182
1 270 ~ 1 370	10	0.101
1 370 ~ 1 470	7	0.071
1 470 ~ 1 570	4	0.040
1 570 ~ 1 670	3	0.030

(3) 界于任何两条直线 $x = c_1$,$x = c_2$ 之间的面积等于或近似等于年降雨量落在区间 (c_1, c_2) 的频率.

若可收集到的年降雨量的数据足够多,可将直方图中的组距取得很小,这时得到的直方图近似一条曲线(见图 2.8).在数据无限增多、组距不断缩小并趋于零时,小长方形的个数无限增多,这时阶梯形变成了一条曲线 $y = f(x)$.这条曲线就是年降雨量分布的理论曲线.(参见配套光盘中的"直方图与密度"的演示试验.)

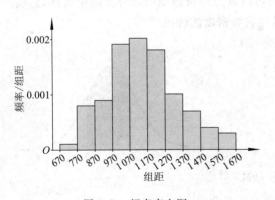

图 2.7　频率直方图

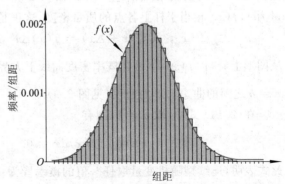

图 2.8

年降雨量落在任一区间 (a, b) 内的概率就是 $y = f(x)$ 在区间 (a, b) 上的定积分,即

$\int_a^b f(x)\mathrm{d}x$. 而年降雨量落在区间 $(-\infty, x)$ 的概率就是 $F(x) = \int_{-\infty}^x f(t)\mathrm{d}t$.

下面我们正式给出连续型随机变量及其概率密度函数的定义.

定义 1　设随机变量 X 的分布函数为 $F(x)$,如果存在非负可积函数 $f(x)$,对任意实数 x,有

$$F(x) = \int_{-\infty}^x f(t)\mathrm{d}t, \tag{2.13}$$

则称 X 为**连续型随机变量**,称 $f(x)$ 为 X 的**概率密度函数**,简称**概率密度**或**密度**.

由 (2.13) 式,连续型随机变量的分布函数是连续函数,且改变 $f(x)$ 在个别点上的函数值 (2.13) 式仍成立.

由定义,概率密度函数 $f(x)$ 具有以下性质:

(1) $f(x) \geqslant 0$;

(2) $\int_{-\infty}^\infty f(t)\mathrm{d}t = F(+\infty) = 1$;

(3) 对任意 $a < b$,$P(a < X \leqslant b) = F(b) - F(a) = \int_a^b f(x)\mathrm{d}x$; $\tag{2.14}$

(4) 若 $f(x)$ 在点 x 处连续,则 $F'(x) = f(x)$. $\tag{2.15}$

注:(1) 和 (2) 两条性质是判断一个函数 $f(x)$ 是否是某个随机变量的概率密度函数的充要条件.

由性质 (4) 可知,在 $f(x)$ 的连续点 x 处,对 $\Delta x > 0$,有

$$\lim_{\Delta x \to 0} \frac{P(x < X \leqslant x + \Delta x)}{\Delta x} = \lim_{\Delta x \to 0} \frac{\int_x^{x+\Delta x} f(t)\mathrm{d}t}{\Delta x} = f(x), \tag{2.16}$$

故 X 的密度 $f(x)$ 在 x 这一点的值,恰好是 X 落在区间 $(x, x + \Delta x)$ 上的概率与区间长度 Δx 之比当 $\Delta x \to 0$ 时的极限. 如果把概率理解为质量,则可以设想一条极细的无穷长的金属杆,总质量为 1,$f(x)$ 相当于杆上各点的质量密度,这正是称它为密度的缘由.

$$P(x < X \leqslant x + \Delta x) = f(x)\Delta x. \tag{2.17}$$

从图形上看,$\int_a^b f(x)\mathrm{d}x$ 是在概率密度曲线下方界于 $x = a$ 和 $x = b$ 之间的曲边梯形的面积 (见图 2.9).

在 (2.14) 式中,取 $a = b$,则有

$$P(X = a) = \int_a^a f(x)\mathrm{d}x = 0.$$

此式表明,连续型随机变量取任一值的概率皆为 0. 据此,对连续型随机变量 X,有

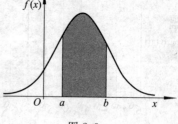

图 2.9

$$P(a < X \leqslant b) = P(a \leqslant X \leqslant b) = P(a \leqslant X < b) = P(a < X < b).$$

【例 2】　设随机变量 X 具有概率密度

$$f(x) = \begin{cases} c+x & \text{当} -1 \leqslant x < 0 \\ c-x & \text{当} 0 \leqslant x < 1 \\ 0 & \text{其他} \end{cases},$$

求:(1) 常数 c,(2) 分布函数 $F(x)$,(3) $P(|x| \leqslant 0.5)$.

解　(1) 由 $\int_{-\infty}^{\infty} f(x)\mathrm{d}x = 1$,得

$$\int_{-1}^{0} (c+x)\mathrm{d}x + \int_{0}^{1} (c-x)\mathrm{d}x = 1.$$

解得 $c = 1$,于是 X 的概率密度为

$$f(x) = \begin{cases} 1+x & \text{当} -1 \leqslant x < 0 \\ 1-x & \text{当} 0 \leqslant x < 1 \\ 0 & \text{其他} \end{cases}.$$

(2) X 的分布函数为

$$F(x) = \begin{cases} 0 & \text{当} x < -1 \\ \int_{-1}^{x} (1+t)\mathrm{d}t & \text{当} -1 \leqslant x < 0 \\ \int_{-1}^{0} (1+t)\mathrm{d}t + \int_{0}^{x} (1-t)\mathrm{d}t & \text{当} 0 \leqslant x < 1 \\ 1 & \text{当} x \geqslant 1 \end{cases},$$

即

$$F(x) = \begin{cases} 0 & \text{当} x < -1 \\ \dfrac{1}{2}(x+1)^2 & \text{当} -1 \leqslant x < 0 \\ 1 - \dfrac{1}{2}(x-1)^2 & \text{当} 0 \leqslant x < 1 \\ 1 & \text{当} x \geqslant 1 \end{cases}.$$

(3) $P(|x| \leqslant 0.5) = \int_{-0.5}^{0.5} f(x)\mathrm{d}x = \int_{-0.5}^{0} (1+x)\mathrm{d}x + \int_{0}^{0.5} (1-x)\mathrm{d}x$

$\qquad\qquad\qquad = 0.75.$

此概率也可由分布函数求得:

$$P(|X| \leqslant 0.5) = F(0.5) - F(-0.5) = 0.75.$$

2.3.2　均匀分布

定义 2　若连续型随机变量 X 具有概率密度

$$f(x) = \begin{cases} \dfrac{1}{b-a} & \text{当} a < x < b \\ 0 & \text{其他} \end{cases}, \qquad\qquad (2.18)$$

则称 X 服从区间 (a,b) 上的**均匀分布**,记作 $X \sim U(a,b)$.

若随机变量 X 取值在区间 (a,b) 上,并且取值在 (a,b) 中任意小区间内的概率与这个小区间的长度成正比,则 X 服从 (a,b) 上的均匀分布.

例如,在数值计算中,由于四舍五入引入的误差;乘客在公共汽车站上的候车时间等都服从均匀分布.

【例 3】 设 $X \sim U(a,b)$,求 X 的分布函数.

解 由分布函数定义,$F(x) = P(X \leqslant x) = \int_{-\infty}^{x} f(t) \mathrm{d}t$,可得

当 $x < a$ 时,$f(x) = 0$,所以

$$F(x) = 0;$$

当 $a \leqslant x < b$ 时,$f(x) = \dfrac{1}{b-a}$,所以

$$F(x) = P(X \leqslant x) = \int_{-\infty}^{x} f(t) \mathrm{d}t = \int_{a}^{x} \frac{1}{b-a} \mathrm{d}t = \frac{x-a}{b-a};$$

当 $x \geqslant b$ 时,$f(x) = 0$,所以

$$F(x) = P(X \leqslant x) = \int_{-\infty}^{x} f(t) \mathrm{d}t$$

$$= \int_{-\infty}^{a} 0 \cdot \mathrm{d}x + \int_{a}^{b} \frac{1}{b-a} \mathrm{d}x + \int_{b}^{\infty} 0 \cdot \mathrm{d}x = 1.$$

最后可得

$$F(x) = \begin{cases} 0 & \text{当 } x < a \\ \dfrac{x-a}{b-a} & \text{当 } a \leqslant x < b \\ 1 & \text{当 } b \leqslant x \end{cases}.$$

其图形如图 2.10 所示.

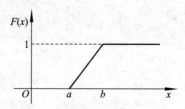

图 2.10

【例 4】 设随机变量 X 在区间 $(1,6)$ 上服从均匀分布,求方程 $t^2 + Xt + 1 = 0$ 有实根的概率.

解 由均匀分布的定义,X 的概率密度为

$$f(x) = \begin{cases} 1/5 & \text{当 } 1 < x < 6 \\ 0 & \text{其他} \end{cases},$$

由于方程 $t^2 + Xt + 1 = 0$ 有实根的充分必要条件是判别式

$$\Delta = X^2 - 4 \geqslant 0,$$

于是所求概率为

$$P(X^2 - 4 \geqslant 0) = P(|X| \geqslant 2)$$

$$= P(X \geqslant 2) + P(X \leqslant -2)$$

$$= \int_{2}^{6} \frac{1}{5} \mathrm{d}x + 0 = 0.8.$$

区间$(0,1)$上的均匀分布$U(0,1)$在计算机模拟中起着重要的作用.若$X \sim U(0,1)$,其概率密度为

$$f(x) = \begin{cases} 1 & \text{当 } 0 < x < 1 \\ 0 & \text{其他} \end{cases}.$$

实际应用中,用计算机程序可以在短时间内产生大量服从$(0,1)$上均匀分布的随机数.它是由一种迭代过程产生的.严格地说,计算机中产生的$U(0,1)$随机数并非完全随机,但很接近随机,故常称为**伪随机数**.

如取n足够大,独立产生n个$U(0,1)$随机数,则从用这n个数字画出的频率直方图(见图2.11)就可看出,它很接近于$(0,1)$上的均匀分布$U(0,1)$.

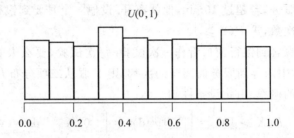

图 2.11　根据 1000 个 $U(0,1)$ 随机数画出的频率直方图

2.3.3　指数分布

定义 3　若连续型随机变量 X 的概率密度为

$$f(x) = \begin{cases} \lambda e^{-\lambda x} & \text{当 } x \geqslant 0 \\ 0 & \text{当 } x < 0 \end{cases}. \tag{2.19}$$

请自行验证(2.18)式中的 $f(x)$ 的确可以作为一个概率密度.

X 的分布函数为

$$F(x) = \int_0^x \lambda e^{-\lambda t} \, dt = \begin{cases} 1 - e^{-\lambda x} & \text{当 } x \geqslant 0 \\ 0 & \text{当 } x < 0 \end{cases}, \tag{2.20}$$

服从参数为λ的指数分布的随机变量X具有以下有趣的性质:

对任意$s > 0, t > 0$有

$$P(X > s + t \mid X > s) = P(X > t). \tag{2.21}$$

事实上,

$$P(X > s + t \mid X > s) = \frac{P(\{X > s + t\} \bigcap \{X > s\})}{P(X > s)}$$

$$= \frac{P(X > s + t)}{P(X > s)} = \frac{1 - F(s + t)}{1 - F(s)}$$

$$= \frac{e^{-\lambda(s+t)}}{e^{-\lambda s}} = e^{-\lambda t} = P(X > t).$$

这条性质称为指数分布的**无记忆性**. 如果我们把 X 解释成寿命, 上式说明: 如果已经活了 s 年, 则再活 t 年的概率与年龄 s 无关.

在实际问题中, 当一特定事件 (如顾客到达) 是以每单位时间 λ 个的平均速率随机地发生时, 为了观测到这类事件首次发生所需的等待时间 X 服从指数分布 $E(\lambda)$. 各种"寿命", 如电子元件寿命, 动物寿命, 打电话占用的时间, 随机系统的服务时间等, 都可以近似地看做是服从指数分布的随机变量.

【例 5】 设顾客在某银行窗口等待服务时间 X (以分计) 服从指数分布, 其概率密度为

$$f(x) = \begin{cases} 0.2e^{-0.2x} & \text{当 } x \geqslant 0 \\ 0 & \text{当 } x < 0 \end{cases}.$$

一名顾客在窗口等待服务, 若超过 10min, 他就离开. 设他一个月要到银行来 4 次, 以 Y 表示他未等到服务而离开的次数, 求 $P(Y \geqslant 1)$.

解 我们把一名顾客到银行窗口看作一次试验. 每次试验, 要么未等到服务离开, 要么等到服务. Y 为 4 次试验中未等到服务而离开的次数, 则 Y 服从二项分布 $B(4, p)$, p 是一次试验中未等到服务而离开的概率. 由题设条件知

$$p = P(X > 10) = \int_{10}^{\infty} f(x)\mathrm{d}x = \int_{10}^{\infty} 0.2e^{-0.2x}\mathrm{d}x = e^{-2},$$

于是 $Y \sim B(4, e^{-2})$, 即 Y 服从参数为 $n = 4$, $p = e^{-2}$ 的二项分布, 故

$$P(Y \geqslant 1) = 1 - P(Y = 0) = 1 - (1 - e^{-2})^4 \approx 0.441.$$

2.3.4 正态分布

在连续型随机变量的分布中, 正态分布占有特殊的地位. 它是应用最广泛的一种连续型分布. 法国数学家棣莫佛最早发现了二项概率的一个近似公式, 这一公式被认为是正态分布的首次露面. 正态分布在十九世纪前叶由德国著名数学家高斯加以推广, 所以通常也称为**高斯分布**.

定义 4 设连续型随机变量 X 的概率密度为

$$f(x) = \frac{1}{\sigma\sqrt{2\pi}} e^{\frac{(x-\mu)^2}{2\sigma^2}}, \quad -\infty < x < +\infty, \tag{2.22}$$

其中参数 $\mu, \sigma^2 (-\infty < \mu < +\infty, \sigma > 0)$ 均为常数, 则称 X 服从参数为 μ 和 σ^2 的**正态分布**, 记为 $X \sim N(\mu, \sigma^2)$.

$f(x) > 0$ 是显然的, 为说明 $f(x)$ 的确为概率密度函数, 我们需验证

$$\int_{-\infty}^{\infty} f(x)\mathrm{d}x = 1.$$

作变量代换 $t = \dfrac{(x-\mu)}{\sigma}$, 转化为证明

$$I = \int_{-\infty}^{\infty} e^{-t^2/2}\mathrm{d}t = \sqrt{2\pi}. \tag{2.23}$$

为证此式, 考虑到

$$I^2 = \left[\int_{-\infty}^{\infty} e^{-t^2/2} dt\right]\left[\int_{-\infty}^{\infty} e^{-u^2/2} du\right] = \int_{-\infty}^{\infty} e^{-(t^2+u^2)/2} dt du,$$

转化为极坐标

$$\begin{cases} t = r\cos\theta, \\ u = r\sin\theta, \end{cases}$$

上式转化为

$$I^2 = \int_0^{2\pi} d\theta \int_0^{\infty} e^{-r^2/2} r dr = 2\pi.$$

此即(2.23)式.

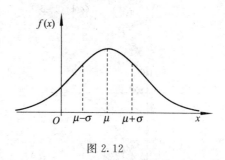

图 2.12

　　正态分布的概率密度曲线如图 2.12 所示,它是一条关于直线 $x = \mu$ 对称的钟形曲线.其特点是"两头低,中间高,左右对称".在自然界和社会领域常见的变量中,很多都有这种性质.例如,成年人的身高参差不齐,但中等身材的占大多数,特高或特矮的只是少部分,而且较高和较矮的人数大致相近.又如,商店出售的同一规格的袋装大米重量,明显超重和严重不足都很少出现,多数在平均净重(规格)附近,以平均净重为中心,比它重的和比它轻的比例大致相同.一般地,在正常条件下各种产品的质量指标,如零件的尺寸,纤维的强度和张力,某地区成年男子的身高、体重,农作物的产量,小麦的穗长,株高,测量误差,射击目标的水平或垂直偏差,信号噪声,等等,都服从或近似服从正态分布.

　　为了说明参数 μ 和 σ 对曲线位置形状的影响,请看图 2.13.你也可以自己观察(见配套光盘中的"正态分布").

　　可以看出:μ 决定了图形的中心位置;σ 决定了图形中峰的陡峭程度.当 σ 较大时,图形趋于平缓;当 σ 较小时,图形趋于陡峭.也就是说,μ 决定了分布的中心位置;σ 反映了分布的分散或集中程度.

　　由正态分布的概率密度函数,可得 X 的分布函数为

$$F(x) = \frac{1}{\sigma\sqrt{2\pi}} \int_{-\infty}^{x} e^{-\frac{(t-\mu)^2}{2\sigma^2}} dt. \tag{2.24}$$

它的图形如图 2.14 所示.

　　当 $\mu = 0, \sigma = 1$ 时,相应的正态分布 $N(0,1)$ 叫做**标准正态分布**.对标准正态分布,通常用 $\varphi(x)$ 表示概率密度函数,用 $\Phi(x)$ 表示分布函数,即

$$\Phi(x) = \int_{-\infty}^{x} \varphi(t) dt = \int_{-\infty}^{x} \frac{1}{\sqrt{2\pi}} e^{-\frac{t^2}{2}} dt. \tag{2.25}$$

标准正态分布的概率密度函数和分布函数的图形见图 2.15.

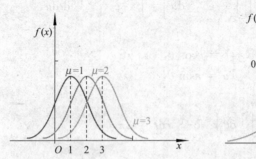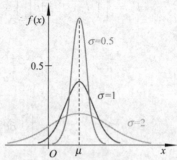

图 2.13

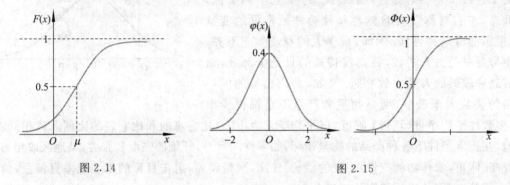

图 2.14　　　　　　　　　　　　　　　　　图 2.15

标准正态分布的重要性在于,任何一个一般的正态分布都可以通过线性变换转化为标准正态分布.

定理 1　设 $X \sim N(\mu, \sigma^2)$,则 $Y = \dfrac{X - \mu}{\sigma} \sim N(0, 1)$.

证　$P(a < Y < b) = P\left(a < \dfrac{X - \mu}{\sigma} < b\right) = P(\mu + \sigma a < X < \mu + \sigma b)$

$$= \int_{\mu + \sigma a}^{\mu + \sigma b} \frac{1}{\sigma \sqrt{2\pi}} \mathrm{e}^{-\frac{(x - \mu)^2}{2\sigma^2}} \mathrm{d}x.$$

令 $t = \dfrac{x - \mu}{\sigma}$,得

$$P(a < Y < b) = \int_a^b \frac{1}{\sqrt{2\pi}} \mathrm{e}^{-\frac{t^2}{2}} \mathrm{d}t.$$

这表明,$Y \sim N(0, 1)$.

于是 X 的分布函数可以写成

$$F_X(x) = P(X \leqslant x) = P\left(Y \leqslant \frac{x - \mu}{\sigma}\right) = \Phi\left(\frac{x - \mu}{\sigma}\right).$$

根据定理 1,只要将标准正态分布的分布函数制成表,就可以解决一般正态分布的概率计

算问题.

本书后面附有标准正态分布函数数值表(附表2).

对于非负的 x 值,$\Phi(x)$ 的值在附表2中给出.对于 $-x < 0$,可由

$$\Phi(-x) = 1 - \Phi(x) \tag{2.26}$$

得到 $\Phi(-x)$ 的值(见图2.16).由标准正态密度函数的对称性,不难证得(2.26)式.

一般地,设 $X \sim N(0,1)$,则

$$P(a < X < b) = \Phi(b) - \Phi(a),$$
$$P(|X| < a) = 2\Phi(a) - 1.$$

设 $X \sim N(\mu, \sigma^2)$,则

$$P(a < X < b) = \Phi\left(\frac{b-\mu}{\sigma}\right) - \Phi\left(\frac{a-\mu}{\sigma}\right),$$

$$P(|X| < a) = 2\Phi\left(\frac{a-\mu}{\sigma}\right) - 1.$$

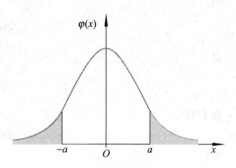

图 2.16

由标准正态分布的查表计算可以求得,当 $X \sim N(0,1)$ 时,

$$P(|X| \leqslant 1) = 2\Phi(1) - 1 = 0.682\,6;$$
$$P(|X| \leqslant 2) = 2\Phi(2) - 1 = 0.954\,4;$$
$$P(|X| \leqslant 3) = 2\Phi(3) - 1 = 0.997\,4.$$

这说明,X 的取值几乎全部集中在 $[-3,3]$ 区间内,超出这个范围的可能性仅占不到 0.3%.

将这些结论推广到一般的正态分布,即 $Y \sim N(\mu, \sigma^2)$ 时,

$$P(|Y-\mu| \leqslant \sigma) = 0.682\,6;$$
$$P(|Y-\mu| \leqslant 2\sigma) = 0.954\,4;$$
$$P(|Y-\mu| \leqslant 3\sigma) = 0.997\,4.$$

显然,$|Y-\mu| > 3\sigma$ 的概率是很小的,因此可以认为 Y 取的值几乎全部集中在 $[\mu-3\sigma, \mu+3\sigma]$ 区间内.这在统计学上称作 3σ 准则(三倍标准差原则).

【例6】 在数据处理中要把含有粗大误差的异常数据加以剔除.剔除的准则之一就是 3σ 准则(一般在测量次数 n 较大时使用).已知测量值 $Y \sim N(0.2, 0.05^2)$,今发现50次测量中有一个数据是 0.367,问是否可认为异常而予以剔除?

解 由 3σ 准则知道,测量值应在 $0.2 - 0.05 \times 3$ 与 $0.2 + 0.05 \times 3$ 之间,即在 0.05 与 0.35 之间.由于 $0.367 > 0.35$,故应剔除这个数据.

【例7】 设一批零件的长度 $X(\mathrm{cm})$ 服从 $N(20, 0.2^2)$.现从这批零件中任取一件,

(1) 计算 $P(|X-20| \leqslant 0.3)$;

(2) 求满足 $P(|X-20| \leqslant \varepsilon) \geqslant 0.95$ 的最小的 ε.

解 因为 $X \sim N(20, 0.2^2)$,所以 $\dfrac{X-20}{0.2} \sim N(0,1)$.

$$(1)\ P(\mid X-20\mid\leqslant 0.3)=P\left(\left|\frac{X-20}{0.2}\right|\leqslant\frac{0.3}{0.2}\right)=P\left(\left|\frac{X-20}{0.2}\right|\leqslant 1.5\right)$$

$$\doteq 2\Phi(1.5)-1=2\times 0.933\,2-1=0.866\,4;$$

$$(2)\ P(\mid X-20\mid\leqslant\varepsilon)=P\left(\left|\frac{X-20}{0.2}\right|\leqslant\frac{\varepsilon}{0.2}\right)=2\Phi\left(\frac{\varepsilon}{0.2}\right)-1.$$

由

$$2\Phi\left(\frac{\varepsilon}{0.2}\right)-1\geqslant 0.95,$$

得

$$\Phi\left(\frac{\varepsilon}{0.2}\right)\geqslant 0.975.$$

查表得

$$\Phi(1.96)=0.975\,0,$$

所以

$$\frac{\varepsilon}{0.2}=1.96,\text{即}\ \varepsilon=0.392.$$

也就是说,能以 0.95 的概率保证 $\mid X-20\mid\leqslant 0.392(\text{cm})$.

【例 8】 公共汽车车门的高度是按男子与车门顶碰头机会在 0.01 以下来设计的.设男子身高 $X\sim N(170,6^2)$,问车门高度应如何确定?

解 设车门高度为 h,按设计要求

$$P(X\geqslant h)\leqslant 0.01,$$

或

$$P(X<h)\geqslant 0.99.$$

因为 $X\sim N(170,6^2)$,$\dfrac{X-170}{6}\sim N(0,1)$,故应有

$$P(X<h)=\Phi\left(\frac{h-170}{6}\right)\geqslant 0.99.$$

查表得

$$\Phi(2.33)=0.990\,1>0.99,$$

所以

$$\frac{h-170}{6}=2.33,\text{即}\ h=170+6\times 2.33\approx 184.$$

设计车门高度为 184cm 时,可使男子与车门顶碰头机会不超过 0.01.

2.3.5 二项分布的正态近似

前面我们介绍了二项分布的泊松近似,下面我们介绍二项分布的正态近似,它在更多场合下被使用.

棣莫佛在 1733 年证明了二项分布 $B(n,p)$ 当 $p=1/2$ 时的正态近似. 后来,拉普拉斯于 1812 年将其扩展到一般的 p. 这个结果在形式上是先通过标准化二项随机变量,然后证明标准化的变量当 n 无限增大时的极限分布是正态分布. 这就是著名的棣莫弗—拉普拉斯极限定理. 它是后面第 5 章要介绍的中心极限定理的一种特殊情况,在此我们不加证明地叙述.

定理 2(棣莫佛-拉普拉斯极限定理)　设随机变量 Y_n 服从参数 $n,p(0<p<1)$ 的二项分布,则对任意 x,有

$$\lim_{n\to\infty}P\left\{\frac{Y_n-np}{\sqrt{np(1-p)}}\leqslant x\right\}=\int_{-\infty}^{x}\frac{1}{\sqrt{2\pi}}e^{-\frac{t^2}{2}}dt. \tag{2.27}$$

定理表明,当 n 很大,而 $0<p<1$ 是一个定值时,$\dfrac{Y_n-np}{\sqrt{np(1-p)}}$ 近似地服从标准正态分布 $N(0,1)$. 或者说,二项变量 Y_n 近似地服从正态分布 $N(np,np(1-p))$.(请进行配套光盘中的试验“二项分布的正态近似”.)

利用这个定理,可进一步得到

$$P(y_1\leqslant Y_n\leqslant y_2)=\sum_{k=y_1}^{y_2}C_n^k p^k(1-p)^{n-k}$$
$$\approx\int_{a}^{b}\frac{1}{\sqrt{2\pi}}e^{-\frac{t^2}{2}}dt=\Phi(b)-\Phi(a), \tag{2.28}$$

其中

$$a=\frac{y_1-np}{\sqrt{np(1-p)}},\quad b=\frac{y_2-np}{\sqrt{np(1-p)}}.$$

由于我们是用一个连续分布近似离散分布,在实际应用中,为了减少近似误差,常取

$$a'=\frac{y_1-\frac{1}{2}-np}{\sqrt{np(1-p)}},\quad b'=\frac{y_2+\frac{1}{2}-np}{\sqrt{np(1-p)}}$$

代替(2.28)中的 a,b 来近似计算.

上述正态近似很重要,因为它提供了计算二项概率和的一种实用且简便的方法.

注:当 n 较大而 p 较小时(一般 $np\leqslant9$ 时),泊松分布是二项分布的一个好的近似. 而当 n 较大,且 $np(1-p)$ 也较大时,正态分布是二项分布一个好的近似(一般当 $np(1-p)\geqslant10$ 时,近似效果就很好).

【例 9】　将一枚硬币抛掷 10 000 次,出现正面 5 800 次. 认为这枚硬币不均匀是否合理?试说明理由.

解　设 X 为 10 000 次试验中出现正面的次数,假设硬币是均匀的,$X\sim B(10\,000,0.5)$. 采用正态近似,$np=5\,000,np(1-p)=2\,500$,即

$$\frac{X-np}{\sqrt{np(1-p)}}=\frac{X-5\,000}{50}\underset{\text{近似地}}{\sim}N(0,1).$$

$$P(X \geqslant 5\,800) = 1 - P(X < 5\,800)$$

$$\approx 1 - \Phi\left(\frac{5\,800 - 5\,000}{50}\right)$$

$$= 1 - \Phi(16) \approx 0.$$

此概率接近于 0,这样小概率的事件在一次试验中就发生了,当然要怀疑假设的正确性,即认为硬币不均匀.

我们来看一个历史上应用正态分布的例子.

【例 10】 1917 年美国仓促决定赴欧洲参战,面临一个需要完成的任务是:三百万参战大军的军装、军鞋,应按什么尺寸规格才能在短期内最快地加工出来,以保证使用.当时美国电话研究所的休哈特(W. A. Shewhart)提出一个方案.他通过抽样调查,发现军衣、军鞋的尺寸规格分布与正态分布曲线形状相类似.按照正态分布的统计规律性,他提出按照两头小中间大的排列规则,把军衣、军鞋的尺码分十档进行加工制作.美国国防部采用休哈特的建议将军装、军鞋赶制出来,结果与参战军人体形基本吻合,全部分配完毕,及时保证了军需供应.

§2.4 随机变量函数的分布

在实际中经常遇到这种情况,当知道随机变量 X 的分布后,我们更感兴趣求出它的某个函数 $g(X)$ 的分布.例如,已知 $t = t_0$ 时刻噪声电压 V 的分布,求功率 $W = V^2/R$(R 为电阻)的分布等.下面将通过举例讨论一些简单情况.

2.4.1 离散型随机变量函数的分布

【例 1】 设 X 的概率函数是

$$\begin{pmatrix} 1 & 2 & 5 \\ 0.2 & 0.5 & 0.3 \end{pmatrix},$$

求 $Y = 2X + 3$ 的概率函数.

解 当 $X = 1, 2, 5$ 时,Y 取对应值 5,7,13,二者一一对应.故 X 取某个值与 Y 取其对应值应具有相同的概率,因此 Y 的概率函数是

$$\begin{pmatrix} 5 & 7 & 13 \\ 0.2 & 0.5 & 0.3 \end{pmatrix}.$$

一般地,若 X 是离散型随机变量,X 的概率函数为

$$X \sim \begin{pmatrix} x_1 & x_2 & \cdots & x_k & \cdots \\ p_1 & p_2 & \cdots & p_k & \cdots \end{pmatrix},$$

则

$$Y = g(X) \sim \begin{pmatrix} g(x_1) & g(x_2) & \cdots & g(x_k) & \cdots \\ p_1 & p_2 & \cdots & p_k & \cdots \end{pmatrix}.$$

如果 $g(x_k)$ 中有一些是相同的,把它们作适当并项即可.

2.4.2　连续型随机变量函数的分布

【例 2】　设随机变量 X 具有概率密度

$$f_X(x) = \begin{cases} \dfrac{x}{2} & 当 \ 0 < x < 2 \\ 0 & 其他 \end{cases},$$

求随机变量 $Y = 2X + 3$ 的概率密度.

解　先求 $Y = 2X + 3$ 的分布函数,

$$F_Y(y) = P\{Y \leqslant y\} = P\{2X + 3 \leqslant y\} = P\left\{X \leqslant \dfrac{y-3}{2}\right\} = F_X\left(\dfrac{y-3}{2}\right).$$

于是 Y 的概率密度是

$$f_Y(y) = F_Y'(y) = f_X\left(\dfrac{y-3}{2}\right) \cdot \dfrac{1}{2} = \begin{cases} \dfrac{y-3}{4} \cdot \dfrac{1}{2} & 当 \ 0 < \dfrac{y-3}{2} < 2 \\ 0 & 其他 \end{cases}$$

$$= \begin{cases} \dfrac{y-3}{8} & 当 \ 3 < y < 7 \\ 0 & 其他 \end{cases}.$$

【例 3】　设随机变量 X 具有概率密度 $f_X(x)(-\infty < x < +\infty)$,求 $Y = X^2$ 的概率密度.

解　由于 $Y = X^2 \geqslant 0$,故当 $y \leqslant 0$ 时,$F_Y(y) = 0$,

当 $y > 0$ 时,有

$$F_Y(y) = P\{Y \leqslant y\} = P\{X^2 \leqslant y\} = P\{-\sqrt{y} \leqslant X \leqslant \sqrt{y}\}$$

$$= \int_{-\sqrt{y}}^{\sqrt{y}} f_X(x)\mathrm{d}x = F_X(\sqrt{y}) - F_X(-\sqrt{y}).$$

求导可得

$$f_Y(y) = \begin{cases} \dfrac{1}{2\sqrt{y}}\left[f_X(\sqrt{y}) + f_X(-\sqrt{y})\right] & 当 \ y > 0 \\ 0 & 当 \ y \leqslant 0 \end{cases}.$$

【例 4】　设随机变量 X 具有概率密度

$$f(x) = \begin{cases} 2x & 当 \ 0 < x < 1 \\ 0 & 其他 \end{cases},$$

求 $Y = \mathrm{e}^{-x}$ 的概率密度.

解　由于 $Y = \mathrm{e}^{-x} > 0$,当 $y \leqslant 0$ 时,$F_Y(y) = 0$,

当 $y > 0$ 时,有

$$F_Y(y) = P\{Y \leqslant y\} = P\{\mathrm{e}^{-x} \leqslant y\} = P\{X \geqslant -\ln y\}$$

$$= 1 - P\{X \leqslant -\ln y\} = 1 - F_X(-\ln y).$$

求导得

$$f_Y(y) = \begin{cases} f_X(-\ln y)\,\dfrac{1}{y} & \text{当 } y > 0 \\ 0 & \text{当 } y \leqslant 0 \end{cases}.$$

由

$$0 < -\ln y < 1,$$

得

$$\frac{1}{e} < y < 1,$$

即 $\dfrac{1}{e} < y < 1$ 时，

$$f_X(-\ln y) = -2\ln y,$$

于是

$$f_Y(y) = \begin{cases} \dfrac{-2\ln y}{y} & \text{当 } \dfrac{1}{e} < y < 1 \\ 0 & \text{其他} \end{cases}.$$

以上几例解法的关键是，在求 $P(Y \leqslant y)$ 的过程中，设法从 $\{g(X) \leqslant y\}$ 中解出 X，从而得到一个与 $\{g(X) \leqslant y\}$ 等价的 X 的不等式，并以后者代替 $\{g(X) \leqslant y\}$. 例如，在例 2 中，以 $\{X \leqslant \dfrac{y-3}{2}\}$ 代替 $\{2X+3 \leqslant y\}$；在例 3 中，以 $\{-\sqrt{y} \leqslant x \leqslant \sqrt{y}\}$ 代替 $\{X^2 \leqslant y\}$；在例 4 中，以 $\{X \geqslant -\ln y\}$ 代替 $\{e^{-X} \leqslant y\}$. 这样做是为了利用已知的 X 的分布，从而求出 Y 的分布. 这是求随机变量函数的分布的一种常用方法.

【例 5】 已知随机变量 X 的分布函数 $F(x)$ 是严格单调的连续函数，证明 $Y = F(X)$ 服从 $[0,1]$ 上的均匀分布.

证明 设 Y 的分布函数是 $G(y)$，由于

$$0 \leqslant y \leqslant 1,$$

于是

$$\text{对 } y < 0, G(y) = 0; \text{对 } y > 1, G(y) = 1.$$

又由于 X 的分布函数 F 是严格递增的连续函数，其反函数 F^{-1} 存在且严格递增.

对 $0 \leqslant y \leqslant 1, G(y) = P(Y \leqslant y) = P(F(X) \leqslant y) = P(X \leqslant F^{-1}(y)) = F(F^{-1}(y)) = y$，即 Y 的分布函数是

$$G(y) = \begin{cases} 0 & \text{当 } y < 0 \\ y & \text{当 } 0 \leqslant y \leqslant 1 \\ 1 & \text{当 } y > 1 \end{cases}.$$

Y 的密度函数为

$$g(y) = \frac{\mathrm{d}G(y)}{\mathrm{d}y} = \begin{cases} 1 & \text{当 } 0 \leqslant y \leqslant 1 \\ 0 & \text{其他} \end{cases}.$$

可见，Y 服从 $[0,1]$ 上的均匀分布.

本例的结论在计算机模拟中有重要的应用.

【例 6】　我们想模拟某元件从开始使用到首次发生故障的时间，记首次出现故障的时间为 X，X 服从参数为 λ 的指数分布

$$f(x) = \begin{cases} \lambda e^{-\lambda x} & \text{当 } x \geqslant 0 \\ 0 & \text{当 } x < 0 \end{cases},$$

那么要问，如何在计算机上产生服从指数分布的随机数？

解　由于当 $x \geqslant 0$ 时，$F(x) = 1 - e^{-\lambda x}$ 是严格单调的连续函数. 根据前面的结论，$Y = F(X)$ 服从 $[0,1]$ 上的均匀分布.

记 $u = F(x)$ 为 $[0,1]$ 上的均匀随机数，则由 $1 - e^{-\lambda x} = u$，得

$$x = -\frac{\ln(1-u)}{\lambda}.$$

由于 $1 - u$ 仍为 $[0,1]$ 上的均匀随机数（见基本练习题二中第 34 题），上式也可写为

$$x = -\frac{\ln r}{\lambda}, \quad r \text{ 为 }[0,1] \text{ 上的均匀随机数}.$$

x 即为指数分布的随机数.

于是得到产生指数分布的随机数的方法如下：

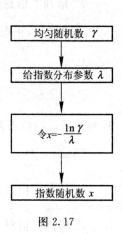

图 2.17

§2.5　综合应用举例

【例 1】　考虑从 A 地到 B 地通过电信传送一个二值信号 0 或 1. 由于传送过程中会遇到噪声干扰，为了减少出错概率，当传送的信号为 1 时，发送数值 2，当传送的信号为 0 时，发送数值 -2. 设 X 为在 A 地传送的数值，Y 为在 B 地接收到的数值（$Y = X + Z$，Z 为噪声），当信号在 B 地接收后，按如下规则解码：

如果 $Y \geqslant 0.5$，则判断发送的是 1；如果 $Y < 0.5$，则判断发送的是 0.

(1) 设噪声 $Z \sim N(0,1)$，计算出错概率；

(2) 设噪声 $Z \sim N(0, 1.5^2)$，计算出错概率；

(3) 设噪声 $Z \sim f(z) = \dfrac{1}{2} e^{-|z|}$，$\quad -\infty < z < \infty$，计算出错概率.

解　按上述解码规则解码，可能出现两类错误：

一类是信息 1 被错误地判断为 0；另一类是信息 0 被错误地判断为 1.

(1) $Z \sim N(0,1)$.

$$P\{\text{错判} \mid \text{信息是 } 1\} = P\{X + Z < 0.5 \mid X = 2\} = P\{Z < -1.5\}$$
$$= \Phi(-1.5) = 1 - \Phi(1.5) \approx 0.066\,8;$$

$$P\{\text{错判} \mid \text{信息是 } 0\} = P\{X + Z \geqslant 0.5 \mid X = -2\} = P\{Z \geqslant 2.5\}$$

$$= 1 - \Phi(2.5) \approx 0.006\ 2.$$

(2) $Z \sim N(0, 1.5^2), \dfrac{Z}{1.5} \sim N(0, 1).$

$$P\{错判 \mid 信息是 1\} = P\{Z < -1.5\} = 1 - \Phi\left(\frac{1.5}{1.5}\right) = 1 - \Phi(1) \approx 0.158\ 7;$$

$$P\{错判 \mid 信息是 0\} = P\{Z \geqslant 2.5\} = 1 - \Phi\left(\frac{2.5}{1.5}\right) = 1 - \Phi(1.667) \approx 0.047\ 8.$$

不难看到，正态噪声的波动越大，错判概率越大. 事实上，由于当 $\sigma > 1$ 时，

$$\frac{1.5}{\sigma} < 1.5, \qquad \frac{2.5}{\sigma} < 2.5,$$

$$\Phi\left(\frac{1.5}{\sigma}\right) < \Phi(1.5), \qquad \Phi\left(\frac{2.5}{\sigma}\right) < \Phi(2.5),$$

故两类错误的概率都比 $\sigma = 1$ 时要大.

(3) $Z \sim f(x) = \dfrac{1}{2} \mathrm{e}^{-|x|}, \quad -\infty < x < \infty.$

$$P\{错判 \mid 信息是 1\} = P\{Z < -1.5\} = \int_{-\infty}^{-1.5} \frac{1}{2} \mathrm{e}^{x} \mathrm{d}x = \frac{1}{2} \mathrm{e}^{-1.5} \approx 0.111\ 6;$$

$$P\{错判 \mid 信息是 0\} = P\{Z \geqslant 2.5\} = \int_{2.5}^{\infty} \frac{1}{2} \mathrm{e}^{-x} \mathrm{d}x = \frac{1}{2} \mathrm{e}^{-2.5} \approx 0.041\ 0.$$

【例 2】 进入商店的人数 X 服从参数为 λ 的泊松分布，进入商店的人中有比例为 p 的人买商品，而且进入商店的人是否买商品是相互独立的，求买商品的人数 Y 的概率分布.

解 进入商店的人数 X 已知的条件下，买商品的人数 Y 服从二项分布，

$$P(Y = i \mid X = k) = \mathrm{C}_k^i p^i (1-p)^{k-i}.$$

$$P(Y = i) = \sum_{k=i}^{\infty} P(X = k, Y = i) = \sum_{k=i}^{\infty} P(X = k) P(Y = i \mid X = k)$$

$$= \sum_{k=i}^{\infty} \frac{\mathrm{e}^{-\lambda} \lambda^k}{k!} \mathrm{C}_k^i p^i (1-p)^{k-i} = \sum_{k=i}^{\infty} \frac{\mathrm{e}^{-\lambda} \lambda^k k! \, p^i (1-p)^{k-i}}{k! i! (k-i)!}$$

$$= \sum_{k=i}^{\infty} \frac{\mathrm{e}^{-\lambda p} (\lambda p)^i}{i!} \cdot \frac{\mathrm{e}^{-\lambda(1-p)} [\lambda(1-p)]^{k-i}}{(k-i)!}$$

$$= \frac{\mathrm{e}^{-\lambda p} (\lambda p)^i}{i!} \sum_{k=i}^{\infty} \frac{\mathrm{e}^{-\lambda(1-p)} [\lambda(1-p)]^{k-i}}{(k-i)!}$$

$$= \frac{\mathrm{e}^{-\lambda p} (\lambda p)^i}{i!}, \quad i = 0, 1, 2, \cdots.$$

即 Y 服从参数为 λp 的泊松分布.

类似此例的问题在实际中并不少见，例如：

(1) 设某昆虫产 k 个卵的概率服从参数为 λ 的泊松分布，又设一个虫卵能孵化为昆虫的概率等于 p，而且卵的孵化是相互独立的，求此昆虫的下一代条数的概率分布.

(2) 已知运载火箭在飞行中进入它的仪器舱的宇宙粒子数服从参数为 λ 的泊松分布，进入

仪器舱的每个粒子落到仪器重要部位的概率等于 p,而且粒子是否落到仪器重要部位是相互独立的,试求恰有 r 个粒子落到仪器重要部位的概率.

(3) 假定一放射源在单位时间内放射出粒子个数是参数为 λ 的泊松随机变量.用一计数器来计数,又知道放射出粒子未被计数的概率为 p,而且粒子是否被计数是相互独立的.求被计数的粒子个数的概率分布.

基本练习题二

1. 一报童卖报,每份 0.15 元,其成本为 0.10 元.报馆每天给报童 1 000 份报,并规定他不得把卖不出的报纸退回.设 X 为报童每天卖出的报纸份数,试将报童赔钱的概率用随机变量的表达式表示.

2. 在区间 $[0,a]$ 上任意投掷一个质点,用 X 表示这个质点的坐标.设这个质点落在 $[0,a]$ 中任意小区间内的概率与这个小区间的长度成正比,求 X 的分布函数.

3. 设随机变量 X 的概率函数为

$$\begin{pmatrix} 0 & 1 & 2 & 3 & 4 & 5 & 6 \\ 0.1 & 0.15 & 0.2 & 0.3 & 0.12 & 0.1 & 0.03 \end{pmatrix}.$$

试求:$P(X \leqslant 4)$,$P(2 \leqslant X \leqslant 5)$,$P(X \neq 3)$.

4. 设随机变量 X 的概率函数为:

(1) $P(X = k) = ae^{-k+2}$, $k = 0,1,2,\cdots$,试确定常数 a;

(2) $P(X = k) = a\dfrac{\lambda^k}{k!}$, $k = 0,1,2,\cdots$,试确定常数 a.

5. 一袋中装有 5 个球,编号为 1~5.从中同时取出 3 个,以 X 表示取出 3 个球中的最大号码.求 X 的概率函数,并画出 X 的概率函数图.

6. 某血库急需 AB 型血,现从献血者中获得.根据经验,每 100 名献血者中只能获得 2 名身体合格的 AB 型血的人.今对献血者一个接一个地进行化验,以 X 表示第一次找到合格的 AB 型血的人时,献血者已被化验的人数.

(1) 求 X 的分布;

(2) 若 n,m 为任意两个自然数,证明:$P(X > n+m \mid X > n) = P(X > m)$,并说明此式的直观意义.

7. 今有一批零件,每 50 件装成一盒,不合格品率 p 为 10%.如每盒抽取 4 件检验,有 2 件以上不合格,则该盒被拒收.

(1) 精确计算每盒被拒收的概率;

(2) 近似计算每盒被拒收的概率.

8. 为保证设备正常工作,需要配备适量的维修人员.设共有 300 台设备,各台的工作是相互独立的,发生故障的概率都是 0.01.若在通常的情况下,一台设备的故障可由一人来处理.

问至少应配备多少维修人员,才能保证当设备发生故障时不能及时维修的概率小于 0.01?

9. 设离散型随机变量 X 的分布函数为

$$F(x) = \begin{cases} 0 & \text{当 } x < -1 \\ 1/4 & \text{当 } -1 \leqslant x < 0 \\ 3/4 & \text{当 } 0 \leqslant x < 1 \\ 1 & \text{当 } x \geqslant 1 \end{cases},$$

求 X 的概率函数.

10. 设三次独立试验中,事件 A 出现的概率相等. 若已知 A 至少出现一次的概率为 19/27,问事件 A 在一次试验中出现的概率是多少?

11. 设随机变量 X 服从参数为 $(2,p)$ 的二项分布,随机变量 Y 服从参数为 $(3,p)$ 的二项分布,已知 $P(X \geqslant 1) = 5/9$,求 $P(Y \geqslant 1)$.

12. 设在某考卷上有 10 道选择题,每题 1 分,每道题有 4 个可供选择的答案,只准选其中的一个. 今有一学生只会 5 道题,另 5 道题不会,于是就瞎猜. 试问他能全部猜对的概率是多大? 至少能猜对一题的概率呢?

13. 有甲、乙两种味道和颜色都极为相似的名酒各 4 杯,混放在一起. 如果从中挑 4 杯,能将甲种酒全挑出来,算是成功一次.

(1) 某人随机地去猜,问他试验成功一次的概率是多少?

(2) 某人声称他通过品尝能区分两种酒. 他连续试验 10 次,成功 3 次. 试推断他是猜对的还是他确有区分的能力(设各次试验相互独立)?

14. 如果连续型随机变量 X 可在下列区间内取值:

(1) $[0, \pi/2]$;   (2) $[0, \pi]$;   (3) $[0, 3\pi/2]$.

问:在不同区间上,$f(x) = \sin x$ 能否作为 X 的概率密度?为什么?

15. 设随机变量 X 具有概率密度

$$f(x) = \begin{cases} 3e^{-3x} & \text{当 } x \geqslant 0 \\ 0 & \text{当 } x < 0 \end{cases},$$

求 C,使 $P(X > C) = 1/2$.

16. 设随机变量 X 具有概率密度

$$f(x) = ce^{-|x|}, \quad -\infty < x < \infty.$$

求 (1) c;(2) $F(x)$;(3) $P(0 < X < 1)$.

17. 设 X 是连续型随机变量,若其分布函数为

$$F(x) = \begin{cases} a & \text{当 } x < 1 \\ bx \cdot \ln x + cx + d & \text{当 } 1 \leqslant x \leqslant e \\ d & \text{当 } x > e \end{cases},$$

试确定 $F(x)$ 中的常数 a, b, c, d 的值.

18. 设随机变量 X 的分布函数为

$$F(x) = \begin{cases} 0 & \text{当 } x < 0 \\ x^2 & \text{当 } 0 \leqslant x \leqslant 1 , \\ 1 & \text{当 } x > 1 \end{cases}$$

试求：(1) X 取值在区间 $(0.3, 0.7)$ 的概率；(2) X 的概率密度.

19. 已知某公共汽车到达某站的时间服从 10：00 到 10：30 之间的均匀分布. 某乘客 10：00 到达这个汽车站，求他至少等 10min 的概率.

20. 设随机变量 X 在 $[2, 5]$ 上服从均匀分布. 现对 X 进行三次独立观测，试求至少有两次观察值大于 3 的概率.

21. 修理某机器所需时间（单位：h）X 服从参数 $\lambda = 1/2$ 的指数分布，试求：

(1) 修理时间超过 2h 的概率是多大？

(2) 若已持续修理了 9h，总共需要 10h 才能修好的概率是多大？

22. 某汽车加油站每周补充汽油一次，如果它的周售出量 X（以 kL 为单位）是一个随机变量，概率密度函数为

$$f(x) = 5 (1-x)^4, \quad 0 < x < 1 \text{（其他处为 0）}.$$

要使在给定的一周内油库中的油被用光的概率是 0.01，这个油库的容量应多大？

23. 设随机变量 X 具有概率密度

$$f(x) = \begin{cases} x & \text{当 } 0 \leqslant x \leqslant 1 \\ 2-x & \text{当 } 1 \leqslant x \leqslant 2 , \\ 0 & \text{其他} \end{cases}$$

求 X 的分布函数.

24. 某种型号电子管的寿命 X 具有密度函数

$$f(x) = \begin{cases} 1\,000/x^2 & x > 1\,000 \\ 0 & \text{其他} \end{cases},$$

现有一大批这种管子（设各电子管损坏与否相互独立），从中任取 5 只，问其中至少有两只寿命大于 1 500h 的概率是多少？

25. 一个靶子是一个半径为 2m 的圆盘. 设击中靶上任一同心圆盘的概率与圆盘的面积成正比，并设只要射击就能中靶. 以 X 表示弹着点与圆心的距离，求 X 的分布函数和密度函数.

26. 若 $X \sim N(2, \sigma^2)$，且 $P(2 < X < 4) = 0.3$，求 $P(X < 0)$.

27. 从大气臭氧的含量可知某一地区空气污染的程度. 从统计资料发现，臭氧含量服从正态分布. 今从某地区统计数据知该地区臭氧含量 $X \sim N(5.15, 1.816^2)$. 求 (1) $P(3 < X < 7)$；(2) $P(X \geqslant 8)$.

28. 某地区的年降雨量（单位：mm）服从参数为 $\mu = 1\,000, \sigma = 100$ 的正态分布. 问从今年起 10 年之内，每年的降雨量不超过 1 250mL 的概率是多少？你做了什么假设？

29. 某地区 18 岁的女青年的血压 X（收缩压，以 mm-Hg 计）服从 $N(110, 12^2)$. 在该地区任选一位 18 岁的女青年，测量她的血压 X.

(1) 求 $P(100 < X \leqslant 120)$;

(2) 确定最小的 x,使 $P(X > x) \leqslant 0.05$.

30. 某工厂生产的电子元件的寿命 X(以 h 计)服从参数为 $\mu = 160, \sigma$ 的正态分布,若要求 $P(120 < X < 200) \geqslant 0.80$,允许 σ 最大为多少?

31. 设一次智力测验的分数服从正态分布 $N(100, 16^2)$. 如果我们仅给参加测验的人的 0.5% 以天才的称号,那么一个人应得多高的分数才能取得这个称号?

32. 在次品率为 1/6 的一大批产品中,任意抽取 300 件产品,利用棣莫佛—拉普拉斯极限定理,近似计算抽取的产品中次品数在 40 与 60 之间的概率.

33. (药效的判断问题)某药厂断言,该厂生产的某种药品对于医治一种疑难病的治愈率是 0.8. 医院检验员任意抽查 100 个服用此药的病人,如果其中多于 75 人治愈,就接受这一断言,否则就拒绝这一断言.

(1) 若实际此药品对这种疾病的治愈率是 0.8,问接受这一断言的概率是多少?

(2) 若实际此药品对这种疾病的治愈率是 0.7,问接受这一断言的概率是多少?

34. 设 $X \sim U(0,1)$,分别求 (1) $Y = 1 - X$;(2) $Y = 1/X$;(3) $Y = X^3$ 的概率密度.

35. 设连续型随机变量 X 具有概率密度 $f_X(x)$,求 $Y = |X|$ 的概率密度.

36. 设连续型随机变量 X 具有概率密度 $f_X(x) = \dfrac{1}{\pi(1+x^2)}$,求随机变量 $Y = 1 - \sqrt[3]{X}$ 的概率密度函数.

提高题二

1. 设随机变量 X 的分布函数为

$$F(x) = \begin{cases} 0 & \text{当 } x < -1 \\ \dfrac{5}{16}x + \dfrac{7}{16} & \text{当 } -1 \leqslant x < 1 , \\ 1 & \text{当 } x \geqslant 1 \end{cases}$$

求 $P(X^2 = 1)$.

2. (巴拿赫火柴盒问题)某数学家在口袋里放有两盒火柴,吸烟时从任一盒中取一根火柴,经过一段时间后,发现一盒火柴已经用完. 如果最初两盒中各有 n 根火柴,求这时另一盒中还有 r 根火柴的概率.

3. 设一个人在一年中患感冒的次数是 $\lambda = 5$ 的泊松随机变量. 假定正在销售的一种新药,对 75% 的人来说,可将上述泊松参数 λ 减少到 $\lambda = 3$,而对另一些人则是无效的. 今设某人试用此药一年,在试用期间患了两次感冒. 问此药对他有效的概率是多少?

4. 设在某个给定的区域内铀矿的个数 X 是参数为 $\lambda = 10$ 的泊松随机变量. 在一个固定时

间内,独立地找到每一个矿的概率为 $p = 1/50$. 求在该段时间内找到铀矿个数 Y 的概率分布.

5. 设随机变量 X 的密度函数为 $f(x)$, 且 $f(x) = f(-x)$, $F(x)$ 是 X 的分布函数,则对任意实数 a,下面四个等式哪个成立?

(1) $F(-a) = 1 - \int_0^a f(x)\mathrm{d}x$;　　(2) $F(-a) = F(a)$;

(3) $F(-a) = \dfrac{1}{2} - \int_0^a f(x)\mathrm{d}x$;　(4) $F(-a) = 2F(a) - 1$.

6. 假设一大型设备在任何长为 t 的时间内发生故障的次数 $N(t)$ 服从参数为 λt 的泊松分布. 求:

(1) 相继两次故障之间时间间隔 T 的概率分布;

(2) 在设备已经无故障工作 8h 的情况下,再无故障运行 8h 的概率.

7. 假设测量误差 X 服从正态分布 $N(0, 10^2)$. 试求在 100 次独立重复测量中,至少有 3 次测量误差的绝对值大于 19.6 的概率 α,并利用泊松分布求出 α 的近似值(小数点后取两位有效数字).

8. 设随机变量 X 的概率密度为

$$f(x) = \begin{cases} \dfrac{2x}{\pi^2} & \text{当 } 0 < x < \pi \\ 0 & \text{其他} \end{cases},$$

求 $Y = \sin X$ 的概率密度.

9. 假设随机变量 X 服从参数为 2 的指数分布,证明: $Y = 1 - \mathrm{e}^{-2X}$ 在区间 $(0, 1)$ 上服从均匀分布.

10. 设随机变量 X 的概率密度为

$$f(x) = \begin{cases} 6x(1-x) & \text{当 } 0 < x < 1 \\ 0 & \text{其他} \end{cases},$$

求一个函数 $Y = h(X)$,使它的概率密度为

$$g(y) = \begin{cases} 12y^3(1-y^2) & \text{当 } 0 < y < 1 \\ 0 & \text{其他} \end{cases}$$

第 3 章

多维随机变量及其分布

定义在同一个样本空间上的两个随机变量构成的向量称为二维随机变量. 它们作为一个整体的特性以及与单个随机变量之间的相互关系是本章讨论的主题. 本章介绍二维随机变量的联合分布与边缘分布, 随机变量的独立性与条件分布, 最后还介绍了二维随机变量函数的分布.

§3.1 二维随机变量及其分布函数

到现在为止, 我们只讨论了一维随机变量及其分布. 但有些随机现象用一个随机变量来描述是有困难的. 例如, 在打靶时, 弹着点的位置用一个随机变量就只能反映它偏离靶心的距离(例如环数), 但距离并不能全面反映弹着点的位置. 如果引入直角坐标系 xOy, 用 X, Y 两个坐标来反映弹着点的位置, 就比较清楚. 显然, 坐标 X, Y 都是随机变量, 都具有自己的分布, 而它们之间也有联系. 这时就必须考虑两个随机变量. 类似地, 飞机的重心在空中的位置是由三个随机变量(空间直角坐标系中的三个坐标)来确定的等等.

一般地, 我们称 n 个随机变量的整体 $X = (X_1, X_2, \cdots, X_n)$ 为 n 维随机变量或随机向量. 以下重点讨论二维随机变量.

二维随机变量 (X_1, X_2) 的性质不仅与 X_1 及 X_2 有关, 而且还依赖于这两个随机变量的相互关系. 因此, 逐个讨论 X_1 和 X_2 的性质是不够的, 还需将它们作为一个整体来讨论.

与一维情形一样, 我们也借助分布函数来研究二维随机变量.

定义 设 (X, Y) 是二维随机变量, 对于任意实数 x, y, 二元函数

$$F(x, y) = P(X \leqslant x, Y \leqslant y), \tag{3.1}$$

称为二维随机变量 (X, Y) 的**分布函数**或称为随机变量 X 和 Y 的**联合分布函数**.

若把二维随机变量 (X, Y) 看成平面上随机点的坐标, 则分布函数 $F(x, y)$ 在 (x, y) 处的函数值就是随机点 (X, Y) 落在以点 (x, y) 为顶点且位于该点左下方的无穷矩形域(见图 3.1 阴影部分)内的概率.

依照上述解释,利用概率的加法公式容易算出,随机点(X,Y)落在矩形区域(见图 3.2 阴影部分)的概率为

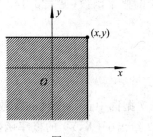
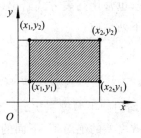

图 3.1　　　　　　　　　图 3.2

$$P(x_1 < X \leqslant x_2, y_1 < Y \leqslant y_2)$$
$$= F(x_2, y_2) - F(x_2, y_1) + F(x_1, y_1) - F(x_1, y_2). \qquad (3.2)$$

分布函数 $F(x,y)$ 具有以下的基本性质:

(1) $0 \leqslant F(x,y) \leqslant 1$;

(2) $F(x,y)$ 关于 x 和 y 均单调非降、右连续;

(3) $F(-\infty, -\infty) = \lim\limits_{\substack{x \to -\infty \\ y \to -\infty}} F(x,y) = 0$,

$\quad F(+\infty, +\infty) = \lim\limits_{\substack{x \to +\infty \\ y \to +\infty}} F(x,y) = 1$,

对于任意固定的 y,$F(-\infty, y) = \lim\limits_{x \to -\infty} F(x,y) = 0$,

对于任意固定的 x,$F(x, -\infty) = \lim\limits_{y \to -\infty} F(x,y) = 0$.

此外,由 (X,Y) 的分布函数 $F(x,y)$ 可导出 X 和 Y 各自的分布函数:

$$F_X(x) = \lim\limits_{y \to +\infty} F(x,y) = F(x, +\infty), \qquad (3.3)$$

同理

$$F_Y(y) = \lim\limits_{x \to +\infty} F(x,y) = F(+\infty, y). \qquad (3.4)$$

称 $F_X(x)$ 和 $F_Y(y)$ 分别为二维随机变量(X,Y) 关于 x 和关于 y 的**边缘分布函数**.

与一维情形一样,我们针对两类常见的二维随机变量,进一步讨论它们的概率分布.

§3.2　二维离散型随机变量及其分布

3.2.1　二维离散型随机变量的联合概率函数

定义　如果随机变量(X,Y) 只能取有限对或可数无限对值(x_i, y_j),$i,j = 1,2,\cdots$,其相应的概率为

$$P(X = x_i, Y = y_j) = p_{ij}, \quad i,j = 1,2,\cdots, \qquad (3.5)$$

则称 (X,Y) 为**二维离散型随机变量**. $p_{ij}(i,j=1,2,\cdots)$ 称为 X 和 Y 的**联合概率函数**或 (X,Y) 的**概率函数**,也称为 X 和 Y 的**联合概率分布**.

有时,为了直观,也常用列表方式给出 (X,Y) 的概率函数(见表 3.1).

概率函数具有下列性质:

(1) $p_{ij} \geqslant 0$, $i,j=1,2,\cdots$;

(2) $\sum\limits_{i=1}^{\infty} \sum\limits_{j=1}^{\infty} p_{ij} = 1$.

【**例**】 把一枚均匀硬币抛掷三次.设 X 为三次抛掷中正面出现的次数,而 Y 为正面出现次数与反面出现次数之差的绝对值.下面的表 3.2 给出了 (X,Y) 的概率函数.

表 3.1 随机变量 (X,Y) 的概率函数

X \ Y	y_1	y_2	$\cdots$	y_j	$\cdots$
x_1	p_{11}	p_{12}	$\cdots$	p_{1j}	$\cdots$
x_2	p_{21}	p_{22}	$\cdots$	p_{ij}	$\cdots$
$\vdots$	$\vdots$	$\vdots$		$\vdots$	
x_i	p_{i1}	p_{i2}	$\cdots$	p_{ij}	$\cdots$
$\vdots$	$\vdots$	$\vdots$		$\vdots$	

表 3.2 随机变量 (X,Y) 的概率函数

X \ Y	1	3
0	0	1/8
1	3/8	0
2	3/8	0
3	0	1/8

若已知 (X,Y) 的概率函数,要求 (X,Y) 取值在某个范围内的概率,只需将它们在该范围内所有可能取值的概率相加.如例中,

$$P\{X \geqslant 1, Y \leqslant 1\} = 3/8 + 3/8 = 6/8.$$

3.2.2 二维离散型随机变量的边缘概率函数

二维概率函数全面地反映了二维随机变量 (X,Y) 的取值及其概率规律.而单个随机变量 X,Y 也具有自己的概率函数.那么要问:二者之间有什么关系呢?

对例 1,现在如想求 X 的分布,注意到,X 可取 4 个可能值,即 $0,1,2,3$.而 $\{X=1\}$ 这个事件可以分解为两个互斥事件

$$\{X=1, Y=1\}, \{X=1, Y=3\}$$

之和,故其概率应为这两事件概率之和,即

$$P(X=1) = P\{X=1, Y=1\} + P\{X=1, Y=3\} = 3/8 + 0 = 3/8.$$

类似可得

$$P(X=0) = 0 + 1/8 = 1/8;$$
$$P(X=2) = 3/8 + 0 = 3/8;$$
$$P(X=3) = 0 + 1/8 = 1/8.$$

用同样的方法确定 Y 的概率分布为

$$P(Y=1) = 3/8 + 3/8 = 6/8;$$
$$P(Y=3) = 1/8 + 1/8 = 2/8.$$

注意:这两个分布正好是表 3.2 的行和与列和.我们常将边缘概率函数写在联合概率函数表格的边缘上,由此得出边缘分布这个名词,如表 3.3 所示.

表 3.3　随机变量(X,Y)的边缘概率函数

X \ Y	1	3	$P(X = x_i)$
0	0	1/8	1/8
1	3/8	0	3/8
2	3/8	0	3/8
3	0	1/8	1/8
$P(Y = y_i)$	6/8	2/8	1

从这个例子不难悟出在一般离散型情况下如何去求边缘分布.

设 (X,Y) 是一个具有概率函数 $P(X = x_i, Y = y_j) = p_{ij}, i, j = 1, 2, \cdots$ 的二维随机变量.则由 p_{ij} 可求出 X 与 Y 的概率函数分别为

$$P(X = x_i) = \sum_{j=1}^{\infty} p_{ij}, \quad i = 1, 2, \cdots, \tag{3.6}$$

$$P(Y = y_j) = \sum_{i=1}^{\infty} p_{ij}, \quad j = 1, 2, \cdots. \tag{3.7}$$

记 $p_{i \cdot} = \sum_{j=1}^{\infty} p_{ij}, p_{\cdot j} = \sum_{i=1}^{\infty} p_{ij}$,则

$$p_{i \cdot} \geqslant 0 \text{ 且} \sum_{i=1}^{\infty} p_{i \cdot} = 1, \quad p_{\cdot j} \geqslant 0 \text{ 且} \sum_{j=1}^{\infty} p_{\cdot j} = 1.$$

即 $\{p_{i \cdot}\}, \{p_{\cdot j}\}$ 是概率函数.称 $p_{i \cdot} (i = 1, 2, \cdots)$ 为 (X,Y) 关于 X 的**边缘概率函数**,称 $p_{\cdot j}$ $(j = 1, 2, \cdots)$ 为 (X,Y) 关于 Y 的**边缘概率函数**.

§3.3　二维连续型随机变量及其分布

3.3.1　二维连续型随机变量的联合概率密度

定义　设二维随机变量 (X,Y) 的分布函数是 $F(x,y)$,若存在一非负函数 $f(x,y)$,使得对任意 x,y 有

$$F(x,y) = \int_{-\infty}^{y} \int_{-\infty}^{x} f(u,v) \mathrm{d}u \mathrm{d}v, \tag{3.8}$$

则称 (X,Y) 为连续型的**二维随机变量**,称 $f(x,y)$ 为 X 和 Y 的**联合概率密度函数**,简称为 X 和 Y 的**联合密度**或 (X,Y) 的**概率密度**.

显然,联合密度 $f(x,y)$ 具有以下性质:

(1) $f(x,y) \geqslant 0$;

(2) $\int_{-\infty}^{\infty} \int_{-\infty}^{\infty} f(x,y) \mathrm{d}x \mathrm{d}y = 1$;

(3) $P\{(X,Y) \in D\} = \iint\limits_{(x,y) \in D} f(x,y) \mathrm{d}x \mathrm{d}y.$

与一维连续型随机变量一样,描述二维连续型随机变量的概率分布,最方便地是用概率密度函数.

【例1】 设 (X,Y) 的概率密度为

$$f(x,y) = \begin{cases} e^{-(x+y)} & \text{当 } x \geqslant 0, y \geqslant 0 \\ 0 & \text{其他} \end{cases},$$

求 $P\{0 \leqslant X \leqslant 1, 0 \leqslant Y \leqslant 1\}$.

解 设 $A = \{(x,y): 0 \leqslant x \leqslant 1, 0 \leqslant y \leqslant 1\}$,由概率密度的定义知

$$P\{0 \leqslant X \leqslant 1, 0 \leqslant Y \leqslant 1\} = \iint\limits_{(x,y) \in A} f(x,y)\mathrm{d}x\mathrm{d}y$$

$$= \int_0^1 \int_0^1 e^{-(x+y)} \mathrm{d}x\mathrm{d}y = \int_0^1 e^{-x}\mathrm{d}x \int_0^1 e^{-y}\mathrm{d}y = \left(1 - \frac{1}{e}\right)^2.$$

3.3.2 二维连续型随机变量的边缘概率密度

当 X 和 Y 的联合密度已知时,可分别对其中两个变量积分,得到两个一元函数

$$f_X(x) = \int_{-\infty}^{\infty} f(x,y)\mathrm{d}y, \tag{3.9}$$

$$f_Y(y) = \int_{-\infty}^{\infty} f(x,y)\mathrm{d}x. \tag{3.10}$$

可以证明,$f_X(x)$,$f_Y(y)$ 分别是 X,Y 的概率密度函数. 称 $f_X(x)$ 为 (X,Y) 关于 X 的**边缘概率密度函数**,称 $f_Y(y)$ 为 (X,Y) 关于 Y 的**边缘概率密度函数**,分别简称为 X 和 Y 的**边缘密度**.

【例2】 在例1中,求边缘密度 $f_X(x)$ 和 $f_Y(y)$.

解 $f_X(x) = \int_{-\infty}^{\infty} f(x,y)\mathrm{d}y = \begin{cases} \int_0^{\infty} e^{-(x+y)} \mathrm{d}y = e^{-x} & \text{当 } x \geqslant 0 \\ 0 & \text{当 } x < 0 \end{cases};$

$f_Y(y) = \int_{-\infty}^{\infty} f(x,y)\mathrm{d}x = \begin{cases} \int_0^{\infty} e^{-(x+y)} \mathrm{d}x = e^{-y} & \text{当 } y \geqslant 0 \\ 0 & \text{当 } y < 0 \end{cases}.$

【例3】 考虑半径为 R 的圆. 在圆内随机地取一点,并设此点位于圆内面积彼此相等的任一区域中是等可能的(即该点在圆内服从均匀分布). 设取圆心为坐标原点,X 和 Y 表示所选点的坐标(见图3.3),则 X 和 Y 的联合密度是

$$f(x,y) = \begin{cases} c & \text{当 } x^2 + y^2 \leqslant R^2 \\ 0 & \text{当 } x^2 + y^2 > R^2 \end{cases}.$$

其中 c 为某一常数.

(1) 确定 c 的值;

(2) 求 X,Y 的边缘密度函数.

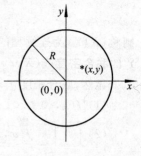

图 3.3

解　(1) 由 $\int_{-\infty}^{\infty}\int_{-\infty}^{\infty}f(x,y)\mathrm{d}x\mathrm{d}y=1$，得

$$c\iint\limits_{x^2+y^2\leqslant R^2}\mathrm{d}x\mathrm{d}y=1.$$

我们可以用极坐标算出 $\iint\limits_{x^2+y^2\leqslant R^2}\mathrm{d}x\mathrm{d}y$ 的值. 或者用更简单的方法，由于上述积分表示圆的

面积，故等于 πR^2，因而 $c=\dfrac{1}{\pi R^2}$.

(2) $f_X(x)=\int_{-\infty}^{\infty}f(x,y)\mathrm{d}y=\dfrac{1}{\pi R^2}\int_{-\sqrt{R^2-x^2}}^{\sqrt{R^2-x^2}}\mathrm{d}y=\dfrac{2}{\pi R^2}\sqrt{R^2-x^2},\quad x^2\leqslant R^2.$

当 $x^2>R^2$ 时，$f_X(x)=0$.

由对称性，Y 的边缘密度为

$$f_Y(y)=\begin{cases}\dfrac{2}{\pi R^2}\sqrt{R^2-y^2} & \text{当 } y^2\leqslant R^2\\[2mm] 0 & \text{当 } y^2>R^2\end{cases}.$$

3.3.3　常用多维连续分布

1. 多项分布

多项分布是很重要的联合分布之一，它经常出现在 n 次独立重复试验中，假设每次试验都

有 m 种可能的结果，各自概率分别为 $p_1,p_2,\cdots,p_m,\displaystyle\sum_{k=1}^{m}p_k=1$.

令 X_i 表示在 n 次试验中第 k 种结果出现的次数，于是有

$$P(X_1=n_1,X_2=n_2,\cdots,X_m=n_m)=\dfrac{n!}{n_1!n_2!\cdots n_m!}p_1^{n_1}p_2^{n_2}\cdots p_m^{n_m}. \tag{3.11}$$

其中 $\displaystyle\sum_{k=1}^{m}n_k=n$，称 (3.8) 式给出的分布为多项分布.

　　【例 4】　作为多项分布的一个应用，不难计算得，从装有 3 个红球、4 个白球和 5 个黑球的
盒中有放回随机取出 6 个球，每种颜色的球都恰有两个的概率是

$$\dfrac{6!}{2!2!2!}\left(\dfrac{1}{4}\right)^2\left(\dfrac{1}{3}\right)^2\left(\dfrac{5}{12}\right)^2\approx0.1085.$$

2. 二维均匀分布

一般地，设 G 是平面上的有界区域，其面积为 A. 若二维随机变量 (X,Y) 具有概率密度

$$f(x,y)=\begin{cases}\dfrac{1}{A} & \text{当 }(x,y)\in G\\[2mm] 0 & \text{其他}\end{cases}, \tag{3.12}$$

则称 (X,Y) 在 G 上服从**均匀分布**.

若 G 是边长为 1 的正方形，图 3.4 绘出了在 G 上具有均匀分布的二维随机变量 (X,Y) 的

概率密度曲面.

3. 二维正态分布

若随机变量(X,Y)具有概率密度

$$f(x,y) = \frac{1}{2\pi\sigma_1\sigma_2\sqrt{1-\rho^2}}\exp\left\{-\frac{1}{2(1-\rho^2)}\left[\left(\frac{x-\mu_1}{\sigma_1}\right)^2\right.\right.$$

$$\left.\left.-2\rho\left(\frac{x-\mu_1}{\sigma_1}\right)\left(\frac{y-\mu_2}{\sigma_2}\right)+\left(\frac{y-\mu_2}{\sigma_2}\right)^2\right]\right\}, \tag{3.13}$$

其中$\mu_1,\mu_2,\sigma_1^2,\sigma_2^2,\rho$均为常数,且$\sigma_1>0,\sigma_2>0,|\rho|\leqslant 1$,称$(X,Y)$服从参数为$\mu_1,\mu_2,\sigma_1^2,\sigma_2^2$,$\rho$的**二维正态分布**(这五个参数的意义将在第4章中说明),记作$(X,Y)\sim N(\mu_1,\mu_2,\sigma_1^2,\sigma_2^2,\rho)$.

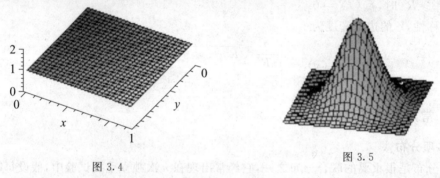

图 3.4   图 3.5

二维正态分布密度函数的图形是一个对称的钟形曲面.(见图3.5.也可参看配套光盘中的"二维正态分布",自行输入参数.)

为帮助大家想象二维正态分布密度函数图形的表面,我们简要地介绍等高线图.三维等高线图是把三维曲面中高度相等的点连接起来形成的图形.二维等高线图是把三维曲面中高度相等的点投影在平面上形成的图形.图3.6和图3.7分别给出了二维正态的二维等高线图和三维等高线图.

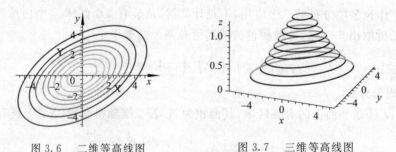

图 3.6   二维等高线图   图 3.7   三维等高线图

现在,我们来求X,Y的边缘密度函数$f_X(x)$和$f_Y(y)$.

令$u=\dfrac{x-\mu_1}{\sigma_1}$,$v=\dfrac{y-\mu_2}{\sigma_2}$,则

$$f_X(x) = \int_{-\infty}^{\infty} f(x,y)\mathrm{d}y = \frac{1}{2\pi\sigma_1 \sqrt{1-\rho^2}} \int_{-\infty}^{\infty} \mathrm{e}^{-\frac{1}{2(1-\rho^2)}[u^2-2\rho uv+v^2]}\mathrm{d}v$$

$$= \frac{1}{2\pi\sigma_1 \sqrt{1-\rho^2}} \int_{-\infty}^{\infty} \mathrm{e}^{-\frac{1}{2(1-\rho^2)}[(v-\rho u)^2+(1-\rho^2)u^2]}\mathrm{d}v$$

$$= \frac{1}{\sqrt{2\pi}\sigma_1} \mathrm{e}^{-\frac{u^2}{2}} \int_{-\infty}^{\infty} \frac{1}{\sqrt{2\pi} \sqrt{1-\rho^2}} \mathrm{e}^{-\frac{(v-\rho u)^2}{2(1-\rho^2)}}\mathrm{d}v$$

$$= \frac{1}{\sqrt{2\pi}\sigma_1} \mathrm{e}^{-\frac{u^2}{2}} = \frac{1}{\sqrt{2\pi}\sigma_1} \mathrm{e}^{-\frac{(x-\mu_1)^2}{2\sigma_1^2}}.$$

同理可得

$$f_Y(y) = \frac{1}{\sqrt{2\pi}\sigma_2} \mathrm{e}^{-\frac{(y-\mu_2)^2}{2\sigma_2^2}}.$$

可见,二维正态分布的两个边缘密度仍是正态分布,即 $X \sim N(\mu_1, \sigma_1^2), Y \sim N(\mu_2, \sigma_2^2)$.

（请看配套光盘中的演示"二维正态的边缘分布与条件分布".）

§3.4　随机变量的独立性

由 3.1 节定义 1,X 和 Y 的联合分布函数 $F(x,y)$ 是概率 $P(X \leqslant x, Y \leqslant y)$,也就是两个事件 $\{X \leqslant x\}$,$\{Y \leqslant y\}$ 同时发生的概率;而边缘分布函数 $F_X(x)$（或 $F_Y(y)$）是单个事件 $\{X \leqslant x\}$（或 $\{Y \leqslant y\}$）发生的概率 $P(X \leqslant x)$（或 $P(Y \leqslant y)$）.根据事件独立性的定义知,在这两个事件独立时,就有

$$P(X \leqslant x, Y \leqslant y) = P(X \leqslant x)P(Y \leqslant y).$$

这样就可利用事件的独立性引出随机变量的独立性.

定义　设 X, Y 为两个随机变量,若对任意实数 x, y,有

$$P(X \leqslant x, Y \leqslant y) = P\{X \leqslant x\}P\{Y \leqslant y\}, \tag{3.14}$$

则称 X, Y **相互独立**.

若 $F(x,y)$ 为 (X,Y) 的分布函数,$F_X(x), F_Y(y)$ 分别是 X, Y 的分布函数,则(3.14)式就是

$$F(x,y) = F_X(x)F_Y(y). \tag{3.15}$$

这说明当 X, Y 相互独立时,它们的边缘分布就决定了它们的联合分布.

若 (X,Y) 是连续型随机变量,$f(x,y), f_X(x), f_Y(y)$ 分别为 X 和 Y 的联合密度和边缘密度,则(3.14)式等价于对任意实数 x, y,

$$f(x,y) = f_X(x)f_Y(y) \tag{3.16}$$

几乎处处成立.

（此处"几乎处处成立"的含义是:在平面上除去面积为零的集合外,处处成立.）

若 (X,Y) 是离散型随机变量,$P_{ij} = P(X=x_i, Y=y_j)$,$p_{i\cdot} = P(X=x_i)$,$p_{\cdot j} = P(Y=y_j)$ 分别为 X 和 Y 的联合概率函数和边缘概率函数,则(3.14)式等价于对 (X,Y) 的所有可能

取值(x_i,y_j),都有

$$p_{ij} = p_{i\cdot}\ p_{\cdot j}. \tag{3.17}$$

综上所述,X 与 Y 相互独立的充分必要条件是下列关系式之一成立:

(1) 对任意实数 x,y ,$F(x,y) = F_X(x)F_Y(y)$;

(2) 对任意实数 x,y,$f(x,y) = f_X(x)f_Y(y)$,这里(X,Y) 为连续型;或对任意实数 x_i,y_j,$P(X = x_i,Y = y_j) = P(X = x_i)P(Y = y_j)$,这里$(X,Y)$ 为离散型.

【例1】 判断 3.3 节例 1 中给出的随机变量 X,Y 是否独立.

解 由 3.3 节例 1 及例 2,已知

$$f(x,y) = \begin{cases} e^{-(x+y)} & \text{当 } x \geqslant 0, y \geqslant 0 \\ 0 & \text{其他} \end{cases},$$

$$f_X(y) = \begin{cases} e^{-x} & \text{当 } x \geqslant 0 \\ 0 & \text{当 } x < 0 \end{cases} \quad f_Y(y) = \begin{cases} e^{-y} & \text{当 } y \geqslant 0 \\ 0 & \text{当 } y < 0 \end{cases}.$$

显然,对一切 x,y,都有

$$f(x,y) = f_X(x)f_Y(y),$$

因而 X 与 Y 相互独立.

【例2】 判断 3.3 节例 3 中给出的随机变量 X,Y 是否独立.

解 显然,$f(x,y) \neq f_X(x)f_Y(y)$,故 X 与 Y 不独立.

【例3】 (蒲丰投针问题)平面上画有等距离为 a 的一组平行线,向平面上任投一根长为 $L(L < a)$ 的针,针与平行线相交的概率是多少?

回忆在 1.2 节中,我们介绍过蒲丰投针试验. 现在我们来推导针与平行线相交的概率的计算公式:

$$p = 2L/\pi a.$$

解 以 X 表示针的中点M 到最近的平行线的距离,以 θ 表示针与此平行线的夹角. 我们用 X 和 θ 来确定针在平面上的位置(见图 3.8). 如果图中三角形的斜边小于 $L/2$,则此针必与平行线相交,即当$\dfrac{X}{\sin\theta} \leqslant \dfrac{L}{2}$ 或 $X \leqslant \dfrac{L}{2}\sin\theta$ 时,针与一平行线相交.

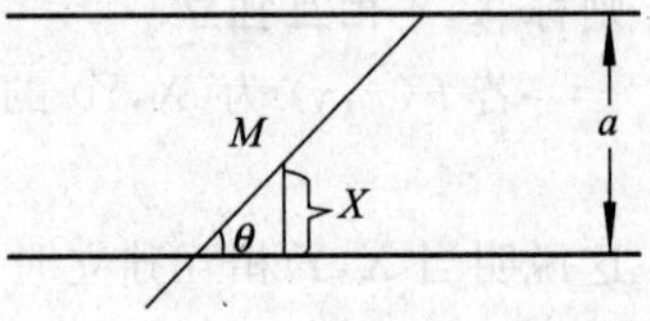

不难看出,X 服从$[0,a/2]$ 上的均匀分布,θ 服从$[0,\pi]$ 上的均匀分布,而且可以认为 X 与 θ 独立,因此 X 与 θ 的联合密度为

图 3.8

$$f(x,y) = f_X(x)f_\theta(y) = \begin{cases} \dfrac{2}{a\pi} & \text{当 } 0 \leqslant x \leqslant \dfrac{a}{2}, 0 \leqslant y \leqslant \pi \\ 0 & \text{其他} \end{cases}.$$

于是

$$P\left(X \leqslant \frac{L}{2}\sin\theta\right) = \iint\limits_{x \leqslant \frac{L}{2}\sin y} f(x,y)\mathrm{d}x\mathrm{d}y = \frac{2}{a\pi}\int_0^\pi \int_0^{L\sin y/2} \mathrm{d}x\mathrm{d}y$$

$$= \frac{2}{a\pi}\int_0^\pi \frac{L}{2}\sin y\,\mathrm{d}y = \frac{2L}{a\pi}.$$

两个随机变量独立的概念可推广到两个以上的随机变量. 一般地, n 个随机变量 $X_1, \cdots, X_n$ 称为相互独立, 则对一切 $(x_1, \cdots, x_n) \in \mathbf{R}$, 有

$$P(X_1 \leqslant x_1, \cdots, X_n \leqslant x_n) = \prod_{i=1}^{n} P(X_i \leqslant x_i). \tag{3.18}$$

类似二维变量, 不难写出其他几个关于独立性的等价定义, 这里不再赘述.

下面给出两个有关独立性的有用的结果.

定理 1　若连续型随机向量 $(X_1, \cdots, X_n)$ 的概率密度函数 $f(x_1, \cdots, x_n)$ 可表示为 n 个函数 $g_1, \cdots, g_n$ 之积, 其中 g_i 只依赖于 x_i, 即

$$f(x_1, \cdots, x_n) = g_1(x_1) \cdots g_n(x_n), \tag{3.19}$$

则 $X_1, \cdots, X_n$ 相互独立, 且 X_i 的边缘密度 $f_i(x)$ 与 $g_i(x)$ 只相差一个常数因子.

仅对 $n = 2$ 的情形证明如下.

证　当 $n = 2$ 时, X_1 和 X_2 的联合密度 $f(x_1, x_2)$ 可表示为

$$f(x_1, x_2) = g_1(x_1) g_2(x_2)$$

由联合密度和边缘密度的关系, 得 X_1 的概率密度为

$$f_1(x_1) = \int_{-\infty}^{\infty} f(x_1, x_2) \mathrm{d}x_2 = g_1(x_1) \int_{-\infty}^{\infty} g_2(x_2) \mathrm{d}x_2 = C_1 g_1(x_1),$$

其中 C_1 为常数. 同理可证 X_2 的概率密度为 $C_2 g_2(x_2)$. 由连续型随机变量独立的定义, 可知 X_1 和 X_2 相互独立.

推广到 $n > 2$ 的结论证明是显然的.

定理 2　若 $X_1, \cdots, X_n$ 相互独立, 而

$$X_1 = g_1(X_1, \cdots, X_m), Y_2 = g_2(X_{m+1}, \cdots, X_n),$$

则 Y_1 与 Y_2 独立.

定理 2 的直观意义很清楚. 因为 $X_1, \cdots, X_n$ 相互独立, 把它们分成 $X_1, \cdots, X_m$ 和 $X_{m+1}, \cdots, X_n$ 两部分也应是相互独立的 (任何一部分发生的概率不影响另一部分发生的概率). 而 Y_1, Y_2 分别只与前者和后者有关, 故 Y_1 与 Y_2 也应相互独立. 证明细节从略.

如果两个随机变量不独立, 在讨论它们的关系时, 除了前面介绍的联合分布和边缘分布外, 有必要引入条件分布的概念.

§3.5　条　件　分　布

一个随机变量或向量 X 的条件概率分布, 就是在某些给定的条件之下 X 的概率分布. 正如我们在第 1 章中讨论条件概率时所指出的, 任何事件的概率都是"有条件的", 即与这事件联系着的试验的条件. 因此随机变量或向量 X 的概率分布, 也无不是在一定的条件下. 但这里所谈的条件分布, 是在试验中所规定的"基本"条件之外再附加的条件. 它一般采取如下形式: 设有两个随机变量或向量 X, Y, 在给定了 Y 取某个或某些值的条件下, 去求 X 的条件分布.

例如,考虑某大学的全体学生,从其中随机抽取一个学生,分别以 X 和 Y 表示其体重和身高.则 X 和 Y 都是随机变量,它们都有一定的概率分布.现在若限制 $1.7\mathrm{m}<Y<1.8\mathrm{m}$,在这个条件下去求 X 的条件分布,这就意味着要从该校的学生中把身高在 $1.7\mathrm{m}$ 和 $1.8\mathrm{m}$ 之间的那些人都挑出来,然后在挑出的学生中求其体重的分布.容易想象,这个分布与不加这个条件时的分布会很不一样.例如,在条件分布中体重取大值的概率会显著增加.

从这个例子也可看出条件分布这个概念的重要性.在本例中,搞清了 X 的条件分布随 Y 的值而变化的情况,就能了解身高对体重的影响在数量上的刻画.由于在许多问题中有关的变量往往是彼此相关的,这就使条件分布成为研究变量间相依关系的重要工具.

3.5.1　离散型随机变量的条件分布

这种情况比较简单,实际上无非是第 1 章讲过的条件概率在另一种形式下的重复.

设 (X,Y) 是具有概率函数

$$p_{ij} = P(X=x_i, Y=y_j), \quad i=1,2,\cdots; j=1,2,\cdots$$

的离散型随机变量.现考虑在事件 $\{Y=y_j\}$ 已发生的条件下,事件 $\{X=x_i\}$ 的条件概率 $P(X=x_i \mid Y=y_j)$.由条件概率的定义,若 $P(Y=y_j)>0$,则

$$P(X=x_i \mid Y=y_j) = \frac{P(X=x_i, Y=y_j)}{P(Y=y_j)} = \frac{p_{ij}}{p_{\cdot j}}, \quad i=1,2,\cdots,$$

而 $P(Y=y_j) = p_{\cdot j} = \sum_{i=1}^{\infty} p_{ij}$,于是

$$P(X=x_i \mid Y=y_j) = p_{ij} \Big/ \sum_{i=1}^{\infty} p_{ij}, \quad i=1,2,\cdots.$$

易知上述条件概率具有概率函数的性质(请自行验证).由此引进如下定义.

定义 1　设 (X,Y) 是二维离散型随机变量,对于固定的 j,若 $P(Y=y_j)>0$,则称

$$P(X=x_i \mid Y=y_j) = \frac{P(X=x_i, Y=y_j)}{P(Y=y_j)} = \frac{p_{ij}}{p_{\cdot j}}, \quad i=1,2,\cdots \tag{3.20}$$

为在 $Y=y_j$ 条件下随机变量 X 的**条件概率函数**(或**条件概率分布**).

同样,对于固定的 i,若 $P(X=x_i)>0$,则称

$$P(Y=y_j \mid X=x_i) = \frac{P(X=x_i, Y=y_j)}{P(X=x_i)} = \frac{p_{ij}}{p_{i\cdot}}, \quad j=1,2,\cdots \tag{3.21}$$

为在 $X=x_i$ 条件下随机变量 Y 的**条件概率函数**(或**条件概率分布**).

【例 1】　一射手进行射击,击中目标的概率为 $p(0<p<1)$,射击进行到击中目标两次为止.以 X 表示首次击中目标所进行的射击次数,以 Y 表示总共进行的射击次数.试求 X 和 Y 的联合分布及条件分布.

解　依题意,$\{Y=n\}$ 表示在第 n 次射击时击中目标,且在前 $n-1$ 次射击中有一次击中目标.已知各次射击是相互独立的,于是不论 $m(m<n)$ 是多少,概率 $P(X=m, Y=n)$ 都应等于 $p^2(1-p)^{n-2}$,由此得 X 和 Y 的联合概率函数为

$$P(X = m, Y = n) = p^2 (1-p)^{n-2}, \quad n = 2, 3, \cdots; m = 1, 2, \cdots, n-1.$$

而 X, Y 的边缘概率函数分别是

$$P(X = m) = \sum_{n=m+1}^{\infty} P\{X = m, Y = n\} = \sum_{n=m+1}^{\infty} p^2 (1-p)^{n-2}$$

$$= p^2 \sum_{n=m+1}^{\infty} (1-p)^{n-2} = \frac{p^2 (1-p)^{m-1}}{p}$$

$$= p (1-p)^{m-1}, \quad m = 1, 2, \cdots,$$

$$P(Y = n) = \sum_{m=1}^{n-1} P\{X = m, Y = n\} = \sum_{m=1}^{n-1} p^2 (1-p)^{n-2}$$

$$= (n-1) p^2 (1-p)^{n-2}, \quad n = 2, 3, \cdots.$$

于是由(3.20)式,(3.21)式得到所求的条件概率函数为

当 $n = 2, 3, \cdots$ 时,

$$P(X = m \mid Y = n) = \frac{p^2 (1-p)^{n-2}}{(n-1) p^2 (1-p)^{n-2}} = \frac{1}{n-1}, \quad m = 1, 2, \cdots, n-1;$$

当 $m = 1, 2, \cdots$ 时,

$$P(Y = n \mid X = m) = \frac{p^2 (1-p)^{n-2}}{p (1-p)^{m-1}} = p (1-p)^{n-m-1}, \quad n = m+1, m+2, \cdots.$$

【例 2】 考虑 n 次独立重复试验,每次试验成功的概率为 p,证明:已知其中共有 k 次成功的条件下,所有可能的 k 次成功、$n-k$ 次失败的任一种排列都是等可能的.

证 n 次试验中,出现 k 次成功、$n-k$ 次失败的可能结果有 C_n^k 种. 现要证明这 C_n^k 种结果都是等可能的,即每种结果出现的概率都是 $1/C_n^k$.

令 X 表示 n 次独立重复试验中出现成功的次数,考虑 k 次成功、$n-k$ 次失败的任一排列 $R = \underbrace{(x_1, x_2, \cdots, x_n)}_{k次成功、n-k次失败}$,其中 $x_i (i = 1, \cdots, n)$ 取"成功"或"失败",则

$$P(R \mid X = k) = \frac{P(R, X = k)}{P(X = k)} = \frac{P(R)}{P(X = k)}$$

$$= \frac{p^k (1-p)^{n-k}}{C_n^k p^k (1-p)^{n-k}} = \frac{1}{C_n^k}.$$

3.5.2 连续型随机变量的条件分布

对于连续型随机变量,其条件分布不能像离散型随机变量那样定义,因为连续型随机变量取一个具体值的概率为 0,所以必须用极限的形式来给出合理的定义.

假定随机变量 X 与 Y 的联合密度是 $f(x, y)$,考虑已知 X 在 x 附近时,Y 在 y 附近的概率,用 Δx ,Δy 表示正的微小增量,所求的概率就是

$$P\left(y - \frac{1}{2} \Delta y \leqslant Y \leqslant y + \frac{1}{2} \Delta y \,\middle|\, x - \frac{1}{2} \Delta x \leqslant X \leqslant x + \frac{1}{2} \Delta x\right).$$

用条件概率公式,得

$$P\left(y - \frac{1}{2}\Delta y \leqslant Y \leqslant y + \frac{1}{2}\Delta y \,\middle|\, x - \frac{1}{2}\Delta x \leqslant X \leqslant x + \frac{1}{2}\Delta x\right)$$

$$= \frac{P\left(y - \frac{1}{2}\Delta y \leqslant Y \leqslant y + \frac{1}{2}\Delta y, x - \frac{1}{2}\Delta x \leqslant X \leqslant x + \frac{1}{2}\Delta x\right)}{P\left(x - \frac{1}{2}\Delta x \leqslant X \leqslant x + \frac{1}{2}\Delta x\right)}$$

$$= \frac{\int_{x-\frac{\Delta x}{2}}^{x+\frac{\Delta x}{2}} \int_{y-\frac{\Delta y}{2}}^{y+\frac{\Delta y}{2}} f(x,y)\mathrm{d}x\mathrm{d}y}{\int_{x-\frac{\Delta x}{2}}^{x+\frac{\Delta x}{2}} \int_{-\infty}^{\infty} f(x,y)\mathrm{d}x\mathrm{d}y}.$$

上式除以 Δy,再令 $\Delta x \to 0, \Delta y \to 0$,相应的极限就是

$$\lim_{\Delta x \to 0, \Delta y \to 0} \frac{1}{\Delta y} P\left(y - \frac{1}{2}\Delta y \leqslant Y \leqslant y + \frac{1}{2}\Delta y \,\middle|\, x - \frac{1}{2}\Delta x \leqslant X \leqslant x + \frac{1}{2}\Delta x\right)$$

$$= \lim_{\Delta x \to 0, \Delta y \to 0} \frac{\frac{1}{\Delta x \Delta y} \int_{x-\frac{\Delta x}{2}}^{x+\frac{\Delta x}{2}} \int_{y-\frac{\Delta y}{2}}^{y+\frac{\Delta y}{2}} f(x,y)\mathrm{d}x\mathrm{d}y}{\frac{1}{\Delta x} \int_{x-\frac{\Delta x}{2}}^{x+\frac{\Delta x}{2}} \int_{-\infty}^{\infty} f(x,y)\mathrm{d}x\mathrm{d}y} = \frac{f(x,y)}{\int_{-\infty}^{\infty} f(x,y)\mathrm{d}y}.$$

注意到上式的分母就是随机变量 X 的边缘密度 $f_X(x)$.

由此给出如下定义.

定义 2 设 X 和 Y 的联合密度是 $f(x,y)$,边缘密度为 $f_X(x), f_Y(y)$,则对一切使 $f_X(x) > 0$ 的 x,定义已知 $X = x$ 的条件下,Y 的条件密度为

$$f_{Y|X}(y \mid x) = \frac{f(x,y)}{f_X(x)}. \tag{3.22}$$

同样地,对一切使 $f_Y(y) > 0$ 的 y,定义已知 $Y = y$ 的条件下,X 的条件密度为

$$f_{X|Y}(x \mid y) = \frac{f(x,y)}{f_Y(y)}. \tag{3.23}$$

运用条件概率密度,我们可以在已知某一随机变量值的条件下,定义与另一随机变量有关的事件的条件概率. 就是说,若 (X,Y) 是连续型随机变量,则对任一集合 A,

$$P(X \in A \mid Y = y) = \int_A f_{X|Y}(x \mid y)\mathrm{d}x. \tag{3.24}$$

特别地,取 $A = (-\infty, u)$,我们定义在已知 $Y = y$ 的条件下,X 的条件分布函数为

$$F_{X|Y}(u \mid y) = P(X \leqslant u \mid Y = y) = \int_{-\infty}^{u} f_{X|Y}(x \mid y)\mathrm{d}x. \tag{3.25}$$

【例3】 设 (X,Y) 服从单位圆上的均匀分布,概率密度为

$$f(x,y) = \begin{cases} \dfrac{1}{\pi} & \text{当 } x^2 + y^2 \leqslant 1 \\ 0 & \text{其他} \end{cases},$$

求 $f_{Y/X}(y \mid x)$.

解　在 3.3 节例 3 中,我们已求得 X 的边缘密度为

$$f_X(x) = \begin{cases} \dfrac{2}{\pi} \sqrt{1-x^2} & \text{当} \mid x \mid \leqslant 1 \\ 0 & \text{当} \mid x \mid > 1 \end{cases}$$

于是当 $\mid x \mid < 1$ 时,有

$$f_{Y|X}(y \mid x) = \frac{f(x,y)}{f_X(x)} = \frac{1/\pi}{(2/\pi)\sqrt{1-x^2}} = \frac{1}{2\sqrt{1-x^2}}, \quad -\sqrt{1-x^2} \leqslant y \leqslant \sqrt{1-x^2}.$$

即当 $\mid x \mid < 1$ 时,

$$f_{Y|X}(y \mid x) = \begin{cases} \dfrac{1}{2\sqrt{1-x^2}} & \text{当} -\sqrt{1-x^2} \leqslant y \leqslant \sqrt{1-x^2} \\ 0 & \text{其他} \end{cases}$$

(配套光盘中的"边缘分布和条件分布"绘出了此例的联合密度、边缘密度和条件密度的图形.)

【例 4】　设数 X 在区间 $(0,1)$ 上随机地取值,当观察到 $X = x(0 < x < 1)$ 时,数 Y 在区间 $(x,1)$ 上随机地取值. 求 Y 的概率密度.

解　依题意,X 具有概率密度

$$f_X(x) = \begin{cases} 1 & \text{当} 0 < x < 1 \\ 0 & \text{其他} \end{cases}.$$

对于任意给定的值 $x(0 < x < 1)$,在 $X = x$ 的条件下,Y 的条件概率密度为

$$f_{Y|X}(y \mid x) = \begin{cases} \dfrac{1}{1-x} & \text{当} x < y < 1 \\ 0 & \text{其他} \end{cases}.$$

由 (3.22) 式得 X 和 Y 的联合密度为

$$f(x,y) = f_X(x)f_{Y|X}(y \mid x) = \begin{cases} \dfrac{1}{1-x} & \text{当} 0 < x < y < 1 \\ 0 & \text{其他} \end{cases},$$

于是得 Y 的概率密度为

$$f_Y(y) = \int_{-\infty}^{\infty} f(x,y)\mathrm{d}x = \begin{cases} \displaystyle\int_0^y \dfrac{1}{1-x}\mathrm{d}x = -\ln(1-y) & \text{当} 0 < y < 1 \\ 0 & \text{其他} \end{cases}.$$

【例 5】　设 X 和 Y 的联合密度为

$$f(x,y) = \begin{cases} \dfrac{\mathrm{e}^{-x/y}\mathrm{e}^{-y}}{y} & \text{当} 0 < x < \infty\, 0 < y < \infty \\ 0 & \text{其他} \end{cases},$$

求 $P(X > 1 \mid Y = y)$.

解　$P(X > 1 \mid Y = y) = \displaystyle\int_1^{\infty} f_{X|Y}(x \mid y)\mathrm{d}x.$

为此,需求出 $f_{X|Y}(x \mid y)$,这里已知 $f(x,y)$,故需求出 $f_Y(y)$. 由于,

$$f_Y(y) = \int_{-\infty}^{\infty} f(x,y)\mathrm{d}x = \int_0^{\infty} \frac{\mathrm{e}^{-x/y}\mathrm{e}^{-y}}{y}\mathrm{d}x$$

$$= \frac{\mathrm{e}^{-y}}{y}\left[-y\mathrm{e}^{-x/y}\right]\Big|_0^{\infty} = \mathrm{e}^{-y}, \quad 0 < y < \infty,$$

于是对 $y > 0$,

$$f_{X|Y}(x \mid y) = \frac{f(x,y)}{f_Y(y)} = \frac{\mathrm{e}^{-x/y}}{y}, \quad x > 0,$$

故

$$P(X > 1 \mid Y = y) = \int_1^{\infty} \frac{\mathrm{e}^{-x/y}}{y}\mathrm{d}x = -\mathrm{e}^{-x/y}\Big|_1^{\infty} = \mathrm{e}^{-1/y}.$$

§3.6 随机向量函数的分布

在第 2 章中,我们讨论了一维随机变量函数的分布. 现在我们进一步讨论,当已知随机向量 $(X_1, X_2, \cdots, X_n)$ 的分布时,如何求出它们的函数

$$Y = g(X_1, X_2, \cdots, X_n)$$

的分布.

我们从两个随机变量函数的分布开始.

3.6.1 离散型随机向量函数的分布

【例 1】 若 X 和 Y 是相互独立的随机变量,它们都取非负整数值,概率函数分别为

$$P(X = k) = a_k, \quad k = 0, 1, 2, \cdots,$$
$$P(Y = k) = b_k, \quad k = 0, 1, 2, \cdots.$$

求 $Z = X + Y$ 的概率函数.

解 $\{Z = r\} = \{X = 0, Y = r\} \bigcup \{X = 1, Y = r-1\} \bigcup \cdots \bigcup \{X = r, Y = 0\}$

$$= \bigcup_{i=0}^{r}(X = i, Y = r-i).$$

由于诸事件 $\{X = i, Y = r-i\}$($i = 0, 1, 2, \cdots, r$)互不相容,由概率的加法公式

$$P(Z = r) = \sum_{i=0}^{r} P\{X = i, Y = r-i\},$$

再由独立性,

$$P(Z = r) = \sum_{i=0}^{r} P\{X = i\}\{Y = r-i\}$$

$$= a_0 b_r + a_1 b_{r-1} + \cdots + a_r b_0, \quad r = 0, 1, 2, \cdots. \tag{3.26}$$

这个公式也称为**离散卷积公式**,它可以用来求两个独立的取非负整数值的随机变量之和的分布.

【例2】　若 X 和 Y 相互独立,它们分别服从参数为 λ_1, λ_2 的泊松分布,求 $Z = X + Y$ 的分布.

解　$P(X = i) = \dfrac{\mathrm{e}^{-\lambda_1} \lambda_1^i}{i!}, \quad i = 0, 1, \cdots, P(Y = j) = \dfrac{\mathrm{e}^{-\lambda_2} \lambda_2^j}{j!}, \quad j = 0, 1, \cdots.$

由离散卷积公式

$$
\begin{aligned}
P(Z = r) &= \sum_{i=0}^{r} P(X = i) P(Y = r - i) \\
&= \sum_{i=0}^{r} \mathrm{e}^{-\lambda_1} \frac{\lambda_1^i}{i!} \cdot \mathrm{e}^{-\lambda_2} \frac{\lambda_2^{r-i}}{(r-i)!} \\
&= \frac{\mathrm{e}^{-(\lambda_1 + \lambda_2)}}{r!} \sum_{i=0}^{r} \frac{r!}{i!(r-i)!} \lambda_1^i \lambda_2^{r-i} \\
&= \frac{\mathrm{e}^{-(\lambda_1 + \lambda_2)}}{r!} (\lambda_1 + \lambda_2)^r, \quad r = 0, 1, \cdots.
\end{aligned}
$$

即 Z 服从参数 $\lambda_1 + \lambda_2$ 的泊松分布.

若某种分布具有"同一种分布的独立随机变量和的分布仍属于这种分布"的性质,我们就说这种分布具有可加性.可见泊松分布具有可加性.

可以证明,二项分布具有可加性.其表述为:

设 X 和 Y 相互独立,分别服从二项分布 $B(n_1, p)$ 和 $B(n_2, p)$, $Z = X + Y$,则
$$Z \sim B(n_2 + n_2, p).$$

事实上,按二项分布的定义,若 $X \sim B(n_1, p)$, $Y \sim B(n_2, p)$,则 X 是在 n_1 次独立重复试验中事件 A 出现的次数, Y 是在 n_2 次独立重复试验中事件 A 出现的次数,每次试验中 A 出现的概率都为 p.故 $Z = X + Y$ 是在 $n_1 + n_2$ 次独立重复试验中事件 A 出现的次数,每次试验中 A 出现的概率为 p,故 $Z \sim B(n_2 + n_2, p)$.

3.6.2　连续型随机向量函数的分布

【例3】　设 (X, Y) 的联合密度为 $f(x, y)$,求 $Z = X + Y$ 的密度函数.

解　$Z = X + Y$ 的分布函数是

$$
\begin{aligned}
F_Z(z) &= P(Z \leqslant z) = P(X + Y \leqslant z) \\
&= \iint\limits_{x+y \leqslant z} f(x, y) \mathrm{d}x \mathrm{d}y.
\end{aligned}
$$

这里积分区域 $D = \{(x, y) : x + y \leqslant z\}$ 是直线 $x + y = z$ 左下方的半平面(见图 3.9).化成累次积分,得

$$
F_Z(z) = \int_{-\infty}^{+\infty} \left[\int_{-\infty}^{z-y} f(x, y) \mathrm{d}x \right] \mathrm{d}y.
$$

固定 z 和 y,对方括号内的积分作变量代换,令 $x = u - y$,得

$$
F_Z(z) = \int_{-\infty}^{+\infty} \left[\int_{-\infty}^{z} f(u - y, y) \mathrm{d}u \right] \mathrm{d}y
$$

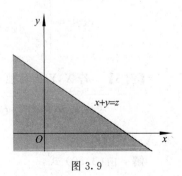

图 3.9

$$= \int_{-\infty}^{z} \left[\int_{-\infty}^{+\infty} f(u-y, y) \mathrm{d}y \right] \mathrm{d}u.$$

由概率密度与分布函数的关系,即得 Z 的概率密度为

$$f_Z(z) = F'_Z(z) = \int_{-\infty}^{\infty} f(z-y, y) \mathrm{d}y. \tag{3.27}$$

由 X 和 Y 的对称性,$f_Z(z)$ 又可写成

$$f_Z(z) = \int_{-\infty}^{\infty} f(x, z-x) \mathrm{d}x. \tag{3.28}$$

(3.27) 式和 (3.28) 式即是两个随机变量和的概率密度的一般公式.

特别地,当两个随机变量相互独立时,设 (X, Y) 关于 X, Y 的边缘密度分别为 $f_X(x) f_Y(y)$,则以上两式分别化为

$$f_Z(z) = \int_{-\infty}^{\infty} f_X(z-y) f_Y(y) \mathrm{d}y, \tag{3.29}$$

$$f_Z(z) = \int_{-\infty}^{\infty} f_X(x) f_Y(z-x) \mathrm{d}x. \tag{3.30}$$

这两个公式称为**卷积公式**.

【例 4】 若 X, Y 相互独立,具有共同的概率密度

$$f(x) = \begin{cases} 1 & \text{当 } 0 \leqslant x \leqslant 1 \\ 0 & \text{其他} \end{cases},$$

求 $Z = X + Y$ 的概率密度.

解 由公式 (3.30),

$$f_Z(z) = \int_{-\infty}^{\infty} f_X(x) f_Y(z-x) \mathrm{d}x.$$

为确定积分限,先求使被积函数 $f_X(x) f_Y(z-x)$ 不为 0 的区域:

$$\begin{cases} 0 \leqslant x \leqslant 1 \\ 0 \leqslant z-x \leqslant 1 \end{cases}, \quad \text{也即} \quad \begin{cases} 0 \leqslant x \leqslant 1 \\ z-1 \leqslant x \leqslant z \end{cases}.$$

如图 3.10 所示,于是

$$f_Z(z) = \begin{cases} \int_0^z \mathrm{d}x = z & \text{当 } 0 \leqslant z < 1 \\ \int_{z-1}^1 \mathrm{d}x = 2-z & \text{当 } 1 \leqslant z < 2 \\ 0 & \text{其他} \end{cases}.$$

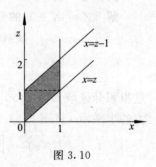

图 3.10

【例 5】 若 X, Y 相互独立,且都服从 $N(0, 1)$ 分布,即有

$$f_X(x) = f_Y(x) = \frac{1}{\sqrt{2\pi}} \mathrm{e}^{-x^2/2},$$

求 $X + Y$ 的概率密度.

解 由 (3.30) 式,

$$f_Z(z) = \int_{-\infty}^{\infty} f_X(x) f_Y(z-x) \mathrm{d}x$$

$$= \frac{1}{2\pi} \int_{-\infty}^{\infty} \mathrm{e}^{-\frac{x^2}{2}} \mathrm{e}^{-\frac{(z-x)^2}{2}} \mathrm{d}x = \frac{1}{2\pi} \mathrm{e}^{-\frac{z^2}{4}} \int_{-\infty}^{\infty} \mathrm{e}^{-(x-\frac{z}{2})^2} \mathrm{d}x.$$

令 $t = x - \dfrac{z}{2}$,得

$$f_Z(z) = \frac{1}{2\pi} \mathrm{e}^{-\frac{z^2}{4}} \int_{-\infty}^{\infty} \mathrm{e}^{-t^2} \mathrm{d}t = \frac{1}{2\sqrt{\pi}} \mathrm{e}^{-\frac{z^2}{4}},$$

即 Z 服从 $N(0,2)$ 分布.

一般地,设 X,Y 相互独立,$X \sim N(\mu_1, \sigma_1^2)$,$Y \sim N(\mu_2, \sigma_2^2)$,类似可得 $Z = X+Y \sim N(\mu_1 + \mu_2, \sigma_1^2 + \sigma_2^2)$. 此结论还可推广到 n 个独立正态变量之和的情况. 更一般地,可以证明:有限个独立正态变量的线性组合仍然服从正态分布.

卷积公式给出了求两个连续型独立随机变量和的密度的方法,此方法在通信等领域中很有用. 但有时,(3.29) 式或 (3.30) 式中的积分不能精确算出,遇到这种情形时,一个可取的方法是采用计算机模拟方法.(配套光盘中"随机变量函数的分布"通过例子介绍了这种方法.)

【例 6】 设 X,Y 是相互独立的随机变量,它们都服从正态分布 $N(0, \sigma^2)$. 求 $Z = \sqrt{X^2 + Y^2}$ 的概率密度.

解 Z 的分布函数为

$$F_Z(z) = P(Z \leqslant z) = P(\sqrt{X^2 + Y^2} \leqslant z) = P(X^2 + Y^2 \leqslant z^2)$$

$$= \iint_{x^2 + y^2 \leqslant z^2} f(x,y) \mathrm{d}x\mathrm{d}y.$$

已知

$$f(x,y) = \frac{1}{\sqrt{2\pi}\sigma} \mathrm{e}^{-\frac{x^2}{2\sigma^2}} \cdot \frac{1}{\sqrt{2\pi}\sigma} \mathrm{e}^{-\frac{y^2}{2\sigma^2}} = \frac{1}{2\pi\sigma^2} \mathrm{e}^{-\frac{x^2+y^2}{2\sigma^2}}, \quad -\infty < x < \infty, -\infty < y < \infty,$$

用极坐标变换

$$\begin{cases} x = r\cos\theta \\ y = r\sin\theta \end{cases},$$

于是

$$x^2 + y^2 = r^2,$$

得

$$F_Z(z) = \int_0^{2\pi} \left[\int_0^z \frac{1}{2\pi\sigma^2} \mathrm{e}^{-\frac{r^2}{2\sigma^2}} r\mathrm{d}r \right] \mathrm{d}\theta = \int_0^{2\pi} \frac{1}{2\pi} (1 - \mathrm{e}^{-\frac{z^2}{2\sigma^2}}) \mathrm{d}\theta = 1 - \mathrm{e}^{-\frac{z^2}{2\sigma^2}}, \quad z > 0,$$

于是 Z 的概率密度为

$$f_Z(z) = F'_Z(z) = \begin{cases} \dfrac{z}{\sigma^2} \mathrm{e}^{-\frac{z^2}{2\sigma^2}} & \text{当 } z > 0 \\ 0 & \text{当 } z \leqslant 0 \end{cases}.$$

我们称 Z 服从参数为 $\sigma(\sigma > 0)$ 的**瑞利分布**.

由上面的例子不难看出,在求随机向量 (X,Y) 的函数 $g(X,Y)$ 的分布时,关键是设法将其转换为 (X,Y) 在一定范围内取值的形式,从而利用已知的分布求出 $g(X,Y)$ 的分布.

下面我们介绍一个用来求连续型随机向量的函数的分布的定理. 对二维情形,表述如下.

定理 设 (X_1, X_2) 是具有密度函数 $f(x_1, x_2)$ 的连续型二维随机变量,$Y_1 = g_1(X_1, X_2), Y_2 = g_2(X_1, X_2)$.

(1) 设 $y_1 = g_1(x_1, x_2), y_2 = g_2(x_1, x_2)$ 是 (x_1, x_2) 到 (y_1, y_2) 的一对一的变换,逆变换为 $x_1 = h_1(y_1, y_2), x_2 = h_2(y_1, y_2)$;

(2) 假定变换和它的逆都是连续的;

(3) 假定逆变换的偏导数 $\dfrac{\partial h_i}{\partial y_j}$ $(i = 1, 2, j = 1, 2)$ 存在且连续;

(4) 假定逆变换的雅可比行列式

$$J(y_1, y_2) = \begin{vmatrix} \dfrac{\partial h_1}{\partial y_1} & \dfrac{\partial h_1}{\partial y_2} \\ \dfrac{\partial h_2}{\partial y_1} & \dfrac{\partial h_2}{\partial y_2} \end{vmatrix}$$

对于在变换的值域中的 (y_1, y_2) 是不为 0 的.

则 Y_1, Y_2 具有联合密度函数

$$w(y_1, y_2) = |J| f(h_1(y_1, y_2), h_2(y_1, y_2)). \tag{3.31}$$

(3.31) 式的证明,可沿如下思路进行:

$$P(Y_1 \leqslant y_1, Y_2 \leqslant y_2) = \iint\limits_{D} f(x_1, x_2) \mathrm{d}x_1 \mathrm{d}x_2, \tag{3.32}$$

其中 $D = \{(x_1, x_2) : g_1(x_1, x_2) \leqslant y_1, g_2(x_1, x_2) \leqslant y_2\}$.

将 (3.32) 式对 y_1 和 y_2 求导,即可得到 Y_1 和 Y_2 的联合密度函数. 求导的结果与 (3.31) 式的右边是相等的. 这是多元微积分的一个练习,在此不作证明.

【例 7】 设 (X_1, X_2) 具有密度函数 $f(x_1, x_2)$. 令

$$Y_1 = X_1 + X_2, Y_2 = X_1 - X_2,$$

试用 f 表示 Y_1 和 Y_2 的联合密度函数.

解 令 $y_1 = x_1 + x_2, y_2 = x_1 - x_2$,则一一对应的逆变换为

$$x_1 = \frac{y_1 + y_2}{2}, \quad x_2 = \frac{y_1 - y_2}{2},$$

逆变换的雅可比行列式为

$$J(y_1, y_2) = \begin{vmatrix} 1/2 & 1/2 \\ 1/2 & -1/2 \end{vmatrix} = -1/2,$$

故由 (3.31) 式,所求密度函数为

$$w(y_1, y_2) = \frac{1}{2} f\left(\frac{y_1 + y_2}{2}, \frac{y_1 - y_2}{2}\right).$$

例如，若 X_1, X_2 相互独立，都服从区间 $(0,1)$ 上的均匀分布，则

$$w(y_1, y_2) = \begin{cases} 1/2 & \text{当 } 0 \leqslant y_1 + y_2 \leqslant 2 0 \leqslant y_1 - y_2 \leqslant 2 \\ 0 & \text{其他} \end{cases};$$

若 X_1, X_2 相互独立，都服从指数分布，$X_1 \sim E(\lambda_1)$，$X_2 \sim E(\lambda_2)$，则

$$w(y_1, y_2) = \begin{cases} \dfrac{\lambda_1 + \lambda_2}{2} \exp\left\{-\lambda_1\left(\dfrac{y_1 + y_2}{2}\right) - \lambda_2\left(\dfrac{y_1 - y_2}{2}\right)\right\} & \text{当 } y_1 + y_2 \geqslant 0, y_1 - y_2 \geqslant 0; \\ 0 & \text{其他} \end{cases}$$

若 X_1, X_2 相互独立，都服从标准正态分布 $N(0,1)$，则

$$w(y_1, y_2) = \frac{1}{4\pi} \exp\left\{-\frac{(y_1 + y_2)^2}{8} - \frac{(y_1 - y_2)^2}{8}\right\}$$

$$= \frac{1}{4\pi} e^{-(y_1^2 + y_2^2)/4} = \frac{1}{\sqrt{4\pi}} e^{-y_1^2/4} \frac{1}{\sqrt{4\pi}} e^{-y_2^2/4}.$$

注意到，$\dfrac{1}{\sqrt{4\pi}} e^{-y_1^2/4}$，$\dfrac{1}{\sqrt{4\pi}} e^{-y_2^2/4}$ 都是正态分布 $N(0,2)$ 的概率密度函数，也就是说，$Y_1 = X_1 + X_2$ 和 $Y_2 = X_1 - X_2$ 均为正态，且 Y_1 和 Y_2 相互独立.

在前面例 5 中，我们是用另一方法得到 $Y_1 = X_1 + X_2$ 服从正态分布 $N(0,2)$.

有时，我们所要求的只是一个函数 $Y_1 = g_1(X_1, X_2)$ 的分布. 一个办法是对任意 y，找出 $\{Y_1 \leqslant y\}$ 在 (X_1, X_2) 平面上对应的区域 $\{g_1(X_1, X_2) \leqslant y\}$，记为 D，然后由

$$P(Y_1 \leqslant y) = \iint\limits_{D} f(x_1, x_2) \mathrm{d}x_1 \mathrm{d}x_2$$

找出 Y_1 的分布；另一个办法是配上另一个函数 $g_2(X_1, X_2)$，使 (X_1, X_2) 到 (Y_1, Y_2) 成一一对应变换，然后按 (3.31) 式求出 (Y_1, Y_2) 的联合密度函数 $w(y_1, y_2)$，最后，Y_1 的密度函数由对 $w(y_1, y_2)$ 求边缘密度得到

$$f_{Y_1}(y_1) = \int_{-\infty}^{\infty} w(y_1, y_2) \mathrm{d}y_2. \tag{3.33}$$

【例 8】 设 (X_1, X_2) 具有密度函数 $f(x_1, x_2)$，求 $Y = X_1 X_2$ 的概率密度.

解　令 $Y = X_1 X_2, Z = X_1$，它们构成 (X_1, X_2) 到 (Y, Z) 的一一对应变换，逆变换为

$$X_1 = Z, \quad X_2 = Y/Z,$$

逆变换的雅可比行列式为

$$J(y, z) = \begin{vmatrix} 0 & 1 \\ 1/z & -y/z^2 \end{vmatrix} = -\frac{1}{z} \neq 0.$$

按 (3.31) 式得 Y, Z 的联合密度为 $f\left(z, \dfrac{y}{z}\right) \dfrac{1}{|z|}$，再依公式 (3.33) 式得

$$f_Y(y) = \int_{-\infty}^{\infty} f\left(z, \frac{y}{z}\right) \frac{1}{|z|} \mathrm{d}z. \tag{3.34}$$

定理 1 可完全平行地推广到 n 个连续型随机变量的情形. 设 $(X_1, \cdots, X_n)$ 具有密度函数 $f(x_1, \cdots, x_2)$, 而

$$Y_i = g_i(X_1, \cdots, X_n), \quad i = 1, \cdots, n.$$

设 $y_i = g_i(x_1, \cdots, x_n)(i = 1, \cdots, n)$ 是 $(x_1, \cdots, x_n)$ 到 $(y_1, \cdots, y_n)$ 的一一对应变换, 其逆变换为

$$x_i = h_i(y_1, \cdots, y_n), \quad i = 1, \cdots, n.$$

假定变换和它的逆都是连续的, 还假定偏导数 $\dfrac{\partial h_i}{\partial y_j}(1 \leqslant i \leqslant n, 1 \leqslant j \leqslant n)$ 存在且连续; 逆变换的雅可比行列式

$$J(y_1, \cdots, y_n) = \begin{vmatrix} \partial h_1/\partial y_1 & \cdots & \partial h_1/\partial y_n \\ \cdots & \cdots & \cdots \\ \partial h_n/\partial y_1 & \cdots & \partial h_n/\partial y_n \end{vmatrix} \neq 0,$$

则 $(Y_1, \cdots, Y_n)$ 的密度函数为

$$w(y_1, \cdots, y_n) = |J| f(h_1(y_1, \cdots, y_n), h_2(y_1, \cdots, y_n)). \tag{3.35}$$

3.6.3 最大值和最小值的分布

设 X, Y 是两个相互独立的随机变量, 它们的分布函数分别为 $F_X(x)$ 和 $F_Y(y)$, 我们来求 $M = \max(X, Y)$ 及 $N = \min(X, Y)$ 的分布函数.

由于 $M = \max(X, Y)$ 不大于 z 等价于 X 和 Y 都不大于 z, 故有

$$P(M \leqslant z) = P(X \leqslant z, Y \leqslant z).$$

又由于 X 和 Y 相互独立, 于是得到 $M = \max(X, Y)$ 的分布函数为

$$F_M(z) = P(M \leqslant z) = P(X \leqslant z, Y \leqslant z) = P(X \leqslant z)P(Y \leqslant z),$$

即有

$$F_M(z) = F_X(z)F_Y(z). \tag{3.36}$$

类似地, 可得 $N = \min(X, Y)$ 的分布函数是

$$\begin{aligned} F_N(z) &= P(N \leqslant z) = 1 - P(N > z) \\ &= 1 - P(X > z, Y > z) = 1 - P(X > z)P(Y > z), \end{aligned}$$

即

$$F_N(z) = 1 - [1 - F_X(z)][1 - F_Y(z)]. \tag{3.37}$$

以上结果容易推广到 n 个相互独立的随机变量的情形.

设 $X_1, \cdots, X_n$ 是 n 个相互独立的随机变量, 它们的分布函数分别为 $F_{X_i}(x)$ $(i = 1, \cdots, n)$, 则 $M = \max(X_1, \cdots, X_n)$ 和 $N = \min(X_1, \cdots, X_n)$ 的分布函数分别是

$$F_M(z) = F_{X_1}(z) \cdots F_{X_n}(z), \tag{3.38}$$

$$F_N(z) = 1 - [1 - F_{X_1}(z)] \cdots [1 - F_{X_n}(z)]. \tag{3.39}$$

特别, 当 $X_1, \cdots, X_n$ 相互独立且具有相同分布函数 $F(x)$ 时, 有

$$F_M(z) = [F(z)]^n, \tag{3.40}$$

$$F_N(z) = 1 - [1 - F(z)]^n. \tag{3.41}$$

而 $M = \max(X_1, \cdots, X_n)$ 和 $N = \min(X_1, \cdots, X_n)$ 的联合分布函数是

$$\begin{aligned}
F_{M,N}(y,z) &= P(M \leqslant y, N \leqslant z) \\
&= P(M \leqslant y) - P(M \leqslant y, N > z),
\end{aligned}$$

其中 $\begin{aligned}
P(M \leqslant y, N > z) &= P(X_1 \leqslant y, \cdots, X_n \leqslant y; X_1 > z, \cdots, X_n > z) \\
&= P(z < X_1 \leqslant y, \cdots, z < X_n \leqslant y) \\
&= \prod_{i=1}^{n} P(z < X_i \leqslant y) \\
&= \begin{cases} [F(y) - F(z)]^n & \text{当 } z < y \\ 0 & \text{当 } z \geqslant y \end{cases}.
\end{aligned}$

记

$$g(z,y) = \begin{cases} 1 & \text{当 } z < y \\ 0 & \text{当 } z \geqslant y \end{cases},$$

则

$$F_{M,N}(y,z) = [F(y)]^n - g(z,y)[F(y) - F(z)]^n. \tag{3.42}$$

§3.7　综合应用举例

【例1】　向一目标靶射击, 令 X 和 Y 分别表示子弹的弹着点与靶心目标的水平和垂直偏差. 假设:

(1) X 和 Y 为独立的连续型随机变量, 且密度函数可微;

(2) X 和 Y 的联合密度函数 $f(x,y) = f_X(x) f_Y(y)$ 作为 (x,y) 的函数, 只依赖于 $x^2 + y^2$ 的值.

证明 X 和 Y 为独立同分布的正态变量.

证　由假设可得

$$f_X(x) f_Y(y) = g(x^2 + y^2), \tag{3.43}$$

其中 g 为某一函数. 将 (3.43) 式两边对 x 求导, 得

$$f'_X(x) f_Y(y) = 2x g'(x^2 + y^2). \tag{3.44}$$

用 (3.43) 式除 (3.44) 式, 得

$$\frac{f'_X(x)}{f_X(x)} = \frac{2x g'(x^2 + y^2)}{g(x^2 + y^2)},$$

或

$$\frac{f'_X(x)}{2x f_X(x)} = \frac{g'(x^2 + y^2)}{g(x^2 + y^2)}. \tag{3.45}$$

(3.45)式左边的值只依赖于 x,而右边的值只依赖于 x^2+y^2.我们来证明:

$$\frac{f'_X(x)}{2xf_X(x)}=c_1. \tag{3.46}$$

考虑任意 x_1,x_2,取 y_1,y_2 使其满足 $x_1^2+y_1^2=x_2^2+y_2^2$,则由(3.45)式可得

$$\frac{f'_X(x_1)}{2x_1f_X(x_1)}=\frac{g'(x_1^2+y_1^2)}{g(x_1^2+y_1^2)}=\frac{g'(x_2^2+y_2^2)}{g(x_2^2+y_2^2)}=\frac{f'_X(x_2)}{2x_2f_X(x_2)},$$

因此(3.46)式得证.

记 $c=2c_1$,也即

$$\frac{\mathrm{d}}{\mathrm{d}x}(\ln f_X(x))=cx, \tag{3.47}$$

对(3.47)式两边积分,可得

$$\ln f_x(x)=a+cx^2/2,$$

即

$$f_X(x)=k\mathrm{e}^{cx^2/2}.$$

由概率密度的性质

$$\int_{-\infty}^{\infty}f_X(x)\mathrm{d}x=1,$$

故 $c<0$,可令 $c=-\dfrac{1}{\sigma^2}$,于是

$$f_X(x)=k\mathrm{e}^{-x^2/2\sigma^2}, \quad k=\frac{1}{\sigma\sqrt{2\pi}}.$$

可见,$X\sim N(0,\sigma^2)$.类似可证 $Y\sim N(0,\sigma_1^2)$,

$$f_Y(y)=k\mathrm{e}^{-y^2/2\sigma_1^2}, \quad k=\frac{1}{\sigma_1\sqrt{2\pi}}.$$

由假设(2),$\sigma_1^2=\sigma^2$,因此,X 和 Y 为独立同正态分布 $N(0,$ $\sigma^2)$ 的随机变量.

【例2】 电子仪器由六个相互独立的部件组成,连接方式如图 3.11 所示.设各个部件的使用寿命服从相同的指数分布,密度函数为

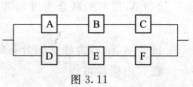

图 3.11

$$f(x)=\begin{cases}\lambda e^{-\lambda x} & \text{当 } x>0, \\ 0 & \text{当 } x\leqslant 0,\end{cases}$$

求仪器使用寿命 Y 的概率密度.

解 将 A、B、C、D、E、F 顺次编号为 1,2,3,4,5,6,设第 i 个部件的寿命为 $X_i,i=1,2,3,4,$ $5,6$.记 $Y_1=\min(X_1,X_2,X_3),Y_2=\min(X_4,X_5,X_6)$.$X_i$ 的分布函数为

$$F(x)=\begin{cases}1-\mathrm{e}^{-\lambda x} & \text{当 } x>0, \\ 0 & \text{当 } x\leqslant 0,\end{cases}$$

Y_1,Y_2 的分布函数均为

$$F_1(y) = 1 - [1 - F(y)]^3 = 1 - e^{-3\lambda y}, \quad y > 0.$$

不难看出

$$Y = \max(Y_1, Y_2).$$

Y 的分布函数为

$$F_y(y) = [F_1(y)]^2 = (1 - e^{-3\lambda y})^2, \quad y > 0,$$

于是,Y 的密度函数为

$$\begin{aligned} f_Y(y) = \frac{\mathrm{d}F_Y(y)}{\mathrm{d}y} &= 2(1 - e^{-3\lambda y})(3\lambda e^{-3\lambda y}) \\ &= 6\lambda e^{-3\lambda y}(1 - e^{-3\lambda y}), \quad y > 0, \end{aligned}$$

即 Y 的密度函数为

$$f_Y(y) = \begin{cases} 6\lambda e^{-3\lambda y}(1 - e^{-3\lambda y}) & 当 y > 0 \\ 0 & 当 y \leqslant 0 \end{cases}.$$

【例 3】　设二维随机变量 (X,Y) 的概率密度为

$$f(x,y) = \begin{cases} 1 & 当 0 < x < 1, 0 < y < 2x \\ 0 & 其他 \end{cases},$$

求:(1) (X,Y) 的边缘概率密度 $f_X(x), f_Y(y)$;

(2) $Z = 2X - Y$ 的概率密度 $f_Z(z)$;

(3) $P\{Y \leqslant 1/2 \mid X \leqslant 1/2\}$.

解　(1) 关于 X 的边缘概率密度

$$f_X(x) = \int_{-\infty}^{\infty} f(x,y)\mathrm{d}y = \begin{cases} \int_0^{2x} \mathrm{d}y & 当 0 < x < 1 \\ 0 & 其他 \end{cases}$$

$$= \begin{cases} 2x & 当 0 < x < 1 \\ 0 & 其他 \end{cases}.$$

关于 Y 的边缘概率密度

$$f_Y(y) = \int_{-\infty}^{\infty} f(x,y)\mathrm{d}x = \begin{cases} \int_{y/2}^{1} \mathrm{d}x & 当 0 < y < 2 \\ 0 & 其他 \end{cases}$$

$$= \begin{cases} 1 - y/2 & 当 0 < y < 2 \\ 0 & 其他 \end{cases}.$$

(2) 先求 Z 的分布函数,记 $F_Z(z)$ 为 Z 的分布函数,

$$F_Z(z) = P\{Z \leqslant z\} = P\{2X - Y \leqslant z\}.$$

当 $z < 0$ 和 $z \geqslant 2$ 时,$F_Z(z) = 0$;

当 $0 \leqslant z < 2$ 时,

$$F_Z(z) = P(Z \leqslant z)$$

$$= 1 - P(Z > z) = 1 - \iint\limits_{2x-y>z} f(x,y)\mathrm{d}x\mathrm{d}y$$

$$= 1 - P((X,Y) \in D_1)(见图 3.12)$$

$$= 1 - \frac{1}{2}(2-z)(1-z/2)$$

$$= 1 - (1-z/2)^2$$

$$\left(或: = 1 - \int_{z/2}^1 \mathrm{d}x \int_0^{2x-z} \mathrm{d}y = z - \frac{z^2}{4}\right),$$

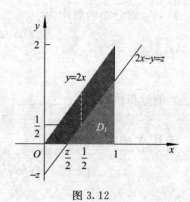

图 3.12

于是

$$f_Z(z) = \frac{\mathrm{d}F_Z(z)}{\mathrm{d}z} = \begin{cases} 1-z/2 & 当\ 0 < z < 2 \\ 0 & 其他 \end{cases}.$$

(3) $P(Y \leqslant 1/2 \mid X \leqslant 1/2) = \dfrac{P(Y \leqslant 1/2, X \leqslant 1/2)}{P(X \leqslant 1/2)}.$

由于

$$P(X \leqslant 1/2) = \int_0^{1/2} f_X(x)\mathrm{d}x = \int_0^{1/2} 2x\mathrm{d}x = \frac{1}{4},$$

$$P(Y \leqslant 1/2, X \leqslant 1/2) = \iint\limits_{x \leqslant 1/2, y \leqslant 1/2} f(x,y)\mathrm{d}x\mathrm{d}y = \int_0^{1/2}\mathrm{d}y \int_{y/2}^{1/2} \mathrm{d}x = \frac{3}{16},$$

故

$$P(Y \leqslant 1/2 \mid X \leqslant 1/2) = \frac{3/16}{1/4} = 3/4.$$

基本练习题三

1. 在一个箱子中装有 12 个开关,其中两个是次品,在其中取两次,每次取一个. 考虑两种抽取方式:(1) 有放回;(2) 不放回. 定义随机变量 X, Y 如下.

$$X = \begin{cases} 0 & 若第一次取出的是正品 \\ 1 & 若第一次取出的是次品 \end{cases},$$

$$Y = \begin{cases} 0 & 若第二次取出的是正品 \\ 1 & 若第二次取出的是次品 \end{cases}$$

试分别就(1),(2)两种情况,写出 X 和 Y 的联合概率函数.

2. 盒子里有 3 个黑球,2 个红球,2 个白球,在其中任取 4 个球. 以 X 表示取到的黑球的个数,以 Y 表示取到的红球的个数,求 X 和 Y 的联合分布和边缘分布.

3. 随机变量 X 的概率密度为

$$f_x(x) = \begin{cases} 1/2 & 当\ -1 < x < 0 \\ 1/4 & 当\ 0 \leqslant x < 2 \\ 0 & 其他 \end{cases},$$

设随机变量 $Y = X^2$，$F(x,y)$ 为 (X,Y) 的分布函数. 求 $F(-1/2,4)$.

4. 作为多项分布的应用,请计算抛掷一颗均匀的骰子 12 次,求 1、2、3、4、5、6 各出现两次的概率.

5. 设 (X,Y) 的概率密度是

$$f(x,y) = \begin{cases} cy(2-x) & \text{当 } 0 \leqslant x \leqslant 1, 0 \leqslant y \leqslant x \\ 0 & \text{其他} \end{cases},$$

求：(1) c 的值；(2) 两个边缘密度.

6. 设 (X,Y) 的概率密度为

$$f(x,y) = \begin{cases} \dfrac{1}{8}(6-x-y) & \text{当 } 0 \leqslant x \leqslant 2, 2 \leqslant y \leqslant 4 \\ 0 & \text{其他} \end{cases},$$

求：(1) $P\{X<1,Y<3\}$；(2) $P\{X<1\}$；(3) $P\{X+Y \leqslant 4\}$.

7. 在面积为 1 的正方形内均匀地选一点. 设正方形的顶点为 $(0,0),(0,1),(1,0)$ 及 $(1,1)$,令 X 和 Y 表示被选取的点的坐标.

(1) 求 X 和 Y 的边缘概率密度；

(2) 求 (X,Y) 到正方形中心的距离大于 1/4 的概率.

8. 设连续型随机变量 (X,Y) 的分布函数是

$$F(x,y) = \frac{1}{\pi^2}\left(\frac{\pi}{2} + \arctan\frac{x}{2}\right)\left(\frac{\pi}{2} + \arctan\frac{y}{3}\right).$$

求：(1) (X,Y) 的概率密度函数；(2) X 和 Y 的边缘分布函数.

9. 甲、乙两人独立地各进行两次射击,甲的命中率为 0.2,乙的命中率为 0.5. 以 X 和 Y 分别表示甲和乙的命中次数,试求 X 和 Y 的联合概率分布.

10. 设 (X,Y) 的概率密度为

$$f(x,y) = \begin{cases} x\mathrm{e}^{-(x+y)} & \text{当 } x>0\ y>0 \\ 0 & \text{其他} \end{cases},$$

(1) 问 X 和 Y 是否独立？

(2) 又如果

$$f(x,y) = \begin{cases} 2 & \text{当 } 0<x<y, 0<y<1 \\ 0 & \text{其他} \end{cases},$$

情况又怎样？

11. 已知 X 和 Y 的联合分布为

X \ Y	1	2	3
1	1/6	1/9	1/18
2	1/3	α	β

问 α,β 为何值时,X 与 Y 相互独立.

12. 甲乙两人约定中午 12 时 30 分在某地会面. 如果甲来到的时间在 12:15 到 12:45 之间是均匀分布. 乙独立地到达, 而且到达时间在 12:00 到 13:00 之间是均匀分布. 试求:

(1) 先到的人等待另一人到达的时间不超过 5min 的概率;

(2) 甲先到的概率.

13. 在某一分钟的任何时刻, 信号进入收音机是等可能的. 若收到两个相互独立的这种信号的时间间隔小于 0.5s, 则信号将产生互相干扰. 求发生两信号互相干扰的概率.

14. 一台电子仪器由两个部件组成, 以 X 和 Y 分别表示两个部件的寿命(单位:h). 已知 X 和 Y 的联合分布函数是

$$F(x,y) = \begin{cases} 1 - e^{-0.5x} - e^{-0.5y} + e^{-0.5(x+y)} & \text{当 } x \geqslant 0, y \geqslant 0 \\ 0 & \text{其他} \end{cases},$$

(1) 问 X 和 Y 是否独立;(2) 求两个部件的寿命都超过 100h 的概率.

15. 设 X 和 Y 是两个相互独立的随机变量, X 服从 $(0,0.2)$ 上的均匀分布, Y 服从参数为 5 的指数分布, 求:

(1) X 和 Y 的联合密度;

(2) $P(Y \leqslant X)$.

16. 设 X 和 Y 的联合密度为

$$f(x,y) = \begin{cases} 1 & \text{当 } |y| < x, 0 < x < 1 \\ 0 & \text{其他} \end{cases},$$

求条件概率密度 $f_{Y/X}(y \mid x), f_{X/Y}(x \mid y)$.

17. 设 (X,Y) 服从二维正态分布 $N(\mu_1, \mu_2, \sigma_1^2, \sigma_2^2, \rho)$, 求给定 $X = x$ 下, Y 的条件概率密度.

18. 设 X 和 Y 是相互独立的随机变量, 概率密度分别为

$$f_X(x) = \begin{cases} \lambda e^{-\lambda x} & \text{当 } x > 0 \\ 0 & \text{当 } x \leqslant 0 \end{cases} ; \qquad f_Y(y) = \begin{cases} \mu e^{-\mu y} & \text{当 } y > 0 \\ 0 & \text{当 } y \leqslant 0 \end{cases}.$$

其中 $\lambda > 0, \mu > 0$ 是常数. 引入随机变量

$$Z = \begin{cases} 0 & \text{当 } X \leqslant Y \\ 1 & \text{当 } X > Y \end{cases},$$

(1) 求条件概率密度函数 $f_{X|Y}(x \mid y)$;

(2) 求 Z 的概率函数及分布函数.

19. 从句子 IT IS TOO GOOD TO BE TRUE 中随机选取一个单词, 设 X 为单词的长度, Y 为单词中 O 的个数, 求 X 和 Y 的联合分布.

20. 设随机变量 X_1, X_2, X_3 相互独立, 并且有相同的概率分布:

$$P(X_i = 1) = p, P(X_i = 0) = q, \quad i = 1,2,3, \quad p + q = 1.$$

考虑随机变量

$$Y_1 = \begin{cases} 1 & \text{若 } X_1 + X_2 \text{ 为奇数} \\ 0 & \text{若 } X_1 + X_2 \text{ 为偶数} \end{cases}, \qquad Y_2 = \begin{cases} 1 & \text{若 } X_2 + X_3 \text{ 为奇数} \\ 0 & \text{若 } X_2 + X_3 \text{ 为偶数} \end{cases}.$$

试求乘积 $Y_1 Y_2$ 的概率分布.

21. 设 X,Y 是两个相互独立的随机变量,其概率密度分别为

$$f_X(x) = \begin{cases} 1 & \text{当 } 0 \leqslant x \leqslant 1 \\ 0 & \text{其他} \end{cases}, \qquad f_Y(y) = \begin{cases} \mathrm{e}^{-y} & \text{当 } y > 0 \\ 0 & \text{其他} \end{cases}.$$

求随机变量 $Z = X + Y$ 的概率密度.

22. 设 (X,Y) 具有密度函数 $f(x,y)$,试求 $Z = X - Y$ 的密度函数.

23. 设二维随机变量 (X,Y) 的概率密度为

$$f(x,y) = \begin{cases} 2\mathrm{e}^{-(x+2y)} & \text{当 } x > 0, y > 0 \\ 0 & \text{其他} \end{cases},$$

求 $Z = X + 2Y$ 的分布函数.

24. 设某种型号的电子管的寿命(以 h 计)近似地服从正态分布 $N(160,20^2)$. 随机地选取 4 只,求其中没有一只寿命小于 180 的概率.

25. 设 X_1, X_2, X_3, X_4, X_5 相互独立,都服从参数为 λ 的指数分布. 求:

(1) $P(\min(X_1, X_2, X_3, X_4, X_5) \leqslant a)$;

(2) $P(\max(X_1, X_2, X_3, X_4, X_5) \leqslant a)$.

26. 对某种电子装置的输出测量了 5 次,得到观察值 X_1, X_2, X_3, X_4, X_5. 设它们是相互独立的随机变量,且都服从参数 $\sigma = 2$ 的瑞利分布. 即 $X_i (= 1, 2, 3, 4, 5)$ 的密度函数为

$$f(x) = \begin{cases} \dfrac{x}{\sigma^2} \mathrm{e}^{-\frac{x^2}{2\sigma^2}} & \text{当 } x > 0 \\ 0 & \text{当 } x \leqslant 0. \end{cases},$$

(1) 求 $Z = \max(X_1, X_2, X_3, X_4, X_5)$ 的分布函数;　　(2) 求 $P(Z > 4)$.

27. 设随机变量 X 与 Y 独立同分布,且 X 的概率分布为

$$X \sim \begin{pmatrix} 1 & 2 \\ 2/3 & 1/3 \end{pmatrix}.$$

记 $U = \max\{X,Y\}, V = \min\{X,Y\}$,求 (U,V) 的概率分布.

提高题三

1. 设随机变量 Y 服从参数为 $\lambda = 1$ 的指数分布,随机变量

$$X_k = \begin{cases} 0 & \text{当 } Y \leqslant k \\ 1 & \text{当 } Y > k \end{cases},$$

求 X_1 和 X_2 的联合概率分布.

2. 设随机变量

$$X_i \sim \begin{bmatrix} -1 & 0 & 1 \\ 1/4 & 1/2 & 1/4 \end{bmatrix} (i = 1, 2)$$

且满足 $P(X_1 X_2 = 0) = 1$,求 $P(X_1 = X_2)$.

3. 设有 100 个人要到某服务站,他们来到的时间(单位:h)是独立随机变量,而且每一个都服从$(0,100)$的均匀分布. 令 N 表示这 100 个人中在第一个小时来到服务站的人数,试求 $P(N = i)$ 的近似值.

4. 设 X 和 Y 的联合密度为

$$f(x,y) = \begin{cases} c(x^2 - y^2)e^{-x} & \text{当 } x \geqslant 0, |y| \leqslant x \\ 0 & \text{其他} \end{cases},$$

(1) 确定 c;(2) 求已知 $X = x$ 条件下 Y 的条件分布函数.

5. 设随机变量 X 服从参数为 的指数分布,求 $Y = \min\{X, 2\}$ 的分布函数.

6. 设 X_1, X_2 是相互独立的随机变量,具有共同的密度函数

$$f(x) = \begin{cases} 1 & \text{当 } 0 \leqslant x \leqslant 1 \\ 0 & \text{其他} \end{cases},$$

设 $Y_1 = X_1 + X_2$, $Y_2 = X_1 - X_2$,分别求 Y_1 和 Y_2 的边缘密度(可利用 3.6 节例 7 的结果).

7. 设连续型随机变量 $X_1 \cdots, X_n$ 独立同分布,证明:

$$P(X_n > \max(X_1, \cdots, X_{n-1})) = 1/n.$$

8. 设 X, Y 是相互独立的随机变量,它们都服从正态分布 $N(0,1)$,$X = R\cos\Phi$,$Y = R\sin\phi$,求证随机变量 R 和 ϕ 相互独立.

第 4 章

随机变量的数字特征

本章介绍随机变量的数学期望、方差、原点矩及中心矩等数字特征,并介绍随机变量间的协方差与相关系数.

随机变量的概率分布,全面地描述了随机变量取值的统计规律性,但在实际应用中,人们对随机变量的某些数字特征更感兴趣.这些数字特征能使我们对随机变量的某些重要特征和性质产生深刻的印象.在这些数字特征中,最常用的是期望和方差,它们由随机变量的分布唯一确定.我们先介绍随机变量的期望.

§4.1 数 学 期 望

4.1.1 数学期望的概念

在概率论的历史上,期望的概念最初是在赌博活动中形成的.

我们再回过头来看第 1 章的例 4(平分赌金问题),假如在一场比赛中赢 3 局才算赢,两个赌徒甲和乙在一个赢 2 局另一个赢 1 局的情形之下中断赌博的话,总的赌金应该如何分配?假定每局比赛,两个赌徒取胜的概率相同,都是 1/2.总的赌金为 12 元.

在例中我们已经算出,假定他们继续赌下去,则甲有 3/4 的概率取胜,乙有 1/4 的概率取胜.故赌金应按 3∶1 的比例分给甲和乙.

那么要问,为什么按最终获胜的概率之比去分配赌金是公平的?

在最后两局未赛之前,甲有可能获得 12 元,概率为 3/4,也可能得 0 元,概率为 1/4,因而甲的"期望"所得只有

$$12 \times (3/4) + 0 \times (1/4) = 9(元).$$

同样,乙的"期望"所得只有

$$12 \times (1/4) + 0 \times (3/4) = 3(元).$$

两人按各自的期望所得去分配是合理的.在这个例子中,期望所得之比,与获胜概率之比

是一回事. 这种分法不仅考虑了已赌局数, 而且还包括对再赌下去的一种"期望", 是结合再赌下去可能出现的各种结局的概率大小去取平均.

这个考虑引出随机变量的数学期望的概念.

假如某人在一场赌博中以概率 p 得 a 元, 以概率 $q(q = 1 - p)$ 得 b 元, 则

$$pa + qb$$

就是他在该局赌博中所能期望的收入.

这就是数学期望(简称期望)这个名称的由来. 数学期望的这种初始形式早在 1657 年即由荷兰数学家惠更斯明确提出. 它是简单算术平均的一种推广.

如果引进一个随机变量 X, 表示再赌下去甲的最终所得, 则 X 的概率分布是

$$X \sim \begin{pmatrix} 12 & 0 \\ 3/4 & 1/4 \end{pmatrix}.$$

而甲的期望所得, 即 X 的"期望"值就等于 X 所取的可能值与相应概率乘积之和. 这实际上是 X 所取的各个可能值以概率为权的加权平均. 所以, 数学期望值也常称为"均值", 这个名称更形象易懂.

下面我们就来给出数学期望的定义.

4.1.2 数学期望的定义

1. 离散型随机变量的数学期望

定义 设 X 是离散型随机变量, 其概率函数为

$$P\{X = x_k\} = p_k, \quad k = 1, 2, \cdots$$

如果 $\sum\limits_{k=1}^{\infty} |x_k| p_k < +\infty$, 则称

$$E(X) = \sum_{k=1}^{\infty} x_k p_k. \tag{4.1}$$

为 X 的数学期望, 简称期望或均值. 如果 $\sum\limits_{k=1}^{\infty} |x_k| p_k$ 不收敛, 则称 X 的期望不存在.

概率的频率解释为数学期望的定义提供了另一种说明.

概率的频率解释说的是: 如果我们接连不断地、独立地重复某一个试验, 当试验次数 n 很大时, 某事件 A 发生的次数所占的比例将接近其发生的概率.

让我们看一个简单的例子:

【**例 1**】 掷一颗均匀的骰子, X 代表出现的点数, 由定义可求得

$$E(X) = (1 + 2 + 3 + 4 + 5 + 6)/6 = 3.5.$$

显然, $E(X)$ 不是对 X 作一次观察所得到的结果. 如果我们把掷骰子的试验重复 n 次, 每次都把 X 取的值记录下来, 设在这 n 次中, 有 n_k 次取值 $k, k = 1, 2, \cdots, 6$. 则 n 次试验结果的平均值是

$$1 \cdot \frac{n_1}{n} + 2 \cdot \frac{n_2}{n} + 3 \cdot \frac{n_3}{n} + 4 \cdot \frac{n_4}{n} + 5 \cdot \frac{n_5}{n} + 6 \cdot \frac{n_6}{n}.$$

这是以频率为权的加权平均. 这个平均值随试验结果而定, 是随机的. 由概率的频率解释, 当试验次数 n 很大时, 出现 k 的次数所占的比例 n_k/n 应很接近 p_k. 这个结论对一切的 k 都成立. 因此, 上面以频率为权的加权平均应该很接近以概率为权的加权平均, 也就是 X 的数学期望.

$$1 \cdot \frac{n_1}{n} + 2 \cdot \frac{n_2}{n} + 3 \cdot \frac{n_3}{n} + 4 \cdot \frac{n_4}{n} + 5 \cdot \frac{n_5}{n} + 6 \cdot \frac{n_6}{n}$$

接近于　　　　$\downarrow$　　　$\downarrow$　　　$\downarrow$　　　$\downarrow$　　　$\downarrow$　　　$\downarrow$

$$1 \cdot p_1 + 2 \cdot p_2 + 3 \cdot p_3 + 4 \cdot p_4 + 5 \cdot p_5 + 6 \cdot p_6$$

在第 5 章将证明, 如果我们得到 X 的大量独立观察值 $X_1, X_2, \cdots, X_n$, 并且计算这些结果的算术平均值. 那么, 在相当一般的条件下, 此算术平均值将在概率的意义下接近于 $E(X)$. 你可以进行模拟试验"数学期望的统计意义"(在配套光盘中) 来看看大量试验的结果.

【例 2】　设 X 服从参数为 λ 的泊松分布, 求 $E(X)$.

解　X 的概率分布是: $P(X = k) = \dfrac{\lambda^k \mathrm{e}^{-\lambda}}{k!}$, 　$k = 0, 1, 2, \cdots$.

由期望的定义, 可得

$$E(X) = \sum_{k=0}^{\infty} k \frac{\lambda^k \mathrm{e}^{-\lambda}}{k!} = \lambda \sum_{k=1}^{\infty} \frac{\lambda^{k-1} \mathrm{e}^{-\lambda}}{(k-1)!} = \lambda.$$

可见, 泊松分布的期望值就是分布的参数 λ.

【例 3】　设 X 服从几何分布, 即

$$P(X = k) = (1-p)^{k-1} p = q^{k-1} p \qquad k = 1, 2, \cdots, (q = 1-p, 0 < p < 1).$$

求 $E(X)$.

解　$\displaystyle E(X) = \sum_{k=1}^{\infty} k q^{k-1} p = p \sum_{k=1}^{\infty} (q^k)' = p \left(\sum_{k=1}^{\infty} q^k \right)'$

$$= p \left(\frac{q}{1-q} \right)' = \frac{p}{(1-q)^2} = \frac{1}{p}. \tag{4.2}$$

上式指出, 如果进行独立重复试验, 每次试验成功的概率等于 p, 试验进行到出现首次成功为止, 所需要的平均试验次数为 $1/p$. 例如, 要把一颗均匀骰子掷到出"1"点才停止, 平均需要掷 6 次.

【例 4】　一种赌博, 如果净赢利的期望值为零, 就称为公平赌博. 张三以 $1:30$ 的赌注与李四打赌: 抛掷一对均匀骰子一次, 若掷出双 6 点, 张三给李四 30 元, 否则李四给张三 1 元. 你认为这种赌博是公平的吗?

解　抛掷一对均匀骰子一次, 掷出双 6 的概率为 $1/36$.

设在一次抛掷中, 张三的赢钱数为 X, 李四的赢钱数为 Y. 不难得到 X 和 Y 的概率分布分别为:

$$X \sim \begin{bmatrix} 1 & -30 \\ \dfrac{35}{36} & \dfrac{1}{36} \end{bmatrix}, Y \sim \begin{bmatrix} -1 & 30 \\ \dfrac{35}{36} & \dfrac{1}{36} \end{bmatrix}.$$

可求得张三的平均赢钱数为

$$E(X) = 1 \times (35/36) - 30 \times (1/36) = 5/36.$$

李四的平均赢钱数为

$$E(Y) = -1 \times (35/36) + 30 \times (1/36) = -5/36.$$

由于期望值不为 0, 故赌博不公平. 长期赌下去, 对张三有利.

那么要问, 怎样才是公平的呢? 不妨设赌博规则为: 抛掷一对均匀骰子一次, 若掷出双 6 点, 张三给李四 m 元, 否则李四给张三 n 元. 可得 X 和 Y 的概率分布分别为:

$$X \sim \begin{bmatrix} n & -m \\ \dfrac{35}{36} & \dfrac{1}{36} \end{bmatrix}, \quad Y \sim \begin{bmatrix} -n & m \\ \dfrac{35}{36} & \dfrac{1}{36} \end{bmatrix}.$$

张三和李四的平均赢钱数都应为 0, 即

$$n \times (35/36) - m \times (1/36) = (35n - m)/36 = 0, 可得 m/n = 35$$

也就是说, 在一次赌博中, 张三和李四的赌注应为 1:35, 才是公平的.

4.1.3　连续型随机变量的数学期望

设 X 是连续型随机变量, 其密度函数为 $f(x)$. 在数轴上取很密的分点 $x_0 < x_1 < x_2 < \cdots$, (见图 4.1) 则 X 落在小区间 $[x_i, x_{i+1})$ 的概率是

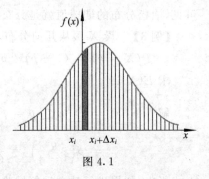

图 4.1

$$\int_{x_i}^{x_{i+1}} f(x)\mathrm{d}x \approx f(x_i)(x_{i+1} - x_i) = f(x_i)\Delta x_i.$$

由于 x_i 与 x_{i+1} 很靠近, 于是 $[x_i, x_{i+1})$ 中的值可以用 x_i 来近似代替, 因此以概率 $f(x_i)\Delta x_i$ 取值 x_i 的离散型随机变量可以看做是 X 的一种近似. 而这个离散型随机变量的数学期望为

$$\sum_i x_i f(x_i)\Delta x_i,$$

这正是 $\int_{-\infty}^{\infty} xf(x)\mathrm{d}x$ 的渐近和式. 以上直观考虑启发我们引进如下定义.

定义 2　设 X 是连续型随机变量, 具有密度函数 $f(x)$. 如果 $\int_{-\infty}^{\infty} |x| f(x)\mathrm{d}x < +\infty$, 定义 X 的数学期望 $E(X)$ 为

$$E(X) = \int_{-\infty}^{\infty} xf(x)\mathrm{d}x \tag{4.3}$$

如果 $\int_{-\infty}^{\infty} \mid x \mid f(x)\mathrm{d}x$ 不收敛,则称 X 的期望不存在.

下面我们来求几个常用连续型随机变量的期望。

【例 5】（均匀分布的期望）设 $X \sim U(a,b)$,求 $E(X)$.

解　X 的密度函数为

$$f(x) = \begin{cases} \dfrac{1}{b-a} & \text{当 } a < x < b \\ 0 & \text{其他} \end{cases},$$

因此

$$E(X) = \int_a^b \frac{x}{b-a}\mathrm{d}x = \frac{1}{b-a}\left(\frac{b^2-a^2}{2}\right) = \frac{a+b}{2}. \tag{4.4}$$

也就是说,在某一区间上服从均匀分布的随机变量的期望等于该区间的中点.

【例 6】（指数分布的期望）设随机变量 X 服从参数为 λ 的指数分布,求 $E(X)$.

解　X 的密度函数为

$$f(x) = \begin{cases} \lambda \mathrm{e}^{-\lambda x}, & \text{当 } x \geqslant 0, \\ 0, & \text{当 } x < 0. \end{cases}$$

因此

$$E(X) = \int_0^\infty x\lambda \mathrm{e}^{-\lambda x}\mathrm{d}x = -x\mathrm{e}^{-\lambda x}\mid_0^\infty + \int_0^\infty \mathrm{e}^{-\lambda x}\mathrm{d}x = 0 - \frac{\mathrm{e}^{-\lambda x}}{\lambda}\Big|_0^\infty = \frac{1}{\lambda}. \tag{4.5}$$

【例 7】（正态分布的期望）设 $X \sim N(\mu,\sigma^2)$,求 $E(X)$.

解　$$E(X) = \int_{-\infty}^\infty x\frac{1}{\sqrt{2\pi}\sigma}\mathrm{e}^{-\frac{(x-\mu)^2}{2\sigma^2}}\mathrm{d}x.$$

令 $\dfrac{x-\mu}{\sigma} = t$,得

$$E(X) = \frac{1}{\sqrt{2\pi}}\int_{-\infty}^\infty (\sigma t + \mu)\mathrm{e}^{-\frac{t^2}{2}}\mathrm{d}t = \frac{\mu}{\sqrt{2\pi}}\int_{-\infty}^\infty \mathrm{e}^{-\frac{t^2}{2}}\mathrm{d}t = \mu. \tag{4.6}$$

若已知某个地区成年男子的身高 X 服从正态分布 $N(1.68,\sigma^2)$,这意味着如果我们从该地区抽查很多个成年男子,分别测量他们的身高,那么这些身高的平均值近似是 1.68.

4.1.4　随机变量函数的数学期望

设已知随机变量 X 的分布,我们需要计算的不是 X 的期望,而是 X 的某个函数的期望,比如说 $g(X)$ 的期望,那么应该如何计算呢?有一种方法是,因为 $g(X)$ 也是随机变量,故应有概率分布,它的分布可以由已知的 X 的分布求出来.一旦我们知道了 $g(X)$ 的分布,就可以按照期望的定义把 $E[g(X)]$ 计算出来.使用这种方法必须先求出随机变量函数的分布,而这一般是比较复杂的.那么是否可以不先求 $g(X)$ 的分布,而只根据 X 的分布求得 $E[g(X)]$ 呢?下面的基本公式指出,答案是肯定的.

基本公式　设 X 是一个随机变量,$Y = g(X)$ ($g(x)$ 是连续函数).

(1) 若 X 是离散型随机变量,具有概率函数

$$P\{X = x_k\} = p_k, \quad k = 1, 2, \cdots,$$

且级数 $\sum\limits_{k=1}^{\infty} g(x_k) p_k$ 绝对收敛,则

$$E(Y) = E[g(X)] = \sum_{k=1}^{\infty} g(x_k) p_k. \tag{4.7}$$

(2) 若 X 是连续型随机变量,具有概率密度 $f(x)$,且积分 $\int_{-\infty}^{\infty} g(x) f(x) \mathrm{d}x$ 绝对收敛,则

$$E(Y) = E[g(X)] = \int_{-\infty}^{\infty} g(x) f(x) \mathrm{d}x. \tag{4.8}$$

该公式的重要性在于:当我们求 $E[g(X)]$ 时,可不必知道 $g(X)$ 的分布,而只需知道 X 的分布就可以了.这给计算随机变量函数的期望带来很大方便.

【例 8】　设风速 v 在区间 $(0, a)$ 上服从均匀分布,飞机机翼受到的正压力 Y 是 v 的函数,$Y = kv^2$ ($k > 0$,是常数),求 Y 的数学期望.

解　v 在区间 $(0, a)$ 上服从均匀分布,v 的概率密度为

$$f(v) = \begin{cases} 1/a & \text{当 } 0 \leqslant v \leqslant a \\ 0 & \text{其他} \end{cases},$$

因此

$$E(Y) = kE(v^2) = k \int_0^a \frac{v^2}{a} \mathrm{d}v = \frac{ka^2}{3}.$$

这里我们比较容易地求出了 $E(Y)$.若先求 Y 的密度函数 $f_Y(y)$,再利用 $E(Y) = \int_{-\infty}^{\infty} y f_Y(y) \mathrm{d}y$,也得到同样的结果,但运算要复杂得多.

将基本公式中的 $g(X)$ 特殊化,就得到其他一些数字特征:

(1) 令 $g(X) = X^k$ ($k > 0$),称 $E(X^k)$ 为 X 的 **k 阶原点矩**(k **阶矩**);

(2) 令 $g(X) = |X|^k$ ($k > 0$),称 $E(|X|^k)$ 为 X 的 **k 阶绝对原点矩**;

(3) 令 $g(X) = [X - E(X)]^k$ ($k > 0$),称 $E\{[X - E(X)]^k\}$ 为 X 的 **k 阶中心矩**;

(4) 令 $g(X) = |X - E(X)|^k$ ($k > 0$),称 $E\{|X - E(X)|^k\}$ 为 X 的 **k 阶绝对中心矩**.

可见,数学期望是一阶原点矩.

上述基本公式可推广到两个或两个以上随机变量的情况.

例如,设 Z 是随机变量 X, Y 的函数,$Z = g(X, Y)$ (g 是连续函数),则 Z 也是一个随机变量.若二维随机变量 (X, Y) 是连续型的,具有密度函数 $f(x, y)$,则有

$$E(Z) = E[g(X, Y)] = \int_{-\infty}^{\infty} \int_{-\infty}^{\infty} g(x, y) f(x, y) \mathrm{d}x \mathrm{d}y. \tag{4.9}$$

这里设上式右边的积分绝对收敛.

又若 (X, Y) 是离散型的,其概率函数为

$$P(X = x_i, Y = y_j) = p_{ij}, \quad i, j = 1, 2, \cdots,$$

则有

$$E(Z) = E[g(X, Y)] = \sum_{j=1}^{\infty} \sum_{i=1}^{\infty} g(x_i, y_j) p_{ij}. \tag{4.10}$$

这里设上式右边的级数绝对收敛.

【例 9】　设在长度为 L 的一段路上某一点 X 处发生了车祸. 在发生车祸的同时,在 $[0, L]$ 的某一点 Y 处有一辆救护车. 假定 X 和 Y 是相互独立,且都是在 $[0, L]$ 均匀分布的随机变量,求事故地点和救护车之间的平均距离.

解　X 和 Y 之间的平均距离就是 $E(|X - Y|)$. 由所设条件知,(X, Y) 的密度函数是

$$f(x, y) = \begin{cases} 1/L^2 & \text{当 } 0 \leqslant x \leqslant L, 0 \leqslant y \leqslant L \\ 0 & \text{其他} \end{cases}.$$

由 (4.10) 式,

$$E(|X - Y|) = \frac{1}{L^2} \int_0^L \int_0^L |x - y| \, dy dx.$$

由于

$$\int_0^L |x - y| \, dy = \int_0^x (x - y) dy + \int_x^L (y - x) dy = x^2 - xL + L^2/2,$$

因此

$$E(|X - Y|) = \frac{1}{L^2} \int_0^L (x^2 - xL + L^2/2) dx = \frac{L}{3}.$$

4.1.5　数学期望的性质及应用

数学期望具有下列性质.

性质 1　若 C 是常数,则 $E(C) = C$.

证　常数 C 可看作随机变量的特例,它只能取一个值 C,对应的概率是 1,所以

$$E(C) = C \cdot 1 = C.$$

以下假定所涉及的随机变量的期望都存在.

性质 2　若 k 为常数,则 $E(kX) = kE(X)$.

证　若 X 是连续型随机变量,概率密度为 $f(x)$,则

$$E(kX) = \int_{-\infty}^{\infty} kx f(x) dx = k \int_{-\infty}^{\infty} x f(x) dx = kE(X).$$

X 是离散型时的证明留给读者完成.

性质 3　$E(X_1 + X_2) = E(X_1) + E(X_2)$.

证　设 (X_1, X_2) 为连续型随机变量,其概率密度为 $f(x_1, x_2)$,边缘密度分别为 $f_1(x_1)$, $f_2(x_2)$. 由 (4.9) 式,

$$E(X_1 + X_2) = \int_{-\infty}^{\infty} \int_{-\infty}^{\infty} (x_1 + x_2) f(x_1, x_2) dx_1 dx_2$$

$$= \int_{-\infty}^{\infty} \int_{-\infty}^{\infty} x_1 f(x_1, x_2) \mathrm{d}x_1 \mathrm{d}x_2 + \int_{-\infty}^{\infty} \int_{-\infty}^{\infty} x_2 f(x_1, x_2) \mathrm{d}x_1 \mathrm{d}x_2$$

$$= \int_{-\infty}^{\infty} x_1 f_1(x_1) \mathrm{d}x_1 + \int_{-\infty}^{\infty} x_2 f_2(x_2) \mathrm{d}x_2 = E(X_1) + E(X_2).$$

此性质可推广到 n 个随机变量的情形:

$$E(X_1 + X_2 + \cdots + X_n) = E(X_1) + E(X_2) + \cdots + E(X_n).$$

由性质 1、性质 2 和性质 3,即得

$$E(kX + c) = kE(X) + c.$$

性质 4 设 X_1, X_2 相互独立,则 $E(X_1 X_2) = E(X_1)E(X_2)$.

证 因为 X_1, X_2 独立,$f(x_1, x_2) = f_1(x_1)f_2(x_2)$,故有

$$E(X_1 X_2) = \int_{-\infty}^{\infty} \int_{-\infty}^{\infty} x_1 x_2 f_1(x_1) f_2(x_2) \mathrm{d}x_1 \mathrm{d}x_2$$

$$= \left[\int_{-\infty}^{\infty} x_1 f_1(x_1) \mathrm{d}x_1 \right] \left[\int_{-\infty}^{\infty} x_2 f_2(x_2) \mathrm{d}x_2 \right]$$

$$= E(X_1)E(X_2).$$

性质 4 也可推广到 n 个相互独立随机变量的情形.

性质 3 是非常有用的公式,让我们看一个例子.

【例 10】 把一个均匀骰子掷 10 次,求所得点数之和 X 的数学期望.

解 如果我们试图先求出 X 的分布,然后再计算 $E(X)$,则非常繁琐.但若注意到

$$X = X_1 + X_2 + \cdots + X_{10},$$

其中 X_i 表示第 i 次掷出的点数,$i = 1, 2, \cdots, 10$.由例 2 的结果,并应用性质 3,我们立即可以得到

$$E(X) = E(X_1) + E(X_2) + \cdots + E(X_{10}) = 10 \times 3.5 = 35.$$

【例 11】 (二项分布的数学期望) 设 $X \sim B(n, p)$,则 X 表示 n 重贝努里试验中的成功次数. 若设

$$X_i = \begin{cases} 1 & \text{如第 } i \text{ 次试验成功} \\ 0 & \text{如第 } i \text{ 次试验失败} \end{cases} (i = 1, 2, \cdots, n),$$

则

$$X = X_1 + X_2 + \cdots + X_n.$$

因为

$$P(X_i = 1) = p, \ P(X_i = 0) = 1 - p,$$

$$E(X_i) = 1 \times p + 0 \times (1 - p),$$

所以

$$E(X) = \sum_{i=1}^{n} E(X_i) = np.$$

即服从参数为 n 和 p 的二项分布的随机变量 X 的数学期望是 np.

前面已经讲过,以 n 和 p 为参数的二项随机变量,当 n 很大,p 很小,$\lambda = np$ 大小适当时,可用参数为 λ 的泊松随机变量近似. 根据此例结果,似乎很自然地猜想到,参数为 λ 的泊松随

机变量的期望应等于 λ. 这已被【例 2】所证实.

【例 12】（超几何分布的数学期望）设袋中有 N 个球,其中有 M 个红球. 从中不放回任取 n 个球,求取出红球个数的期望值.

解　我们想象 n 个球是一个一个被取出的,令

$$X_i = \begin{cases} 1 & \text{取出的第 } i \text{ 个球是红球} \quad i = 1, 2, \cdots, n \\ 0 & \text{其他} \end{cases},$$

不难得到

$$P(X_i = 1) = \frac{M \cdot (N-1)!}{N!} = M/N,$$

即 $X_1, \cdots, X_n$ 同分布.

于是

$$E(X_i) = P(X_i = 1) = M/N.$$

设取出的 n 个球中红球个数为 X,显然

$$X = \sum_{i=1}^{n} X_i,$$

由期望的性质 3,

$$E(X) = \sum_{i=1}^{n} E(X_i) = \frac{n M}{N}.$$

【例 13】（配对的期望值）在第 1 章的 1.2 节例 10 的配对问题中,我们求出了至少有一个配对的概率和没有一个配对的概率,现在我们来求配对数的期望值. 即一个马虎的秘书把 n 封信随机地装入 n 个写好地址的信封中,求信和信封配对(装对地址)个数的期望值.

解　设 X 为 n 封信中配对的个数,它可以表示为

$$X = \sum_{i=1}^{n} X_i,$$

其中

$$X_i = \begin{cases} 1 & \text{若第 } i \text{ 封信装对地址} \\ 0 & \text{若第 } i \text{ 封信装错地址} \end{cases},$$

由问题所给条件,每封信被秘书装入任何一个信封中的可能性是相同的,因此

$$E(X_i) = P(X_i = 1) = \frac{1}{n}, \quad i = 1, 2, \cdots n,$$

于是

$$E(X) = \sum_{i=1}^{n} E(X_i) = n \times \frac{1}{n} = 1.$$

因此,平均来说,只有一封信能装对地址.

【例 14】　假设在国际市场上每年对我国某种出口产品的需求量 X 服从区间 $(2000, 4000)$ 上的均匀分布. 设每售出此商品 1t,可为国家挣得外汇 30000 元;但是若销售不出而囤积在仓库中,则每吨需花保养费 10000 元. 问要组织多少货源,才能使国家平均收益最大?

解：设组织货源为 mt，则实际销售量为 $\min(X,m)$

需支付的保养费为

$$B(X) = \begin{cases} m - X & X \leqslant m \\ 0 & X > m \end{cases},$$

收益为：$S(X) = 3\min(X,m) - B(X)$

期望为

$$\begin{aligned} E[S(X)] &= E[3\min(X,m) - B(X)] \\ &= 3E[\min(X,m)] - E[B(X)]. \end{aligned}$$

X 的密度函数为

$$f(x) = \begin{cases} \dfrac{1}{2000} & 2000 < x < 4000 \\ 0 & \text{其他} \end{cases}.$$

$$\begin{aligned} E(S) &= 3\left[\int_{2000}^{m} xf(x)\mathrm{d}x + \int_{m}^{4000} mf(x)\mathrm{d}x\right] - \int_{2000}^{m} (m-x)f(x)\mathrm{d}x \\ &= \frac{3}{2000}\left[\int_{2000}^{m} x\mathrm{d}x + \int_{m}^{4000} m\mathrm{d}x\right] - \frac{1}{2000}\int_{2000}^{m} (m-x)\mathrm{d}x \\ &= -\frac{m^2}{1000} + 7m - 4000 \end{aligned}$$

$$\frac{\mathrm{d}E(S)}{\mathrm{d}S} = -\frac{m}{500} + 7.$$

令 $\dfrac{\mathrm{d}E(S)}{\mathrm{d}S} = 0$，得 $m = 3500$.

即当组织 3500t 货源时，平均收益最大.

【例 15】（合理验血问题）在某地区进行疾病普查，需要检验每个人的血液. 如果当地有 1 000 人，若逐个检验就需要检验 1 000 次. 那么，采取什么方法减少检验工作量呢? 请看下面的对话.

甲：把检验者分为若干组，把一组人的血液混在一起进行检验. 如果检验结果为阴性，说明这一组人的血液全为阴性. 这时只需检验一次就行了.

乙：如果检验结果为阳性呢?

甲：那就要对这组人再进行逐个检验.

乙：这样检验的工作量反而增加了. 因为如果这组有 k 个人，和上一次合起来就需要检验 $k+1$ 次.

甲：对一组 k 个人进行检验，需要检验的次数可能只要一次，也可能要 $k+1$ 次. 但平均来说，检验工作量一般会少些.

乙：何以见得?

还是让我们用概率论的知识来做解释吧!

在接受检验的人群中,各个人的检验结果是阳性还是阴性,一般都是独立的. 可设每个人是阳性结果的概率为 p,是阴性结果的概率为 $q = 1 - p$. 这样 k 个人一组的混合血液里呈阴性结果的概率为 q^k,呈阳性结果的概率则为 $1 - q^k$.

设 X 为 k 个人一组混合检验时每人所需的检验次数. X 是一个随机变量,其概率分布为

$$X \sim \begin{pmatrix} 1/k & 1 + 1/k \\ q^k & 1 - q^k \end{pmatrix}.$$

可求得每个人所需的平均检验次数为

$$E(X) = \frac{1}{k} q^k + \left(1 + \frac{1}{k}\right)(1 - q^k)$$

$$= 1 - q^k + \frac{1}{k}.$$

而按原来的老方法,每人应检验 1 次. 可见,当 $1 - q^k + \dfrac{1}{k} < 1$ 时,用分组方法(k 个人一组)就能减少检验的次数.(配套光盘中的"合理验血问题"对 $k = 4$ 的情形进行了模拟.)

如果 q 是已知的,由 $E(X) = 1 - q^k + \dfrac{1}{k}$,选取最合适的整数 k,使得平均检验次数 $E(X)$ 达到最小值,从而使平均检验次数最少.

当然,减少的工作量大小与 p 有关,也与每组人数 k 有关.

例如,若 $p = 0.05$,此时 $k = 5$ 是最好的分组方法. 每 100 个人的平均检验次数为 43. 若 $p = 0.011, k = 10$ 是最好的分组方法.

在第二次世界大战期间,所有美国的应征士兵都要进行一次 Wassermann 检验(梅毒的一种间接检验). 真正患有梅毒的士兵约占全部检验者的 0.2% 左右. 由于该检验方法的灵敏度高,为了减少检验计划的巨大开支,采用了上述的分组检验方法. 每组人数为 8,减少工作量近 73%.

§4.2　方差和标准差

4.2.1　方差的概念和定义

随机变量的数学期望 $a = E(X)$ 反映了随机变量取值的平均水平. 在试验中,X 取的值并不一定恰好是 a,而是有所偏离,在 a 的周围波动. 但是不同的随机变量在 $E(X)$ 周围取值的情况也有所不同,有的随机变量取值集中在它的期望附近,有的则比较分散. 例如,以下两个随机变量 X, Y,各具有如下的概率函数

$$X \sim \begin{pmatrix} 3 & 4 & 5 \\ 0.2 & 0.6 & 0.2 \end{pmatrix}, \quad Y \sim \begin{pmatrix} 2 & 3 & 4 & 5 & 6 \\ 0.15 & 0.2 & 0.3 & 0.2 & 0.15 \end{pmatrix}.$$

不难计算得 $E(X) = E(Y) = 4$. 但是二者取值的分散程度不一样:X 有 60% 的取值为 4(与

期望的偏差为 0），有 40% 的取值分散在期望两侧 ±1 处；而 Y 只有 30% 的取值为 4，有 70% 的取值分散在期望两侧，而且分散范围比 X 要大．因此需要引入另一个量来刻画随机变量取值在期望周围的散布程度，这就是下面要引入的方差．

定义 设 X 是一个随机变量，若 $E[X-E(X)]^2 < \infty$，则称

$$D(X) = E[X-E(X)]^2 \tag{4.11}$$

为 X 的**方差**．

采用平方是为了保证一切差值 $X-E(X)$ 都起正面的作用，因而都被考虑在 $D(X)$ 中．否则，若采用一次方，正、负偏差就有相互抵消的可能．不采用 $|X-E(X)|$ 是因为它运算不方便．

由定义可知：若 X 的取值比较集中，则方差较小；若 X 的取值比较分散，则方差较大（见图 4.2）．所以，方差刻画了随机变量取值的集中或分散程度．如果方差为 0，这时随机变量有单点分布，这是高度集中的特殊情形（见图 4.3）．

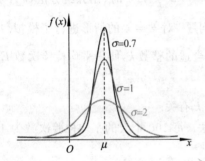

图 4.2 不同 σ 下正态 $N(\mu,\sigma^2)$ 的密度曲线

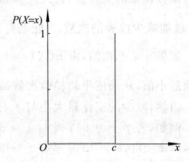

图 4.3 随机变量以概率 1 取常数值 c

X 的方差的平方根 $\sqrt{D(X)}$ 称为**标准差**（或**均方差**）．由于它与 X 具有相同的度量单位，在实际问题中经常使用．

由定义知，方差实际上就是随机变量 X 的函数

$$g(X) = [X-E(X)]^2$$

的数学期望．于是，若 X 是离散型随机变量，则

$$D(X) = \sum_{i=1}^{\infty} [x_k - E(X)]^2 p_k, \tag{4.12}$$

其中 $p_k = P(X=x_k)(k=1,2,\cdots)$ 是 X 的概率函数．

若 X 是连续型随机变量，则

$$D(X) = \int_{-\infty}^{\infty} [x-E(X)]^2 f(x)\mathrm{d}x, \tag{4.13}$$

其中 $f(x)$ 是 X 的概率密度．

在计算方差时，一个常用的简化公式是

$$D(X) = E(X^2) - [E(X)]^2. \tag{4.14}$$

此公式不难由方差的定义和期望的性质得到．

现在我们用(4.14)式计算上例中两个随机变量 X,Y 的方差.已算得 $E(X) = E(Y) = 4$,

而

$$E(X^2) = 3^2 \times 0.2 + 4^2 \times 0.6 + 5^2 \times 0.2 = 16.4,$$

$$E(Y^2) = 2^2 \times 0.15 + 3^2 \times 0.2 + 4^2 \times 0.3 + 5^2 \times 0.2 + 6^2 \times 0.15 = 17.6,$$

因此

$$D(X) = E(X^2) - [E(X)]^2 = 16.4 - 4^2 = 0.4,$$

$$D(Y) = E(Y^2) - [E(Y)]^2 = 17.6 - 4^2 = 1.6.$$

可见,Y 的方差较大.

【例1】 (正态分布的方差) 设 $X \sim N(\mu, \sigma^2)$,求 $D(X)$.

解 在 4.1 节例 7 中,已求得

$$E(X) = \mu,$$

$$D(X) = \int_{-\infty}^{\infty} (x - \mu)^2 f(x) \mathrm{d}x = \int_{-\infty}^{\infty} (x - \mu)^2 \frac{1}{\sqrt{2\pi}\sigma} \mathrm{e}^{-\frac{(x-\mu)^2}{2\sigma^2}} \mathrm{d}x.$$

令 $\dfrac{x - \mu}{\sigma} = t$,得

$$D(X) = \frac{\sigma^2}{\sqrt{2\pi}} \int_{-\infty}^{\infty} t^2 \mathrm{e}^{-\frac{t^2}{2}} \mathrm{d}t = \frac{\sigma^2}{\sqrt{2\pi}} \left(-t\mathrm{e}^{-\frac{t^2}{2}} \Big|_{-\infty}^{\infty} + \int_{-\infty}^{\infty} \mathrm{e}^{-\frac{t^2}{2}} \mathrm{d}t \right) = \frac{\sigma^2}{\sqrt{2\pi}} \sqrt{2\pi} = \sigma^2.$$

可见,正态分布由它的数学期望和方差唯一确定.

4.2.2 方差的性质及应用

方差具有以下性质.

(以下假定所涉及的随机变量的方差都存在.)

性质 1 若 c 为常数,则 $D(c) = 0$.

性质 2 若 c 为常数,则 $D(cX) = c^2 D(X)$.

性质 3 设 X_1, X_2 相互独立,则 $D(X_1 + X_2) = D(X_1) + D(X_2)$.

性质 1 和性质 2 由方差的定义及期望的性质不难得到,现在我们来证性质 3.

由方差的定义,

$$\begin{aligned}
D(X_1 + X_2) &= E[(X_1 + X_2) - E(X_1 + X_2)]^2 \\
&= E[(X_1 - E(X_1)) + (X_2 - E(X_2))]^2 \\
&= E\{[X_1 - E(X_1)]^2 + [X_2 - E(X_2)]^2 + 2[X_1 - E(X_1)][X_2 - E(X_2)]\} \\
&= E[X_1 - E(X_1)]^2 + E[X_2 - E(X_2)]^2 \\
&= D(X_1) + D(X_2).
\end{aligned} \tag{4.15}$$

其中 $E\{2[X_1 - E(X_1)][X_2 - E(X_2)]\} = 0$,是因为 X_1, X_2 独立,$X_1 - E(X_1)$ 与 $X_2 - E(X_2)$ 也独立,由数学期望的性质 4,可得

$$E\{[X_1 - E(X_1)][X_2 - E(X_2)]\} = E[X_1 - E(X_1)] E[X_2 - E(X_2)] = 0.$$

若 X_1，X_2 不独立，则由上面的证明过程不难看出

$$D(X_1 + X_2) = D(X_1) + D(X_2) + 2 E\{[X_1 - E(X_1)][X_2 - E(X_2)]\}.$$

性质 3 可以推广到多个相互独立随机变量和的情形.

性质 4 $D(X) = 0$ 的充要条件是 X 以概率 1 取常数 c，即

$$P(X = c) = 1,$$

这里 $c = E(X)$.

在 4.2 节例 11 中，我们利用期望的性质，很容易地求出了二项分布的数学期望 $E(X) = np$，现在我们继续来求二项分布的方差.

【例 2】（二项分布的方差）设 $X \sim B(n, p)$，则 X 表示 n 重贝努里试验中的成功次数. 若设

$$X_i = \begin{cases} 1 & \text{如果第 } i \text{ 次试验成功} \\ 0 & \text{如果第 } i \text{ 次试验失败} \end{cases} \quad (i = 1, 2, \cdots, n).$$

则

$$X = X_1 + X_2 + \cdots + X_n.$$

已求得 $E(X_i) = p$，又

$$E(X_i^2) = 1 \times p + 0 \times (1 - p),$$

故

$$D(X_i) = E(X_i^2) - [E(X_i)]^2 = p - p^2 = p(1 - p).$$

又由于诸 X_i 相互独立，所以

$$D(X) = \sum_{i=1}^{n} D(X_i) = np(1 - p).$$

【例 3】 当我们进行精密测量时，为了减少随机误差，往往是重复测量 n 次后取测量结果的平均值. 试给这种做法一个合理的解释.

解 设 n 次测量结果为 $X_1, X_2, \cdots, X_n$，被测量的真值为 μ. 由于有随机误差，n 次测量结果 $X_1, X_2, \cdots, X_n$ 是 n 个随机变量，数学期望都是 μ. 在测量条件保持不变的情况下，$X_1, X_2, \cdots, X_n$ 是相互独立同分布的随机变量. 当 $n = 1$ 时，方差为 $D(X_1) = \sigma^2$；当 $n > 1$ 时，n 次测量结果的平均

$$\overline{X} = \frac{1}{n} \sum_{i=1}^{n} X_i$$

仍在真值 $\mu (E(\overline{X}) = \frac{1}{n} \sum_{i=1}^{n} E(X_i) = \mu)$ 周围取值，但方差为

$$D(\overline{X}) = \frac{1}{n^2} \sum_{i=1}^{n} D(X_i) = \frac{\sigma^2}{n},$$

因此它有可能取到接近于真值 μ 的值.

【例 4】 某人有一笔资金，可投资两个项目：房产和商业，其收益都与市场状态有关. 若把

未来市场划分为差、中、好三个等级,各自发生的概率分别为 0.1,0.7,0.2. 通过调查,该投资者认为投资于房产的收益 X(单位:万元)和商业的收益 Y(单位:万元)的概率分布分别为

$$X \sim \begin{pmatrix} -4 & 3 & 11 \\ 0.1 & 0.7 & 0.2 \end{pmatrix}, \quad Y \sim \begin{pmatrix} -1 & 4 & 6 \\ 0.1 & 0.7 & 0.2 \end{pmatrix}.$$

问:该投资者应投资哪个项目?

解　由上面的概率分布,不难计算得两种投资方案的期望收益都是 3.9 元.

$$E(X) = (-4) \times 0.1 + 3 \times 0.7 + 11 \times 0.2 = 3.9(万元),$$
$$E(Y) = (-1) \times 0.1 + 4 \times 0.7 + 6 \times 0.2 = 3.9(万元).$$

我们再来计算方差和标准差.

$$\begin{aligned} D(X) &= E[X - E(X)]^2 \\ &= (-4 - 3.9)^2 \times 0.1 + (3 - 3.9)^2 \times 0.7 + (11 - 3.9)^2 \times 0.2 = 16.89, \end{aligned}$$

$$\sigma(X) = \sqrt{D(X)} = \sqrt{16.89} \approx 4.11(万元).$$

$$D(Y) = E[Y - E(Y)]^2 = (-1 - 3.9)^2 \times 0.1 + (4 - 3.9)^2 \times 0.7 + (6 - 3.9)^2 \times 0.2$$
$$= 3.29,$$

$$\sigma(Y) = \sqrt{D(Y)} = \sqrt{3.29} \approx 1.81(万元).$$

可见,投资房产的标准差比投资商业的标准差要大. 标准差越大,则收益波动大的可能性越大,从而风险也大. 平均收益相同,而投资房产的风险比投资商业的风险要大,所以该投资者还是选择投资商业为好.

§4.3　切比雪夫不等式

随机变量的方差反映了随机变量取值对于其期望值的平均偏离情况. 设随机变量为 X,它的期望为 $E(X)$,方差为 $D(X)$. 那么,对于任意给定的正数 ε,事件 $|X - E(X)| \geqslant \varepsilon$ 发生的概率应该与方差有一定的关系,这个关系由下面著名的不等式给出.

切比雪夫不等式　设随机变量 X 有期望 $E(X)$ 和方差 σ^2,则对于任意给定的 $\varepsilon > 0$,有

$$P(|X - E(X)| \geqslant \varepsilon) \leqslant \frac{\sigma^2}{\varepsilon^2}. \tag{4.16}$$

证　(我们只证连续型的情况,离散型的情况请读者自证.)

因为

$$\begin{aligned} D(X) &= \int_{-\infty}^{\infty} |x - E(X)|^2 f_X(x) \mathrm{d}x \\ &= \int_{|x-E(X)| \geqslant \varepsilon} |x - E(X)|^2 f_X(x) \mathrm{d}x + \int_{|x-E(X)| < \varepsilon} |x - E(X)|^2 f_X(x) \mathrm{d}x \\ &\geqslant \varepsilon^2 \int_{|x-E(X)| \geqslant \varepsilon} f_X(x) \mathrm{d}x = \varepsilon^2 P(|X - E(X)| \geqslant \varepsilon), \end{aligned}$$

两端除以 ε^2 即得(4.16)式.

切比雪夫不等式的另一种形式为

$$P(\mid X - E(X) \mid < \varepsilon) \geqslant 1 - \frac{\sigma^2}{\varepsilon^2}. \tag{4.17}$$

切比雪夫不等式的用途较广,下面从几个不同方面来看.

(1) 由(4.16)式或(4.17)式都可看出,σ^2 越小,则随机变量 X 取值集中在期望附近的可能性越大. 由此可体会到方差的概率意义:它刻画了随机变量取值的散布程度.

(2) 我们可以利用这个不等式,在分布未知的情况下,大致估计出 X 落在区间 $(E(X)-\varepsilon,$ $E(X)+\varepsilon)$ 内的概率(这个估计比较粗糙).

(3) 因为(4.16)式对任意的 ε 均成立,取 $\varepsilon = 3\sigma$,得

$$P(\mid X - E(X) \mid \geqslant 3\sigma) \leqslant \frac{\sigma^2}{9\sigma^2} = \frac{1}{9} \approx 0.111.$$

可见,对任给的分布,只要期望 $E(X)$ 和方差 σ^2 存在,则随机变量取值偏离 $E(X)$ 超过 3σ 的概率是很小的,不大于 0.111.

第 5 章还可以看到,切比雪夫不等式是证明大数定律的有力工具.

【例1】 工厂在一周内生产的产品件数 X 为随机变量. 假定已知它的期望值为80,方差为30.那么,一周产量在 60 到 100 之间的概率有多大?

解 利用切比雪夫不等式,由(4.17)式

$$P(60 \leqslant X \leqslant 100) = P(\mid X - 80 \mid < 20) \geqslant 1 - \frac{D(X)}{10^2} = 1 - \frac{30}{100} = \frac{7}{10}.$$

【例2】 设 $X_1, \cdots, X_{100}$ 是独立同分布的随机变量,均服从期望为100,方差为4的正态分布.

(1) 利用切比雪夫不等式估计 $P\{\mid \overline{X} - 100 \mid < 0.4\}$,其中 $\overline{X} = \frac{1}{100} \sum\limits_{i=1}^{100} X_i$;

(2) 利用正态分布直接计算 $P(\mid \overline{X} - 100 \mid < 0.4)$.

解 由 $X_i \sim N(100, 2^2)$,$\overline{X} = \frac{1}{100} \sum\limits_{i=1}^{100} X_i$,不难求得

$$E(\overline{X}) = 100, \quad D(\overline{X}) = 0.04.$$

(1) $P(\mid \overline{X} - 100 \mid > 0.4) \leqslant \frac{D(\overline{X})}{0.4^2} = 0.25.$

(2) $\overline{X} \sim N(100, 0.2^2)$,$\dfrac{\overline{X} - 100}{0.2} \sim N(0,1).$

$$P(\mid \overline{X} - 100 \mid > 0.4) = 1 - P\left(\left| \frac{\overline{X} - 100}{0.2} \right| \leqslant 2 \right)$$

$$= 1 - [2\Phi(2) - 1] = 2[1 - \Phi(2)] \approx 0.0455.$$

从计算结果看,两者相差较大. 一般来说,我们只能利用切比雪夫不等式找到概率的界,但与实际概率值可能相差很大.它的主要用途是用来证明理论结果.

§4.4　协方差与相关系数

对于二维随机变量 (X,Y)，我们除了讨论 X 与 Y 的期望和方差之外，还需讨论描述 X 与 Y 之间相互关系的数字特征. 这就是下面要介绍的协方差与相关系数.

4.4.1　协方差

定义 1　任意两个随机变量 X 和 Y 的 **协方差**，记为 $\mathrm{Cov}(X,Y)$，定义为

$$\mathrm{Cov}(X,Y) = E\{[\ X - E(X)][Y - E(Y)\ ]\}. \tag{4.18}$$

"协"是"协同"的意思，X 的方差是 $E\{[X - E(X)][X - E(X)]\}$，现在把一个 $X - E(X)$ 换成了 $Y - E(Y)$，其形式接近方差，又有两个随机变量 X,Y 的参与，由此得出协方差这个名称. 由定义，两个随机变量的协方差等于对这两个变量各自取值偏离其平均值的乘积取平均.

将 (4.18) 式展开后，得到计算协方差的一个简化公式是

$$\mathrm{Cov}(X,Y) = E(XY) - E(X)E(Y). \tag{4.19}$$

由定义看出，$\mathrm{Cov}(X,Y)$ 与 X,Y 的次序无关：

$$\mathrm{Cov}(X,Y) = \mathrm{Cov}(Y,X). \tag{4.20}$$

由定义还可得到协方差的一些简单性质，例如，

$$\mathrm{Cov}(aX,\ bY) = ab\,\mathrm{Cov}(X,Y), \quad a,b \text{ 是常数}. \tag{4.21}$$

$$\mathrm{Cov}(X_1 + X_2, Y) = \mathrm{Cov}(X_1, Y) + \mathrm{Cov}(X_2, Y). \tag{4.22}$$

这些性质的证明请读者自己完成.

下面我们导出求任意两个随机变量和的方差的一般公式.

$$
\begin{aligned}
D(X_1 + X_2) &= E\{[X_1 - E(X_1)] + [X_2 - E(X_2)]\}^2 \\
&= E[X_1 - E(X_1)]^2 + E[X_2 - E(X_2)]^2 + 2E\{[X_1 - E(X_1)][X_2 - E(X_2)]\} \\
&= D(X_1) + D(X_2) + 2\mathrm{Cov}(X_1, X_2). \tag{4.23}
\end{aligned}
$$

这说明，任意两个随机变量 X_1、X_2 之和的方差等于它们各自方差之和再加上 2 倍的协方差.

用类似的方法可以证明

$$D\left(\sum_{i=1}^{n} X_i\right) = \sum_{i=1}^{n} D(X_i) + 2\sum_{i<j}\sum \mathrm{Cov}(X_i, X_j). \tag{4.24}$$

由 (4.19) 式及数学期望的性质 4 可得，若 X 和 Y 相互独立，则

$$\mathrm{Cov}(X,Y) = 0.$$

可见，如果 $X_1, X_2, \cdots, X_n$ 两两独立，则 (4.23) 式化为

$$D\left(\sum_{i=1}^{n} X_i\right) = \sum_{i=1}^{n} D(X_i). \tag{4.25}$$

这正是方差的性质 3 推广到 n 维随机变量的情形.

【例 1】（超几何分布的方差）设袋中有 N 个球，其中有 M 个红球. 从中随机取出 n 个球，求取出红球个数的方差.

解 在 4.1 节例 12 中，我们通过引入

$$X_i = \begin{cases} 1 & \text{取出的第 } i \text{ 个球是红球} \\ 0 & \text{其他} \end{cases} \quad i = 1, 2, \cdots, n,$$

并由

$$E(X_i) = P(X_i = 1) = M/N,$$

求得取出 n 个球中红球个数 $X = \sum_{i=1}^{n} X_i$ 的期望值为

$$E(X) = \sum_{i=1}^{n} E(X_i) = \frac{nM}{N}. \tag{4.26}$$

现在我们来求 X 的方差. 由 X_i 的定义，不难求得

$$D(X_i) = P(X_i = 1) \cdot P(X_i = 0) = (M/N)(1 - M/N).$$

由于诸 X_i 不独立，我们使用 (4.23) 式计算 $D(X)$.

$$D(X) = D(\sum_{i=1}^{n} X_i) = \sum_{i=1}^{n} D(X_i) + 2 \sum \sum_{i<j} \text{Cov}(X_i, X_j)$$

$$= n\left[\frac{M}{N}\left(1 - \frac{M}{N}\right)\right] + 2 \sum \sum_{i<j} [E(X_i X_j) - E(X_i)E(X_j)],$$

其中

$$E(X_i X_j) = P(X_i = 1, X_j = 1) = P(X_i = 1)P(X_j = 1 \mid X_i = 1) = \frac{M}{N} \cdot \frac{M-1}{N-1}.$$

于是

$$D(X) = n\left(\frac{M}{N} \cdot \frac{N-M}{N}\right) + 2C_n^2\left[\frac{M}{N} \cdot \frac{M-1}{N-1} - \left(\frac{M}{N}\right)^2\right],$$

化简得

$$D(X) = \frac{nM(N-n)(N-M)}{N^2(N-1)}.$$

若记 $p = M/N, E(X) = np$，则

$$D(X) = np(1-p)\frac{(N-n)}{(N-1)}. \tag{4.27}$$

不难看到，当 N 相对 n 很大时，有 $\frac{(N-n)}{(N-1)}$ 近似等于 1，从而有

$$D(X) \approx np(1-p).$$

注：我们知道，若从袋中取球是有放回的，则取出的 n 个球中红球的个数服从参数为 n 和 p 的二项分布，期望值是 np，方差是 $np(1-p)$. 这里，我们通过计算期望和方差同样看到，当 N

相对 n 很大时, 超几何分布近似二项分布.

协方差的大小在一定程度上反映了 X 与 Y 相互之间的关系, 但它还受 X 和 Y 本身度量单位的影响. 为了克服这一缺点, 将协方差标准化, 即在计算协方差时, 先对 X 和 Y 进行标准化, 这就引进了相关系数.

4. 4. 2　相关系数

定义 2　设 $D(X) > 0, D(Y) > 0$, 称标准化的随机变量

$$X^* = \frac{X - E(X)}{\sqrt{D(X)}}, \quad Y^* = \frac{Y - E(Y)}{\sqrt{D(Y)}}$$

的协方差 $\mathrm{Cov}(X^*, Y^*)$ 为随机变量 X 和 Y 的相关系数, 记作 ρ_{XY}. 即

$$\rho_{XY} = \mathrm{Cov}(X^*, Y^*). \tag{4.28}$$

由于　$E(X^*) = 0, E(Y^*) = 0, D(X^*) = 1, D(Y^*) = 1$

$$\mathrm{Cov}(X^*, Y^*) = E(X^* Y^*) = E\left[\frac{X - E(X)}{\sqrt{D(X)}} \cdot \frac{Y - E(Y)}{\sqrt{D(Y)}}\right]$$

$$= \frac{E[X - E(X)][Y - E(Y)]}{\sqrt{D(X)D(Y)}} = \frac{\mathrm{Cov}(X, Y)}{\sqrt{D(X)D(Y)}}$$

故也常用

$$\rho_{XY} = \frac{\mathrm{Cov}(X, Y)}{\sqrt{D(X)D(Y)}}. \tag{4.29}$$

来定义两个随机变量 X 和 Y 的**相关系数**. 即随机变量 X 和 Y 的相关系数等于 X 和 Y 的协方差除以它们各自标准差的乘积所得的商.

ρ_{XY} 无量纲, 在不致引起混淆时, 记 ρ_{XY} 为 ρ.

当 $\rho = 0$ 时, 称 X 和 Y **不相关**.

【例 2】　设 (X, Y) 服从单位圆上的均匀分布, 概率密度为

$$f(x, y) = \begin{cases} \dfrac{1}{\pi} & \text{当 } x^2 + y^2 \leqslant 1 \\ 0 & \text{其他} \end{cases}.$$

在第三章中, 我们已求得 X, Y 具有同样的边缘密度

$$g(x) = \begin{cases} \dfrac{2}{\pi} \sqrt{1 - x^2} & \text{当 } |x| \leqslant 1 \\ 0 & \text{当 } |x| > 1 \end{cases}.$$

这是一个偶函数, 因此 $E(X) = E(Y) = 0$, 而且

$$\mathrm{Cov}(X, Y) = E(XY) = \frac{1}{\pi} \iint_{x^2 + y^2 \leqslant 1} xy\,\mathrm{d}x\,\mathrm{d}y = 0,$$

故 $\rho_{XY} = 0$, 即 X, Y 不相关. 但 X, Y 不独立, 因为其联合密度 $f(x, y)$ 不等于边缘密度的乘积.

相关系数的性质如下:

性质 1 $|\rho| \leqslant 1$.

证   由(4.23)式和 X^*, Y^* 是标准化的随机变量,可得

$$D(X^* \pm Y^*) = D(X^*) + D(Y^*) \pm 2\mathrm{Cov}(X^*, Y^*)$$
$$= 2 \pm 2\rho$$

又由于方差 $D(Y) \geqslant 0$,故必有 $2 \pm 2\rho \geqslant 0$,从而有 $|\rho| \leqslant 1$.

性质 2 X 和 Y 独立时,$\rho = 0$,但其逆不真.

证: 若 X 和 Y 相互独立,则 $\mathrm{Cov}(X, Y) = 0$,故 $\rho = 0$,但由 $\rho = 0$ 并不一定能推出 X 和 Y 独立. 见上面的例 2.

性质 3 $|\rho| = 1$ 的充要条件是存在常数 $a, b(b \neq 0)$,使 $P\{Y = a + bX\} = 1$,即 X 和 Y 以概率 1 线性相关.

证   若 $Y = a + bX$,则

$$\mathrm{Cov}(X, Y) = E\{[X - E(X)][a + bX - E(a + bX)]\}$$
$$= b E\{[X - E(X)][X - E(X)]\}$$
$$= b E[X - E(X)]^2 = b D(X).$$

而由方差的性质知

$$D(Y) = D(a + bX) = b^2 D(X),$$

故

$$\rho^2 = \frac{[\mathrm{Cov}(X, Y)]^2}{D(X)D(Y)} = \frac{b^2 [D(X)]^2}{b^2 [D(X)]^2} = 1,$$

所以

$$|\rho| = 1.$$

反之,若 $|\rho| = 1$,我们来证存在常数 $a, b(b \neq 0)$,使 $P\{Y = a + bX\} = 1$.

先看 $\rho = 1$ 的情形,由性质 2 的证明知

$$D(X^* - Y^*) = 2 - 2\rho = 0.$$

再由上节方差的性质 4,$D(X^* - Y^*) = 0$ 的充要条件是随机变量 $X^* - Y^*$ 以概率 1 取常数值 $E(X^* - Y^*)$,即 $P(X^* - Y^* = 0) = 1$,也即

$$P\left(\frac{X - E(X)}{\sqrt{D(X)}} = \frac{Y - E(Y)}{\sqrt{D(Y)}}\right) = 1.$$

移项得 $P\left[Y = E(Y) - E(X)\frac{\sqrt{D(Y)}}{\sqrt{D(X)}} + \frac{\sqrt{D(Y)}}{\sqrt{D(X)}} \cdot X\right] = 1.$

令 $a = E(Y) - E(X)\frac{\sqrt{D(Y)}}{\sqrt{D(X)}}, b = \frac{\sqrt{D(Y)}}{\sqrt{D(X)}},$

即得

$$P\{Y = a + bX\} = 1.$$

类似可证 $\rho = -1$ 的情形,

性质 3 表明，$|\rho| = 1$ 时，X 和 Y 在概率为 1 的意义下存在线性关系. 这时，如果给定一个随机变量的值，另一个随机变量的值便由这线性关系确定.

相关系数也常称为"线性相关系数". 这是由于相关系数并不是刻画 X,Y 之间"一般"关系的程度，而只是"线性"关系的程度. "相关系数的直观演示"（在配套光盘中）可以让大家对相关系数的意义有直观的了解.

【例 3】　设 X 服从 $(-1/2，1/2)$ 内的均匀分布，$Y = \cos X$. 不难求得 $\mathrm{Cov}(X,Y) = 0$，因而 $\rho_{XY} = 0$，即 X 和 Y 不相关，但 Y 与 X 有严格的函数关系. 可见，这样的相关只能指线性而言，超出这个范围，这个相关就失去了意义.

如果 $0 < |\rho_{XY}| < 1$，则解释为：X 和 Y 之间有"一定程度的"线性关系而非严格的线性关系. 而且 $|\rho_{XY}|$ 的值越接近于 1，说明 X 和 Y 之间的线性相关程度越强；$|\rho_{XY}|$ 的值越接近于 0，则表明 X 和 Y 之间的线性关系越弱；$\rho_{XY} = 0$ 时，表明 X 和 Y 之间不存在线性关系。

若随机变量 (X,Y) 服从二维正态分布，(X,Y) 的概率密度为

$$f(x,y) = \frac{1}{2\pi\,\sigma_1\sigma_2\,\sqrt{1-\rho^2}}\exp\left\{-\frac{1}{2(1-\rho^2)}\left[\left(\frac{x-\mu_1}{\sigma_1}\right)^2\right.\right.$$
$$\left.\left.-2\rho\left(\frac{x-\mu_1}{\sigma_1}\right)\left(\frac{y-\mu_2}{\sigma_2}\right)+\left(\frac{y-\mu_2}{\sigma_2}\right)^2\right]\right\}, \tag{4.30}$$

可计算得 X 和 Y 的相关系数为参数 ρ（留作练习）.

下面（见图 4.4 和图 4.5）是 ρ 取不同值时 (X,Y) 的概率密度曲面图形及二维等高线图. 不难发现，二维正态曲面的等高线是一族同心椭圆. 参数 ρ 刻画了二维正态两个分量 X,Y 之间"线性"关系的程度.

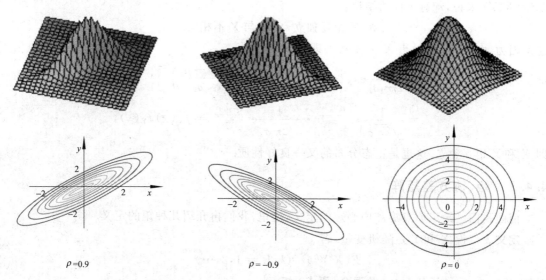

$\rho = 0.9$　　　　　$\rho = -0.9$　　　　　$\rho = 0$

图 4.4　$\rho = 0.9$，$\rho = -0.9$ 及 $\rho = 0$ 时，(X,Y) 的
概率密度曲面图形及二维等高线图

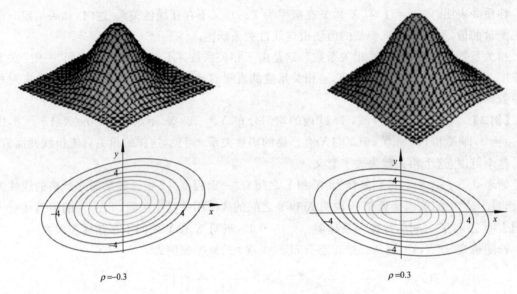

$\rho = -0.3$ $\rho = 0.3$

图 4.5 $\rho = 0.3$, $\rho = -0.3$ 时,(X,Y) 的
概率密度曲面图形及二维等高线图

我们还可以通过散点图来观察两个二维正态分量 X,Y 之间的关系. 请再参看"相关系数的直观演示"(在配套光盘中).

我们曾指出,独立性与不相关性不是不等价的. 由随机变量 X 与 Y 独立,能推出 X 与 Y 不相关. 但是,由 X 与 Y 不相关不能得到 X 与 Y 独立的结论. 不过,对于服从二维正态分布的随机变量 (X,Y) 来说,却有下面的结论:

$$X,Y \text{ 相互独立} \Leftrightarrow X \text{ 与 } Y \text{ 不相关}.$$

这是因为,由 (4.30) 式,当 X,Y 不相关即 $\rho = 0$ 时,有

$$f(x,y) = \frac{1}{2\pi\sigma_1\sigma_2}\exp\left\{-\frac{1}{2}\left[\left(\frac{x-\mu_1}{\sigma_1}\right)^2 + \left(\frac{y-\mu_2}{\sigma_2}\right)^2\right]\right\}$$

$$= \frac{1}{\sqrt{2\pi}\,\sigma_1}e^{-\frac{(x-\mu_1)^2}{2\sigma_1^2}} \cdot \frac{1}{\sqrt{2\pi}\,\sigma_2}e^{-\frac{(y-\mu_2)^2}{2\sigma_2^2}} = f_X(x)f_Y(y),$$

即 X 和 Y 相互独立. 这也是正态分布的又一良好性质.

4.4.3   矩、协方差矩阵

前面我们已给出原点矩和中心矩的定义,这里,我们再介绍几种矩的定义.

定义 3   设 X 和 Y 是随机变量,若

$$E(X^k Y^L) \quad (k,L = 1,2,\cdots)$$

存在,称它为 X 和 Y 的 $k+l$ 阶混合(原点)矩;若

$$E\{[X - E(X)]^k [Y - E(Y)]^L\}$$

存在,称它为 X 和 Y 的 $k+L$ 阶混合中心矩.

可见,协方差 $\text{Cov}(X,Y)$ 是 X 和 Y 的二阶混合中心矩.

下面介绍 n 维随机变量的协方差矩阵,先从二维随机变量开始.

定义 4　设二维随机变量 (X_1,X_2) 的四个二阶中心矩为

$$c_{11} = E\{[X_1 - E(X_1)]^2\},$$
$$c_{12} = E\{[X_1 - E(X_1)][X_2 - E(X_2)]\},$$
$$c_{21} = E\{[X_2 - E(X_2)][X_1 - E(X_1)]\},$$
$$c_{22} = E\{[X_2 - E(X_2)]^2\},$$

则称矩阵

$$\begin{pmatrix} c_{11} & c_{12} \\ c_{21} & c_{22} \end{pmatrix}$$

为随机变量 (X_1,X_2) 的**协方差矩阵**.

设 n 维随机变量 $(X_1,\cdots,X_n)$ 的二阶混合中心矩

$$c_{ij} = \text{Cov}(X_i,X_j) = E\{[X_i - E(X_i)][X_j - E(X_j)]\} \quad (i,j = 1,2,\cdots,n)$$

都存在,则称矩阵

$$C = \begin{bmatrix} c_{11} & c_{12} & \cdots & c_{1n} \\ c_{21} & c_{22} & \cdots & c_{2n} \\ \vdots & \vdots & & \vdots \\ c_{n1} & c_{n2} & \cdots & c_{nn} \end{bmatrix} \tag{4.31}$$

为 n 维随机变量 $(X_1,\cdots,X_n)$ 的**协方差矩阵**.由于

$$c_{ij} = c_{ji}(i \neq j, \ i,j = 1,2,\cdots,n),$$

因而上述矩阵是一个对称矩阵.

4.4.4　n 元正态分布的概率密度

定义 5　设 $\boldsymbol{X} = (X_1,\cdots,X_n)'$ 是一个 n 维随机向量,若它的概率密度为

$$f(x_1,\cdots,x_n) = \frac{1}{(2\pi)^{n/2} |\boldsymbol{C}|^{1/2}} \exp\left\{-\frac{1}{2}(\boldsymbol{X}-\boldsymbol{\mu})'\boldsymbol{C}^{-1}(\boldsymbol{X}-\boldsymbol{\mu})\right\}, \tag{4.32}$$

则称 $\boldsymbol{X}$ 服从 n 元正态分布.其中 $\boldsymbol{C}$ 是 $(X_1,\cdots,X_n)$ 的协方差矩阵,$|\boldsymbol{C}|$ 是它的行列式,$\boldsymbol{C}^{-1}$ 表示 $\boldsymbol{C}$ 的逆矩阵,$\boldsymbol{X}$ 和 $\boldsymbol{\mu}$ 是 $n \times 1$ 维向量,$\boldsymbol{X}'$ 表示 $\boldsymbol{X}$ 的转置.

n 元正态分布在数理统计中占有重要的地位,是多元分析的理论基础.这里我们不加证明地给出它的几条重要性质.

(1) $\boldsymbol{X} = (X_1,\cdots,X_n)$ 服从 n 元正态分布的充要条件是:对一切不全为零的实数 $a_1,\cdots,a_n,X_1,\cdots,X_n$ 的任意线性组合 $a_1X_1 + \cdots + a_nX_n$ 都服从正态分布.

(2) 若 $\boldsymbol{X} = (X_1,\cdots,X_n)$ 服从 n 元正态分布,设 $Y_1,\cdots,Y_k(k \leqslant n)$ 都是 $X_j(j=1,2,\cdots,n)$ 的线性函数,则 $(Y_1,\cdots,Y_k)$ 服从 k 元正态分布.这一性质称为正态变量的**线性变换不变性**.

(3) 设 $(X_1,\cdots,X_n)$ 服从 n 元正态分布,则"$X_1,\cdots,X_n$ 相互独立"与"$X_1,\cdots,X_n$ 两两不相关"是等价的.

【例 4】 设随机变量 X 和 Y 相互独立且 $X \sim N(1,2)$,$Y \sim N(0,1)$. 试求 $Z = 2X - Y + 3$ 的概率密度.

解 $X \sim N(1,2)$,$Y \sim N(0,1)$,且 X 与 Y 独立,故 X 和 Y 的联合分布为正态分布,X 和 Y 的任意线性组合是正态分布,即

$$Z \sim N[E(Z), D(Z)],$$
$$E(Z) = 2E(X) - E(Y) + 3 = 2 + 3 = 5,$$
$$D(Z) = 4D(X) + D(Y) = 8 + 1 = 9,$$
$$Z \sim N(5,3^2),$$

故 Z 的概率密度是

$$f_Z(z) = \frac{1}{3\sqrt{2\pi}} e^{-\frac{(z-5)^2}{18}}, \quad -\infty < z < \infty.$$

§4.5 综合应用举例

【例 1】 (**最佳方案的选择**) 有一卖小船的商店欲准备下一年度的进货,目前商店的资金只够买三条小船. 市面上行情是:买进一条小船若没卖出时,亏 40 万元;但若卖出的话可赚 25 万元. 根据以往的纪录,没卖出任何一条的概率是 0.1,卖出 1 条的概率是 0.2,卖出 2 条的概机率是 0.5,卖出 3 条的概率是 0.2. 试问这店主买进多少条的决策最佳?

解 设店主卖出的小船条数为 X,由题给条件,X 的概率分布是

$$\begin{Bmatrix} 0 & 1 & 2 & 3 \\ 0.1 & 0.2 & 0.5 & 0.2 \end{Bmatrix}.$$

设买进 n 条,所得利润为 $S(n,X)$.

若只买进 1 条,没卖出时亏 40 万元,但若卖出的话可赚 25 万元. 所得利润为

$$S(1,X) = \begin{cases} -40 & X = 0 \\ 25 & X = 1 \end{cases};$$

平均利润是

$$E[S(1,X)] = (-40)(0.1) \text{ 万元} + (25)(0.2) \text{ 万元} = 1 \text{ 万元}.$$

若买进 2 条,卖出的情况有 3 种:卖出 2 条,卖出 1 条,卖出 0 条,所得利润为

$$S(2,X) = \begin{cases} -80 & X = 0 \\ 25-40 & X = 1 \\ 50 & X = 2 \end{cases};$$

平均利润是

$$E[S(2,X)] = [50(0.5) + (25-40)(0.2) + (-80)(0.1)] \text{ 万元} = 14 \text{ 万元}.$$

若买进 3 条,卖出的情况有 4 种:卖出 3 条,卖出 2 条,卖出 1 条,卖出 0 条,所得利润为

$$S(3,X) = \begin{cases} -120 & X=0 \\ 25-80 & X=1 \\ 50-40 & X=2 \\ 75 & X=3 \end{cases};$$

平均利润是

$$E[S(2,X)]$$
$$= [(-120)(0.1)+(25-40)(0.2)+(50-40)(0.5)+75(0.3)] \text{万元}$$
$$= 12.5 \text{ 万元}.$$

比较三个期望值,店主买进 2 条的决策最佳.

【例 2】　(证券风险问题) 每种证券在一给定时期内的收益率 r 为随机变量. 人们常用收益率的方差来衡量该证券的风险. 收益率的方差不为零的证券称为风险证券. 现有一笔资金按比例 $x:(1-x)(0 \leqslant x \leqslant 1)$ 分别投资两种风险证券 A、B,形成一个投资组合 P,则其收益率 $r_P = xr_A + (1-x)r_B$,其中 r_A、r_B 分别为这两种证券的收益率. 如何降低投资风险呢?

解　设 r_A,r_B 的均方差(标准差)分别为 σ_A、σ_B,r_A、r_B 的相关系数为 ρ_{AB},则收益率的方差为

$$D(r_P) = x^2\sigma_A{}^2 + (1-x)^2\sigma_B{}^2 + 2x(1-x)\text{Cov}(r_A,r_B)$$
$$= x^2\sigma_A{}^2 + (1-x)^2\sigma_B{}^2 + 2x(1-x)\rho_{AB}\sigma_A\sigma_B \qquad (4.33)$$
$$= [x\sigma_A - (1-x)\sigma_B]^2 + 2x(1-x)(1+\rho_{AB})\sigma_A\sigma_B.$$

若要使 $D(r_P)=0$,则需以下条件成立:

$$\rho_{AB} = -1 \text{ 且 } x\sigma_A - (1-x)\sigma_B = 0,$$

即当 $\rho_{AB} = -1$ 且 $x = \dfrac{\sigma_B}{\sigma_A+\sigma_B}$ 时,投资组合 P 无风险.

对于其他情况,A、B 的任意组合均为风险组合. 此时令

$$\frac{\mathrm{d}}{\mathrm{d}x}D(r_P) = 2x\sigma_A{}^2 - 2(1-x)\sigma_B{}^2 + (2-4x)\rho_{AB}\sigma_A\sigma_B = 0,$$

解得

$$x = \frac{\sigma_B{}^2 - \rho_{AB}\sigma_A\sigma_B}{\sigma_A{}^2 + \sigma_B{}^2 - 2\rho_{AB}\sigma_A\sigma_B}. \qquad (4.34)$$

但由于 $0 \leqslant x \leqslant 1$,所以

$$0 \leqslant \frac{\sigma_B{}^2 - \rho_{AB}\sigma_A\sigma_B}{\sigma_A{}^2 + \sigma_B{}^2 - 2\rho_{AB}\sigma_A\sigma_B} \leqslant 1,$$

解得

$$\rho_{AB} \leqslant \frac{\sigma_B}{\sigma_A} \text{ 且 } \rho_{AB} \leqslant \frac{\sigma_A}{\sigma_B}.$$

于是

$$\rho_{AB} \leq \frac{\min(\sigma_A, \sigma_B)}{\max(\sigma_A, \sigma_B)}.$$

当 $\rho_{AB} = \dfrac{\min(\sigma_A, \sigma_B)}{\max(\sigma_A, \sigma_B)}$ 时,将其代入(4.34)式,得 $x = 0$ 或 1,再由(4.33)式可得

$$D(r_P) = \min\{(D(r_A), D(r_B)\};$$

当 $\rho_{AB} < \dfrac{\min(\sigma_A, \sigma_B)}{\max(\sigma_A, \sigma_B)}$ 时,按(4.34)式取 x 所得的证券组合的风险均小于任何单只证券的风险.

可见,在一定条件下,投资组合可降低风险.

基本练习题四

1. 设离散型随机变量 X 的概率函数为

$$P\left\{X = (-1)^k \frac{2^k}{k}\right\} = \frac{1}{2^k} \quad k = 1, 2, \cdots.$$

问 X 是否有数学期望?

2. 设离散型随机变量 X 的概率函数为

$$X \sim \begin{pmatrix} -2 & 0 & 2 \\ 0.4 & 0.3 & 0.3 \end{pmatrix},$$

求 $E(X), E(X^2), E(3X^2 + 4)$.

3. 某工厂生产的产品,一等品占 1/2,二等品占 1/3,次品占 1/6.如果生产一件次品,工厂损失 1 元,而生产一件一等品获利 2 元,生产一件二等品获利 1 元.假设生产了大量这样的产品,问每件产品工厂可以期望得到多少利润?

4. 设随机变量 X 的概率密度为

$$f(x) = \begin{cases} \dfrac{3x^2}{A^3} & \text{当 } 0 < x < A \\ 0 & \text{其他} \end{cases}.$$

(1) 若 $P(X > 1) = 7/8$,求 A 的值; (2) 求 $E(X)$.

5. 某人的一串钥匙有 n 把,其中只有一把能打开自己的家门.他随意地试用这串钥匙中的某一把去开门.若每把钥匙试开一次后除去,求打开门时试开次数的数学期望.

6. 某产品的次品率为 0.1.检验员每天检验 4 次,每次随机地取 10 件产品进行检验,如发现其中次品数多于 1,就去调整设备.以 X 表示一天中调整设备的次数,求 $E(X)$(设诸产品是否为次品是相互独立的).

7. 把数字 $1, 2, \cdots, n$ 任意地排成一列.如果数字 k 恰好出现在第 k 个位置,则称为一个巧合.求巧合个数的数学期望.

8. 在狂欢节的一个游戏中,如果你投掷一颗骰子三次而能至少得到一个 6 点,将得到五元

奖金. 问你愿意出多少钱来得到一次参加的机会?

9. 某网络服务器首次失效时间服从参数为 λ 的指数分布. 现购得这类服务器 4 台, 求至少有一台的寿命(首次失效时间)等于此类服务器的期望寿命的概率.

10. 一工厂生产的某种设备的寿命 X(以年计)服从指数分布, 概率密度为

$$f(x) = \begin{cases} \dfrac{1}{4}\mathrm{e}^{-\frac{x}{4}} & \text{当 } x > 0 \\ 0 & \text{其他} \end{cases}.$$

工厂规定, 出售的设备若在一年之内损坏可予以调换. 若工厂售出一台设备盈利 100 元, 调换一台设备厂方需花费 300 元. 试求厂方出售一台设备净盈利的数学期望.

11. 设随机变量 X, Y 同分布, X 的概率密度为

$$f(x) = \begin{cases} \dfrac{3}{8}x^2 & \text{当 } 0 < x < 2 \\ 0 & \text{其他} \end{cases}.$$

(1) 已知事件 $A = \{X > a\}$ 和 $B = \{Y > a\}$ 独立, 且 $P(A + B) = 3/4$, 求常数 a;

(2) 求 $1/X^2$ 的数学期望.

12. 设 X 表示 10 次独立重复射击命中目标的次数, 每次射击命中目标的概率为 0.4, 求 X^2 的数学期望.

13. 求在 (a, b) 上具有均匀分布的随机变量 X 的方差.

14. 设随机变量 X 服从参数为 λ 的泊松分布, 求 X 的方差.

15. 设 X 为随机变量. 如果 $E(|X|^2)$ 有限, 证明: $E[(X-c)^2]$ 当 $c = E(X)$ 时取得最小值.

16. 设随机变量 X 服从瑞利分布, 其概率密度为

$$f(x) = \begin{cases} \dfrac{x}{\sigma^2}\mathrm{e}^{-x^2/2\sigma^2} & \text{当 } x > 0 \\ 0 & \text{当 } x \leqslant 0 \end{cases}.$$

其中 $\sigma > 0$ 是常数. 求 $E(X), D(X)$.

17. 设某车间生产的圆盘直径 X 在区间 (a, b) 上服从均匀分布, 试求圆盘面积的数学期望.

18. 设随机变量 X 的期望和方差都等于 20, 试估计 $P(0 < X < 40)$.

19. 设随机变量 X, Y 的数学期望分别为 -2 和 2, 方差分别为 1 和 4, 相关系数为 -0.5. 利用切比雪夫不等式估计概率 $P(|X+Y| \geqslant 6)$.

20. 设随机变量 X 具有密度函数, 且密度函数是偶函数, $E|X|^3 < \infty$. 试证: X 与 $Y = X^2$ 不相关, 但不独立.

21. 设 $0 < D(X)D(Y) < \infty$. 试证: $D(X+Y) = D(X) + D(Y)$ 成立的充要条件是 X 与 Y 不相关.

22. 设随机变量 X 和 Y 的方差分别为 25 与 36, 相关系数为 0.4, 求 $D(X+Y)$ 与 $D(X-Y)$.

23. 已知随机变量 X 和 Y 的相关系数为 ρ，求 $Z_1 = aX + b$ 与 $Z_2 = cY + d$ 的相关系数，其中 a, b, c, d 均为常数.

24. 设 X, Y 独立，$X \sim N(0,1)$，$Y \sim N(1,2)$，$Z = X + 2Y$，求 X 与 Z 的相关系数.

25. 设 (X, Y) 具有概率密度

$$f(x,y) = \begin{cases} \dfrac{1}{8}(x+y) & \text{当 } 0 \leqslant x \leqslant 2, 0 \leqslant y \leqslant 2 \\ 0 & \text{其他} \end{cases}.$$

求 $E(X), E(Y), D(X), D(Y), \mathrm{Cov}(X,Y), \rho_{XY}$.

26. 已知二维随机变量 (X,Y) 的协方差矩阵是 $\begin{pmatrix} 4 & 2 \\ 2 & 9 \end{pmatrix}$，求 $D(X - 2Y)$ 以及 X 和 Y 的相关系数.

27. 设二维随机变量 (X, Y) 服从二元正态分布，且 $E(X) = E(Y) = 0$，$D(X) = 16$，$D(Y) = 25$，$\mathrm{Cov}(X,Y) = 12$，求 (X, Y) 的概率密度.

28. 设 X 和 Y 的联合分布为：

X\Y	0	1
0	0.1	b
1	a	0.4

已知 $P(X = 1 \mid Y = 1) = 2/3$，求：(1) a, b 的值；(2) $\mathrm{Cov}(X, 2Y)$.

29. 假设由自动线加工的某种零件的内径 $X(\mathrm{mm})$ 服从正态分布 $N(\mu, 1)$. 内径小于 10 或大于 12 的为不合格品，其余为合格品. 销售每件合格品获利，销售每件不合格品亏损. 已知销售利润 T (单位:元) 与销售零件的内径有如下关系：

$$T = \begin{cases} -1 & \text{当 } X < 10 \\ 20 & \text{当 } 10 \leqslant X \leqslant 12 \\ -5 & \text{当 } X > 12 \end{cases},$$

问平均内径 μ 取何值时，销售一个零件的平均利润最大？

30. 设二维随机变量 (X, Y) 的密度函数为

$$f(x,y) = \frac{1}{2}[\varphi_1(x,y) + \varphi_2(x,y)],$$

其中 $\varphi_1(x,y)$ 和 $\varphi_2(x,y)$ 都是二维正态密度函数，且它们对应的二维随机变量的相关系数分别为 $1/3$ 和 $-1/3$，它们的边缘密度函数所对应的随机变量的数学期望都是 0，方差都是 1. 求随机变量 X 和 Y 的密度函数 $f_1(x)$ 和 $f_2(y)$，及 X 和 Y 的相关系数 ρ (可直接利用二维正态密度的性质).

提高题四

1. r 个人在一楼进入电梯，楼有 n 层. 设每个乘客在任何一层楼出电梯的概率相同，试求直到电梯中的乘客出空时为止，电梯需停次数 X 的数学期望.

2. 一战士对某目标进行射击,每次击发一颗子弹,直到击中 m 次为止.设各次射击相互独立,且每次射击击中目标的概率为 p,试求子弹的消耗量 X 的数学期望.

3. 一副纸牌共 N 张,其中有 3 张 A.随机地洗牌,然后从顶上一张接一张地翻牌,直到翻到第二张 A 出现为止,试求翻过纸牌数 X 的数学期望.

4. 某路公共汽车在相距 100 km 的甲、乙两城之间行驶.如果公共汽车出故障的地点到甲城的距离服从 $(0,100)$ 上的均匀分布,现在甲城,乙城和甲、乙两场间路线的中点各有一个修车站.有人建议将这三个修车站分别改设在距甲城 25 km,50 km 及 75 km 处将更有效,你赞成这一建议吗?为什么?

5. (**票券收集问题**) 一只盒子中装有标着 $1-N$ 的 N 张票券.以有放回方式一张一张地抽取,假设我们想收集 k 张不同的票券,要期望抽多少次才能得到它们呢?

6. 某商品每周的需求量 X 服从区间 $[10,30]$ 上的均匀分布.而经销商店的进货量为区间 $[10,30]$ 中的某一整数.商店每销售一件商品,可获利 500 元;若供大于求则削价处理,每处理一件商品亏损 100 元;若供不应求,则可从外部调剂供应,此时每件商品仅获利 300 元.为使商店所获利润期望值不少于 9280 元,问最少进货量是多少?

7. 某流水生产线每个产品不合格的概率为 $p(0<p<1)$,各产品合格与否相互独立,当出现一个不合格产品时即停机检修.设开机后第一次停机时已生产了的产品个数为 X,求 X 的方差.

8. 设 A 和 B 是试验 E 的两个事件,且 $P(A)>0,P(B)>0$. 定义随机变量 X,Y 如下:

$$X = \begin{cases} 1 & \text{若 } A \text{ 发生} \\ 0 & \text{若 } A \text{ 不发生} \end{cases} ; \qquad Y = \begin{cases} 1 & \text{若 } B \text{ 发生} \\ 0 & \text{若 } B \text{ 不发生} \end{cases} .$$

证明:若 $\rho_{XY}=0$,则 X,Y 相互独立的充分必要条件是它们不相关.

9. 设 X 和 Y 的联合分布为:

已知 $P(X=1 \mid Y=1)=2/3$,求:(1) a,b 的值;(2) $\mathrm{Cov}(X,2Y)$.

Y \ X	0	1
0	0.1	b
1	a	0.4

第 5 章

大数定律与中心极限定理

本章将介绍两类重要的极限定理：大数定律与中心极限定理. 此外还介绍切比雪夫大数定律、伯努利大数定律和辛钦大数定律及独立同分布下的中心极限定理.

概率论与数理统计是研究随机现象统计规律性的学科. 随机现象的规律性只有在相同的条件下进行大量重复试验时才会呈现出来. 也就是说，要从随机现象中去寻求必然的法则，应该研究大量随机现象. 研究大量的随机现象，常常采用极限形式，由此导致对极限定理进行研究. 极限定理的内容很广泛，其中最重要的有两种：大数定律与中心极限定理.

§5.1 大 数 定 律

在实践中，人们发现事件发生的"频率"具有稳定性. 在讨论数学期望时，又看到在大量独立重复试验时，"平均值"也具有稳定性. 大数定律以严格的数学形式证明了"频率"和"平均值"的稳定性，同时表达了这种稳定性的含义.

首先我们给出随机变量序列依概率收敛的定义及大数定律的一般形式.

5.1.1 依概率收敛

定义 1 设 $X_1, X_2, \cdots$ 是随机变量序列，a 是一个常数. 若对于任意 $\varepsilon > 0$，有

$$\lim_{n \to \infty} P(|X_n - a| < \varepsilon) = 1, \tag{5.1}$$

则称序列 $X_1, X_2, \cdots$ **依概率收敛于** a，也记作 $X_n \to Pa$.

由定义可知，随机变量序列 $X_1, X_2, \cdots$ 依概率收敛于 a 的意义是：当 n 充分大时，X_n 与 a 任意接近的概率无限地接近于 1. 或者说，当 n 充分大时，X_n 与 a 有较大偏差的概率接近于 0.

5.1.2 大数定律的一般形式

定义 2 设 $X_1, X_2, \cdots$ 是随机变量序列，$E(X_1), E(X_2), \cdots$ 都存在. 若对于任意 $\varepsilon > 0$，有

$$\lim_{n \to \infty} P\left\{ \left| \frac{1}{n}\sum_{i=1}^{n} X_i - \frac{1}{n}\sum_{i=1}^{n} E(X_i) \right| < \varepsilon \right\} = 1, \tag{5.2}$$

则称序列 $X_1, X_2, \cdots$ 服从**大数定律**.

不同的大数定律的差别只是对不同的随机变量序列而言. 下面我们就来介绍几个常见的大数定律.

5.1.3　切比雪夫大数定律

定理 1（切比雪夫大数定律）　设 $X_1, X_2, \cdots$ 是两两不相关的随机变量序列, 它们的数学期望 $E(X_i)$ 和方差 $D(X_i)$ 均存在, 且它们的方差有共同的上界, 即存在常数 C, 使 $D(X_i) \leqslant C$, $i = 1, 2, \cdots$. 则对任意的 $\varepsilon > 0$,

$$\lim_{n \to \infty} P\left\{ \left| \frac{1}{n}\sum_{i=1}^{n} X_i - \frac{1}{n}\sum_{i=1}^{n} E(X_i) \right| < \varepsilon \right\} = 1. \tag{5.3}$$

这个结果在 1866 年被俄国数学家切比雪夫所证明, 它是关于大数定律的一个相当普遍的结论. 证明切比雪夫大数定律主要的数学工具是切比雪夫不等式.

证　注意到

$$E\left(\frac{1}{n}\sum_{i=1}^{n} X_i \right) = \frac{1}{n}\sum_{i=1}^{n} E(X_i),$$

$$D\left(\frac{1}{n}\sum_{i=1}^{n} X_i \right) = \frac{1}{n^2}\sum_{i=1}^{n} D(X_i) \leqslant \frac{C}{n},$$

由切比雪夫不等式,

$$P\left\{ \left| \frac{1}{n}\sum_{i=1}^{n} X_i - \frac{1}{n}\sum_{i=1}^{n} E(X_i) \right| < \varepsilon \right\} \geqslant 1 - \frac{D\left(\frac{1}{n}\sum_{i=1}^{n} X_i \right)}{\varepsilon^2} \geqslant 1 - \frac{C}{n\varepsilon^2},$$

所以

$$1 \geqslant P\left\{ \left| \frac{1}{n}\sum_{i=1}^{n} X_i - \frac{1}{n}\sum_{i=1}^{n} E(X_i) \right| < \varepsilon \right\} \geqslant 1 - \frac{C}{n\varepsilon^2}.$$

令 $n \to \infty$,

$$1 \geqslant \lim_{n \to \infty} P\left\{ \left| \frac{1}{n}\sum_{i=1}^{n} X_i - \frac{1}{n}\sum_{i=1}^{n} E(X_i) \right| < \varepsilon \right\} \geqslant 1.$$

于是定理得证.

5.1.4　独立同分布条件下的大数定律

由切比雪夫大数定律, 可得下述独立同分布条件下的大数定律.

定理 2　设 $X_1, X_2, \cdots$ 是独立同分布的随机变量序列, 且 $E(X_i) = \mu, D(X_i) = \sigma^2, i = 1, 2, \cdots$. 则对任意的 $\varepsilon > 0$,

$$\lim_{n \to \infty} P\left\{ \left| \frac{1}{n} \sum_{i=1}^{n} X_i - \mu \right| < \varepsilon \right\} = 1. \tag{5.4}$$

作为上述大数定律的一个重要特例,用 X_i 表示在第 i 次伯努利试验中事件 A 发生的次数. 即

$$X_i = \begin{cases} 1 & \text{第 } i \text{ 次试验 } A \text{ 发生} \\ 0 & \text{第 } i \text{ 次试验 } A \text{ 未发生} \end{cases} \quad (i = 1, 2, \cdots, n).$$

记 $S_n = \sum_{i=1}^{n} X_i$,则 S_n 是 n 重伯努利试验中事件 A 发生的次数. 于是可得到下述伯努利大数定律.

定理 3(伯努利大数定律) 设 S_n 是 n 重伯努利试验中事件 A 发生的次数,p 是事件 A 发生的概率,则对任意的 $\varepsilon > 0$,

$$\lim_{n \to \infty} P\left\{ \left| \frac{S_n}{n} - p \right| < \varepsilon \right\} = 1. \tag{5.5}$$

伯努利大数定律表明,当重复试验次数 n 充分大时,事件 A 发生的频率 S_n/n 与事件 A 的概率 p 有较大偏差的概率很小. 请看"伯努利大数定律的直观演示"(在配套光盘中).

伯努利大数定律提供了通过试验来确定事件概率的方法. 既然事件发生的频率与概率有较大偏差的可能性很小(当 n 很大时),我们便可以通过做试验确定某事件发生的频率并把它作为相应概率的估计. 第 1 章中利用蒲丰投针试验求 π 值的一个重要依据就是大数定律.

切比雪夫大数定律要求随机变量 $X_1, X_2, \cdots$ 的方差存在. 但进一步的研究表明,方差存在这个条件在有些条件下并不是必要的. 这就是要介绍的辛钦大数定律.

5.1.5 辛钦大数定律

定理 4 (辛钦大数定律) 设随机变量序列 $X_1, X_2, \cdots$ 相互独立同分布,有有限的数学期望 $E(X_i) = \mu$, $i = 1, 2, \cdots$,则对任意的 $\varepsilon > 0$,

$$\lim_{n \to \infty} P\left\{ \left| \frac{1}{n} \sum_{i=1}^{n} X_i - \mu \right| < \varepsilon \right\} = 1. \tag{5.6}$$

辛钦大数定律表明,当 n 很大时,随机变量在 n 次观察中的算术平均值以很大的概率接近于它的期望值. 图 5.1 画出的几条曲线分别是 n 取不同值时,随机变量 $Y_n = \frac{1}{n} \sum_{i=1}^{n} X_i$ 的密度函数的图形. $X_1, X_2, \cdots, X_n$

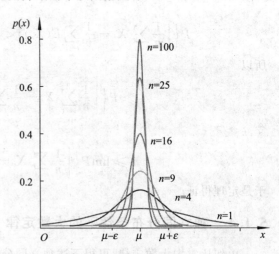

图 5.1　n 取不同值时,n 个独立同 $N(\mu, 1)$ 分布的随机变量之和的密度函数图

是相互独立同正态分布 $N(\mu, 1)$ 的随机变量. 可以看到, 随着 n 的增大, Y_n 的取值越来越集中在 μ 的附近.

例如, 要测量一个圆柱形工件的直径, 由于仪器测量的误差, 读数的偏差以及温度的变化等各种各样的原因, 使每次的测量结果是随机的. 如果我们测量 n 次, 得到 $X_1, \cdots, X_n$, 它们的算术平均值为 $\frac{1}{n} \sum_{i=1}^{n} X_i$. 当 n 较大时, 此算术平均值就可作为直径的一个估计.

辛钦大数定律为寻找随机变量的期望值提供了一条实际可行的途径. 例如, 要估计某地区水稻的平均亩产量, 只要收割一部分有代表性的地块 (比如 n 块), 计算它们的平均亩产量. 在 n 比较大的情况下, n 块的平均亩产量就可以作为全地区的平均亩产量, 即亩产量的期望值的一个近似.

通过上面的讨论, 我们看到, 大数定律以严格的数学形式表达了随机现象最根本的性质之一: 平均结果的稳定性. 它是随机现象统计规律性的具体表现. 因此, 大数定律在理论和实际中都有广泛的应用.

§5.2 中心极限定理

在实际问题中, 常常需要考虑许多随机因素所产生的总影响. 例如: 炮弹射击的落点与目标的偏差就受着许多随机因素的影响. 如瞄准时的误差, 空气阻力所产生的误差, 炮弹或炮身结构所引起的误差等等. 对我们来说重要的是这些随机因素的总影响.

自从高斯指出测量误差服从正态分布之后, 人们发现, 正态分布在自然界中极为常见. 观察表明, 如果一个量是由大量相互独立的随机因素的影响所造成, 而每一个别因素在总影响中所起的作用不大, 则这种量一般都服从或近似服从正态分布. 现在我们就来研究独立随机变量之和所特有的规律性问题. 当 n 无限增大时, 这个和的极限分布是什么呢? 在什么条件下极限分布会是正态的呢?

由于无穷个随机变量之和可以取 ∞ 为值, 故我们不研究 n 个随机变量之和本身而考虑它的标准化的随机变量

$$Z_n = \frac{\sum_{k=1}^{n} X_k - E\left(\sum_{k=1}^{n} X_k\right)}{\sqrt{D\left(\sum_{k=1}^{n} X_k\right)}}$$

的分布函数的极限. 可以证明, 满足一定的条件, 上述极限分布是标准正态分布. 这就是下面要介绍的中心极限定理.

5.2.1 独立同分布的中心极限定理

中心极限定理是概率论中最著名的结果之一. 它不仅提供了计算独立随机变量之和的近

似概率的简单方法,而且有助于解释为什么很多自然群体的经验频率呈现出钟形曲线这一值得注意的事实.

定理 1 （林德伯格－列维中心极限定理） 设 $X_1, X_2, \cdots$ 为独立同分布的随机变量序列，$E(X_i) = \mu, D(X_i) = \sigma^2$，则对任意实数 x，都有

$$\lim_{n \to \infty} P \left\{ \frac{\sum\limits_{i=1}^{n} X_i - n\mu}{\sigma \sqrt{n}} \leqslant x \right\} = \int_{-\infty}^{x} \frac{1}{\sqrt{2\pi}} e^{-\frac{t^2}{2}} \mathrm{d}t = \Phi(x). \tag{5.7}$$

此定理是两位学者林德伯格和列维在上世纪 20 年代证明的. 通常称为"独立同分布的中心极限定理". 它表明，当 n 充分大时，n 个具有期望和方差的独立同分布的随机变量之和的标准化随机变量近似服从正态分布，即

$$\frac{\sum\limits_{i=1}^{n} X_i - n\mu}{\sigma \sqrt{n}} \overset{\text{近似地}}{\sim} N(0,1). \tag{5.8}$$

记 $\overline{X} = \dfrac{1}{n} \sum\limits_{i=1}^{n} X_i$，(5.8) 式还可改写为

$$\frac{\overline{X} - \mu}{\sigma / \sqrt{n}} \overset{\text{近似地}}{\sim} N(0,1) \text{ 或 } \overline{X} \overset{\text{近似地}}{\sim} N(\mu, \sigma^2/n). \tag{5.9}$$

这是独立同分布中心极限定理的另一形式. 它说的是，均值为 μ，方差为 $\sigma^2 > 0$ 的独立同分布随机变量 $X_1, X_2, \cdots, X_n$ 的算术平均 $\overline{X} = \dfrac{1}{n} \sum\limits_{i=1}^{n} X_i$ 当 n 充分大时近似地服从正态分布. 这一结果是数理统计中大样本统计推断的基础.

特别地，当定理 1 中的 X_i 均服从参数为 p 的 $0-1$ 分布时，则

$$Y_n = \sum_{i=1}^{n} X_i \sim B(n,p).$$

由于 $E(X_i) = p, D(X_i) = p(1-p)$，代入 (5.8) 式，即得

$$\frac{Y_n - np}{\sqrt{np(1-p)}} \overset{\text{近似地}}{\sim} N(0,1). \tag{5.10}$$

于是可得德莫佛-拉普拉斯极限定理. 这个定理在第 2 章"二项分布的正态近似"中已作过介绍，这里不再赘述.

5.2.2 中心极限定理的直观展示

下面，我们对中心极限定理作经验的引入.

设 $X_1, X_2, \cdots, X_n$ 为相互独立，均服从 $0-1$ 分布的随机变量. 它们的和记作 S_n，则 S_n 是一个服从二项分布的随机变量. 它的两个参数是 n 和 p，让 n 逐渐增大而 p 保持为常数，画出 S_n 的分布图（见图 5.2）. 当 n 从 1 增到 5，我们看到正态分布三个特征开始呈现出来：

（1）概率分布在数轴越来越多的点上.

（2）概率分布越来越对称.

（3）钟形特征在 $n = 3$ 时已见征兆,在 $n = 4$ 和 $n = 5$ 时更加明显起来.

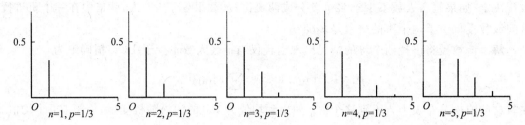

图 5.2　n 个服从 $0 - 1$ 分布的随机变量之和 S_n 的分布图

对很小的 n,分布已开始接近于正态.可以证明,当 n 无限变大时,分布向正态收敛得异常迅速.

设 $X_1, X_2, \cdots, X_n$ 是独立同分布的连续型随机变量,我们也会看到类似上述的现象.

下面画出 $n\,(n = 3, 6)$ 个服从 $(0, 1)$ 上均匀分布的随机变量之和的密度函数的图形(见图 5.3）.不难看出,随着 n 的增大,它与正态分布的密度函数的图形越来越接近.图中浅色曲线是正态分布 $N(n/2, n/12)$ 的密度函数的图形.大家还可以进行"中心极限定理的直观演示"（在配套光盘中）试验,来验证这一事实.

我们知道,服从 $(0, 1)$ 上均匀分布的随机变量 X_k 的期望值为 $1/2$,方差为 $1/12$.由前述中心极限定理,

$$Z_n = \frac{\sum\limits_{k=1}^{n} X_k - n \cdot \dfrac{1}{2}}{\sqrt{n / 12}} \tag{5.11}$$

是渐近标准正态分布的随机变量,也就是说,n 个服从 $(0, 1)$ 上均匀分布的随机变量之和的分布,当 n 无限变大时,渐近正态分布.

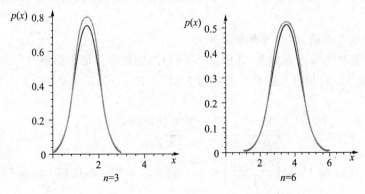

图 5.3　n 个 $U(0, 1)$ 分布的随机变量之和的密度函数曲线

5.2.3　举例

【例 1】　报名听心理学课的学生人数 X 是均值为 100 的泊松随机变量. 负责这门课程的教授决定,如果报名人数不少于 120,就分成两班讲授. 如果少于 120 人,就集中在一个班讲授,试问该教授将讲授两个班的概率是多少?

解　该教授将讲授两个班的情况出现当且仅当报名人数不少于 120. 精确解为

$$P(X \geqslant 120) = e^{-100} \sum_{i=120}^{\infty} (100)^i / i!.$$

在教材的泊松分布表中查不到这个值. 如想到均值为 100 的泊松随机变量,等于 100 个均值为 1 的独立泊松随机变量之和,即

$$X = \sum_{i=1}^{100} X_i,$$

其中每个 X_i 具有参数为 1 的泊松分布,我们就可利用中心极限定理求其近似解. 注意到

$$E(X) = 100, \quad D(X) = 100,$$

于是有

$$\frac{\sum_{i=1}^{100} X_i - 100}{10} = \frac{X - 100}{10} \overset{\text{近似地}}{\sim} N(0,1),$$

$$P(X \geqslant 120) \approx 1 - \Phi\left(\frac{120 - 100}{10}\right) = 1 - \Phi(2) \approx 0.023.$$

这里的计算只用到正态分布表.

【例 2】　**(拥挤的水房)** 某校有学生 5 000 人,有一个开水房. 由于每天傍晚打开水的人较多,经常出现同学排长队的现象,为此校学生会特向学校总务处提议增设水龙头.

学校总务处很重视学生意见,为此召开专门研究会,但在增设多少个水龙头上发生争执,于是希望你给学校总务处参谋参谋.

如果你经过调查,发现在傍晚同一时刻,一般有 1% 的学生去打开水,现有水龙头数量为 45 个,请问:

(1) 未新装水龙头前,拥挤的概率是多少?

(2) 需至少要装多少个水龙头,才能以 95% 以上的概率保证不拥挤?

解　设傍晚某一时刻打水的学生人数为 $X, X \sim B(n, p), n = 5\ 000, p = 0.01$. 由中心极限定理,

$$\frac{X - np}{\sqrt{np(1-p)}} = \frac{X - 50}{\sqrt{49.5}} \overset{\text{近似地}}{\sim} N(0,1).$$

(1) $P(X \geqslant 46) \approx 1 - \Phi\left(\frac{46 - 50}{\sqrt{49.5}}\right) \approx 1 - \Phi(-0.57) = \Phi(0.57) \approx 0.72.$

(2) 设共需要装 n 个水龙头,求满足

$$P(X \leqslant n) \geqslant 0.95$$

的最小的 n.

$$P(X \leqslant n) \approx \Phi\left(\frac{n-50}{\sqrt{49.5}}\right) \geqslant 0.95.$$

由

$$\frac{n-50}{\sqrt{49.5}} \geqslant 1.645,$$

解得

$$n \geqslant 62.$$

原有 45 个水龙头,故再增加 17 个水龙头.

下面我们用中心极限定理解释高尔顿钉板试验(见图 5.4)所显示的结果.

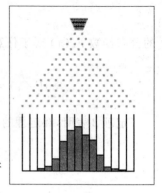

图 5.4　高尔顿钉板试验

设 n 是钉子的横排排数,引入随机变量

$$X_i = \begin{cases} -1 & \text{若第 } i \text{ 次碰钉后小球向左} \\ 1 & \text{若第 } i \text{ 次碰钉后小球向右} \end{cases} \quad (i = 1, 2, \cdots, n).$$

由于小球下落过程中碰到钉子时,从左边落下与从右边落下的机会相等,因此

$$X_i \sim \begin{pmatrix} -1 & 1 \\ 1/2 & 1/2 \end{pmatrix}, \quad i = 1, 2, \cdots, n.$$

可求得 $E(X_i) = 0, D(X_i) = 1, i = 1, 2, \cdots, n$. 令 Y_n 表示 n 次碰钉后小球的位置,即

$$Y_n = \sum_{i=1}^{n} X_i.$$

由中心极限定理,当 n 充分大时,$Y_n/\sqrt{n}$ 的分布近似于标准正态分布 $N(0,1)$,也就是说 Y_n 的分布近似于正态分布 $N(0,n)$(见配套光盘中的"高尔顿钉板试验").

当各随机变量 X_i 独立但不一定同分布时,中心极限定理在一定条件下也成立,其中的一种形式可叙述如下.

定理 2 (**李雅普诺夫定理**)设随机变量 $X_1, X_2, \cdots, X_n$ 相互独立,具有期望和方差 $E(X_k) = \mu_k, D(X_k) = \sigma_k^2, k = 1, 2, \cdots,$记

$$B_n^2 = \sum_{k=1}^{n} \sigma_k^2.$$

若存在正数 δ,使得当 $n \to \infty$ 时,

$$\frac{1}{B_n^{2+\delta}} \sum_{k=1}^{n} E\{|X_k - \mu_k|^{2+\delta}\} \to 0, \tag{5.12}$$

则随机变量

$$Z_n = \frac{\sum\limits_{k=1}^{n} X_k - E(\sum\limits_{k=1}^{n} X_k)}{\sqrt{D(\sum\limits_{k=1}^{n} X_k)}} = \frac{\sum\limits_{k=1}^{n} X_k - \sum\limits_{k=1}^{n} \mu_k}{B_n}$$

的分布函数 $F_n(x)$ 对于任意的 x,满足

$$\lim_{n \to \infty} F_n(x) = \lim_{n \to \infty} P\left\{ \frac{\sum\limits_{k=1}^{n} X_k - \sum\limits_{k=1}^{n} \mu_k}{B_n} \leqslant x \right\} = \int_{-\infty}^{x} \frac{1}{\sqrt{2\pi}} e^{-\frac{t^2}{2}} dt .$$

定理 2 表明,在定理的条件下,当 n 很大时,随机变量

$$Z_n = \frac{\sum\limits_{k=1}^{n} X_k - \sum\limits_{k=1}^{n} \mu_k}{B_n}$$

近似服从正态分布 $N(0,1)$. 由此,当 n 很大时,$\sum\limits_{k=1}^{n} X_k$ 近似服从正态分布 $N(\sum\limits_{k=1}^{n} \mu_k, B_n^2)$. 这就是说,无论各个随机变量 $X_k(k=1,2,\cdots,n)$ 服从什么分布,只要满足李雅普诺夫定理的条件,那么当 n 很大时,它们的和就近似服从正态分布.

在很多实际问题中,所考虑的随机变量可以表示为很多个独立随机变量的和且满足上述条件,因而可使用正态近似. 例如,在一个物理实验中的测量误差是由许多不可能观测到的,而可看作是可加的小误差所组成;一个悬浮于一种液体中的小质点受到分子的碰撞,使它在随机的方向作随机大小的位移,该质点在一定长的时间之后的位置可以看作为各个位移的总和;在任一给定时间内,一个城市的耗电量是大量单独的耗电者需用电量的总和. 不难发现,在许多领域里,研究的课题所碰到的许多随机现象都很好地近似服从正态分布. 从中心极限定理的观点看来,这是合理的.

现在,我们对大数定律和中心极限定理都有了一定的了解,如果说大数定律只是粗略地描述了极限的情况,则中心极限定理是更细致地描述了极限情况,从它获得的结果也更为丰富和深刻. 这中间包含有如德莫佛、拉普拉斯、李亚普诺夫、林德贝格、费勒等众多科学家几个世纪的辛勤劳动. 正是他们不懈的艰苦探索才产生了伟大的成果!

§5.3　综合应用举例

【例 1】　(定积分的概率计算) 求积分值 $I = \int_0^1 g(x) dx$.

解　这里,我们介绍用随机变量的平均值来计算上述积分. 它的理论依据就是大数定律. 设 $X_1, X_2, \cdots$ 是独立同分布的随机变量,共同的分布是 $(0,1)$ 上均匀分布,即

$$X_i \sim f(x) = \begin{cases} 1 & \text{当 } 0 < x < 1 \\ 0 & \text{其他} \end{cases} .$$

于是可求出 $g(X_i)$ 的数学期望

$$E[g(X_i)] = \int_0^1 g(x)f(x)\mathrm{d}x.$$

而且，$g(X_1),g(X_2),\cdots$ 也是独立同分布的随机变量.

由大数定律，$\forall \varepsilon > 0$,

$$\lim_{N \to \infty} P\left\{ \left| \frac{1}{N}\sum_{n=1}^N g(X_n) - \int_0^1 g(x)\mathrm{d}x \right| < \varepsilon \right\} = 1.$$

因此，当 N 充分大时，

$$\frac{1}{N}\sum_{n=1}^N g(X_n) \approx \int_0^1 g(x)\mathrm{d}x.$$

也就是说，只要我们能够得到很多个独立同分布的随机变量 $g(X_1),g(X_2),\cdots$ 的观察值，就可以用这些个随机变量的平均值 $\dfrac{1}{N}\sum\limits_{n=1}^N g(X_n)$ 来近似积分值 $\int_0^1 g(x)\mathrm{d}x$.

下面我们使用蒙特卡罗方法(随机模拟法)，利用计算机生成随机数来完成上述工作，具体步骤如下：

(1) 产生在 $(0,1)$ 上均匀分布的随机数 $x_n(n=1,2,\cdots,N)$；

(2) 计算 $g(x_n),n=1,2,\cdots,N$；

(3) 用平均值近似积分值，即当 N 充分大时

$$\frac{1}{N}\sum_{n=1}^N g(x_n) \approx \int_0^1 g(x)\mathrm{d}x.$$

请思考，如何近似计算 $I = \int_a^b g(x)\mathrm{d}x$?进一步，又如何近似计算 $I = \int_a^b \int_c^d g(x,y)\mathrm{d}x\mathrm{d}y$?(配套光盘中"定积分的概率计算"对此进行了演示.)

【例 2】　(罐中取球) 有一罐，装有 10 个编号为 $0 \sim 9$ 的同样的球. 从罐中有放回地抽取若干次，每次抽一个，并记下号码.

(1) 设 $X_k = \begin{cases} 1 & 第\ k\ 次取到的号码是\ 0 \\ 0 & 第\ k\ 次取到其他号码 \end{cases}$ $(k=1,2,\cdots)$,

问对序列 $X_1,X_2,\cdots$，能否使用大数定律?

(2) 至少应取球多少次才能使 0 出现的频率在 $0.09 \sim 0.11$ 之间的概率至少是 0.95?

(3) 用中心极限定理计算在 100 次抽取中，数码 0 出现次数在 7 和 13 之间的概率.

解　(1) $X_k \sim \begin{pmatrix} 1 & 0 \\ 0.1 & 0.9 \end{pmatrix}$, $E(X_k)=0.1$. 如 X_k 独立同分布，且期望存在，故能使用大数定律，即

$$\lim_{n \to \infty} P\left\{ \left| \frac{1}{n}\sum_{i=1}^n X_k - 0.1 \right| < \varepsilon \right\} = 1.$$

（2）设应取球 n 次，0 出现频率为 $\frac{1}{n}\sum\limits_{k=1}^{n}X_k$，

$$E\Big(\frac{1}{n}\sum_{k=1}^{n}X_k\Big)=0.1,\quad D\Big(\frac{1}{n}\sum_{k=1}^{n}X_k\Big)=\frac{0.09}{n},$$

$$P\Big\{0.09\leqslant\frac{1}{n}\sum_{k=1}^{n}X_k\leqslant0.11\Big\}=P\Big\{\Big|\frac{1}{n}\sum_{k=1}^{n}X_k-0.1\Big|\leqslant0.01\Big\}.$$

由中心极限定理，

$$\frac{\frac{1}{n}\sum\limits_{k=1}^{n}X_k-0.1}{0.3/\sqrt{n}}\underset{\text{近似地}}{\sim}N(0,1).$$

于是

$$P\Big\{0.09\leqslant\frac{1}{n}\sum_{k=1}^{n}X_k\leqslant0.11\Big\}=P\Big\{\Big|\frac{\frac{1}{n}\sum\limits_{k=1}^{n}X_k-0.1}{0.3/\sqrt{n}}\Big|\leqslant\frac{\sqrt{n}}{30}\Big\}\approx2\Phi\Big(\frac{\sqrt{n}}{30}\Big)-1.$$

欲使 $2\Phi\Big(\frac{\sqrt{n}}{30}\Big)-1\geqslant0.95$，即 $\Phi\Big(\frac{\sqrt{n}}{30}\Big)\geqslant0.975$，查表得 $\frac{\sqrt{n}}{30}\geqslant1.96$，解得 $n\geqslant3458$。

（3）在 100 次抽取中，数码 0 出现次数为 $\sum\limits_{k=1}^{100}X_k$，由中心极限定理，

$$\frac{\sum\limits_{k=1}^{100}X_k-\sum\limits_{k=1}^{100}E(X_k)}{\sqrt{\sum\limits_{k=1}^{100}D(X_k)}}\underset{\text{近似地}}{\sim}N(0,1),$$

即

$$\frac{\sum\limits_{k=1}^{100}X_k-10}{3}\underset{\text{近似地}}{\sim}N(0,1).$$

$$P\Big(7\leqslant\sum_{k=1}^{100}X_k\leqslant13\Big)=P\Big\{-1\leqslant\frac{\sum\limits_{k=1}^{100}X_k-10}{3}\leqslant1\Big\}$$

$$\approx\Phi(1)-\Phi(-1)=2\Phi(1)-1=0.6826.$$

基本练习题五

1. 设 $X_1,X_2,\cdots$ 是独立同分布的随机变量序列，每一个随机变量都服从柯西分布，密度函数为

$$f(x)=\frac{1}{\pi(1+x^2)},\quad-\infty<x<\infty.$$

问辛饮大数定律对此序列是否适用?

2. 设随机变量序列满足条件:

$$\lim_{n \to \infty} \frac{1}{n^2}\left(\sum_{i=1}^{n} X_i\right) = 0.$$

证明: $\lim_{n \to \infty} P\left\{\left|\frac{1}{n}\sum_{i=1}^{n} X_i - \frac{1}{n}\sum_{i=1}^{n} E(X_i)\right| < \varepsilon\right\} = 1.$

3. 设对目标独立发射 400 发炮弹,单发命中概率等于 0.2. 求命中 $80 \sim 100$ 发的概率.

4. 据以往经验,某种电器元件的寿命服从均值为 100 h 的指数分布. 现随机地取 36 只,设它们的寿命是相互独立的. 求这 36 只元件的寿命的总和大于 3 920 h 的概率.

5. 抽样检查产品时,如果发现次品多于 10 个,则认为这批产品不能接受. 应检查多少个产品,才能使次品率为 10% 的一批产品不被接受的概率达到 0.9?

6. 一册 500 页的书中,每一页的印刷错误个数服从参数为 0.2 的泊松分布,各页印刷错误数是相互独立的. 求这册书的印刷错误不多于 100 个的概率.

7. 甲、乙两个戏院在竞争 1 000 名观众. 假定每个观众完全任意地选择两个戏院中的一个戏院,且观众选择哪个戏院彼此间是相互独立的. 问每个戏院至少应设多少个座位才能保证因缺少座位而使观众离去的概率小于 0.01?

8. 某电器系统由 n 个相互独立的部件组成. 在整个工作期间,每个部件损坏的概率为 10%. 为了使整个系统起作用,至少必须有 80% 的部件正常工作. 问 n 至少为多大时,才能使系统的可靠性(系统正常工作的概率)不低于 95%?

9. (人寿保险问题) 在人寿保险公司里有 10 000 个同一年龄的人参加人寿保险. 在一年中,这些人的死亡率为 0.6%. 参加保险的人在一年的头一天交付保险费 12 元,死亡时家属可以从保险公司领取 1 000 元.

(1) 求保险公司一年中获利不少于 40 000 元的概率;

(2) 保险公司亏本的概率是多少?

10. (供电问题) 某车间有 200 台车床. 在生产期间由于需要检修、调换刀具、变换位置及调换工件等常需停车. 设开工率为 0.6,并设每台车床的工作是独立的,且在开工时需电力 1 kW. 问应供应多少千瓦电力就能以 99.9% 的概率保证该车间不会因供电不足而影响生产?

提高题五

1. 证明泊松大数定律: 在不同条件下进行 n 次独立试验,设事件 A 在第 i 次试验中出现的概率为 $p_i(i = 1, 2, \cdots, n)$, n 次试验中事件 A 出现的次数为 μ_n, 则对于任意给定的正数 ε, 有

$$\lim_{n \to \infty} P\left\{\left|\frac{\mu_n}{n} - \frac{\sum_{i=1}^{n} p_i}{n}\right| < \varepsilon\right\} = 1.$$

即事件 A 发生的频率稳定于概率的平均值.

2. 测量某物体的长度时,由于存在测量误差,每次测得的长度值只能是近似值.现进行多次测量,然后取这些测量值的平均值作为实际长度的估计值.假定 n 个测量值 $X_1, X_2, \cdots, X_n$ 是独立同分布的随机变量,具有共同的期望 μ(即真实长度)和方差 $\sigma^2 = 1$.试问若要以 95% 的把握可以确信其估计值精确到 ± 0.2 以内,必须测量多少次?

3. 设 X 与 Y 相互独立,X 具有 $(0,2)$ 上的均匀分布,Y 具有 $(0,1)$ 上的均匀分布,对 (X,Y) 观察 432 对,求 $\{Y < X\}$ 的次数在 324 和 342 之间的概率.

4. 将 50 个数利用舍入法化成 50 个整数.设舍入误差的分布是 $(-0.5, 0.5)$ 上的均匀分布,求这 50 个整数的和与原来的和相差超过 3 的概率近似值.

第6章

数理统计的基本概念

本章介绍数理统计的基本概念,包括总体和样本、统计量和抽样分布,χ^2 分布、t 分布、F 分布的典型模式及其简单性质,常见分布分位数的概念及正态总体的某些常用抽样分布.

§6.1 引 言

在前面各章中,我们讨论了概率论的基本概念和方法。从本章起,我们转入课程的第二部分:数理统计.

我们已经看到,随机变量及其概率分布全面地描述了随机现象的统计规律性.在概率论的许多问题中,通常都假定概率分布是已知的,而一切计算和推理均基于这个已知的分布进行.而在实际问题中,我们能获得的常常是观察随机现象所得到的数据,而所关心的随机变量的概率分布往往是不知道的,即使知道随机变量所服从的分布形式,如正态分布、泊松分布等,但分布中的参数也是不知道的.需要我们根据所观察到的数据去推断.

我们来看一个例子.

【例】 虫情预报问题

由于气候条件的影响,农作物害虫的生长繁殖情况各年是不同的,如能早期作出是否成灾的预报,是很有意义的.通常可以从虫卵的数量来预测当年的虫情.

描述虫卵数量的指标是单位面积中的虫卵数 X,X 只能取非负整数,因而它的分布是一离散分布. 根据概率论的知识,可以认为它服从泊松分布,即

$$P(X = k) = \frac{\lambda^k}{k!} e^{-\lambda}, \quad k = 0, 1, 2 \cdots$$

其中 λ 就是分布的期望值,但实际中 λ 往往是未知的. λ 的大小反映了虫卵多寡.它是了解虫情的一个重要内容. 因此,人们会对 λ 提出一些问题,比如:

(1) λ 的大小如何?

(2) λ 的值大概在一个多大的范围内?

(3) 依据过去的经验,如果 λ 的值大于 λ_0 (已知的常数),就会成灾,能否认为 $\lambda > \lambda_0$ 成立?

这 3 个问题都属于数理统计研究的范畴. 也是我们课程中要讨论的内容. 接下来我们从数理统计最基本的概念开始课程的学习.

§6.2　总体和样本

6.2.1　总体和理论分布

一个统计问题有它明确的研究对象,研究对象的全体称为**总体**,总体中的每个成员称为**个体**.

例如,要研究某国营工厂工人的工资情况. 该工厂的所有工人构成问题的总体,而其中的每一个工人是个体. 而当我们要研究全国国营工厂工人的工资情况时,全国所有国营工厂的工人就是我们的总体. 总体如何定取决于研究目的.

然而在统计研究中,人们关心总体仅仅是关心其每个个体的一项(或几项)数量指标. 如研究某国营工厂工人的工资情况,事实上,每个工人有许多特征:性别、年龄、民族、籍贯、文化程度、健康情况、工资收入等,此处关心的只是每个工人的工资收入. 如果从该总体中随机查看一个人的工资,可能的结果(工资)是一个随机变量,我们记为 X,X 的概率分布就描述了我们所关心的总体. 很自然地,我们就用这个概率分布去描述总体. 从这个意义上看,总体就是一个概率分布,而所关心的数量指标就是服从这个分布的随机变量.

因此,在统计研究中,首先确定统计问题所关心的指标,即所关心的个体属性. 其次是所关心的指标在全部研究对象中的分布 —— 这就是统计问题的**总体**,也称为**总体分布**,或称为**理论分布**.

【例 1】　要研究中国人口的年龄构成,

指标:每个人的年龄 X;

总体:中国人年龄的分布.

【例 2】　要考察某批电视机的使用寿命 T,

指标:每台电视机的使用寿命 T;

总体:这一批电视机寿命的分布.

【例 3】　要考察某地区中学生的身高和体重,

指标:每个学生的身高 X 和体重 Y;

总体:该地区中学生身高和体重的联合分布.

不难看到,统计中总体这个基本概念的核心是:总体就是一个概率分布. 有了这个观点,概率论才大踏步地进入统计学的领域.

当总体分布为指数分布时,称为指数分布总体;当总体分布为正态分布时,称为正态分布总体或简称正态总体等等. 两个总体即使其所含个体的性质根本不同,只要有同一的概率分布,则在统计学中就视为是同类总体.

　　总体按其个体数目是有限或无限分为**有限总体和无限总体**. 例如,将一个啤酒厂某天生产的啤酒视为一个总体,那么它是有限的;而将一枚硬币连续不断地抛掷下去得到的所有结果(正面、反面)视为一个总体,那么它是无限的.

6.2.2　样本和简单随机样本

　　在多数实际问题中,要考察整个总体往往是不可能的,因为需要耗费太多的资源和时间. 有些破坏性的试验更是不允许对整个总体进行考察. 为了推断总体分布及各种特征,需要从总体中随机抽取若干个个体进行观察试验,以获得有关总体的信息. 这一抽取过程称为**抽样**,所抽取的部分个体称为**样本**,样本中个体的数目称为**样本容量**或**样本大小**,简称**样本量**.

　　由于样本是从总体中随机选取的,所以容量为 n 的样本可以由这 n 个个体组成,也可以由另外 n 个个体组成. 因此,容量为 n 的样本可以看作 n 维随机变量 $(X_1, X_2, \cdots, X_n)$. 但是,一旦取定一组样本,得到的是 n 个具体的数 $(x_1, x_2, \cdots, x_n)$,称为**样本的一次观察值**,简称**样本值**.

　　由于抽样的目的是为了对总体进行统计推断,为了使抽取的样本能很好地反映总体,必须考虑抽样方法. 最常用的一种抽样方法叫做**简单随机抽样**,它要求抽取的样本 $X_1, X_2, \cdots, X_n$ 满足下面两点.

　　(1) **代表性**: $X_1, X_2, \cdots, X_n$ 中每一个与所考察的总体有相同的分布;

　　(2) **独立性**: $X_1, X_2, \cdots, X_n$ 是相互独立的随机变量.

　　由简单随机抽样得到的样本 $X_1, X_2, \cdots, X_n$ 称为**简单随机样本**. 假如总体的分布函数为 $F(x)$,则其简单随机样本的联合分布函数为 $F(x_1) F(x_2) \cdots F(x_n)$.

　　设想样本 $X_1, X_2, \cdots, X_n$ 是一个一个地抽取. 第一次抽时,是从整个总体中抽一个,因而 X_1 的分布与总体分布相同. 如果这一个不放回去,到第二次抽时,总体中已少了一个个体,其分布有了变化,因此 X_2 的分布会与 X_1 的分布略有不同. 但是,若总体中包含的个体很多,或包含无限多的个体,则抽出一个或 n 个(n 远小于总体所含个体数)对总体的分布影响很小或毫无影响. 这时,$X_1, X_2, \cdots, X_n$ 独立且有相同的分布,共同的分布就是总体分布. 这是应用中最常见的情形,今后,当说"$X_1, X_2, \cdots, X_n$ 是取自某总体的样本"时,若不特别说明,就指简单随机样本.

　　由于总体分布就是所关心的指标 X 的概率分布,而我们只关心个体的指标 X 而不关心个体的其他方面,也常把总体称作 X,把样本称作 X 的样本.

　　这里需要指出的是:如何选择样本是统计研究者所面临的一个关键问题. 一个研究者希望确认由研究样本得出的结论能够适用于该样本所属的较大的总体. 然而,没有一个好的样本,这是不可能实现的. 用烹调作例子,可帮助我们理解为什么一个好的样本如此重要. 当我们品尝一勺我们做的汤时,我们关心的不是这勺汤怎样,而是整个锅里的汤味道如何. 如果锅里的汤被充分搅拌了,我们只需品尝一勺即可知道整锅汤的味道. 品尝的这一勺无论是来自家庭中的一个小锅,还是来自食堂的一个大锅,我们都可以由一勺而知全锅.

简单随机抽样就是一种选择好的样本的方法. 当一个总体中的所有个体都被放进一个箱子中,搅拌均匀,进行随机有放回地抽取,得到的就是一个简单随机样本.

6.2.3 总体、样本、样本值的关系

事实上我们抽样后看到的样本都是具体的、确定的值. 例如,我们从某班学生中抽取 10 个人测量身高,得到 10 个数,它们是样本取到的值而不是样本. 我们只能观察到随机变量取的值而见不到随机变量,这在概念上一定要区别清楚. 统计是从手中已有的资料(样本值)去推断总体的情况(总体分布 $F(x)$ 的性质),样本是联系二者的桥梁. 总体分布决定了样本取值的概率规律,也就是样本取到样本值的规律,因而可以由样本值去推断总体,如图 6.1 所示.

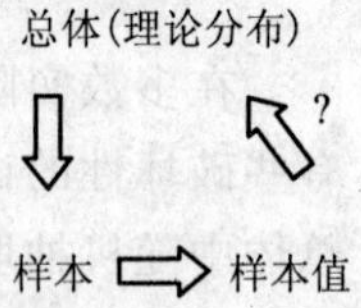

图 6.1

在结束本节前,还要说明一点:统计处理问题的方法与通常的数学方法不完全相同,通常的数学都是从概念、命题出发,经过演绎推理,导出新的命题、公式. 而统计是由部分观察结果去推断总体的情况,根据的是概率论和数理统计中已知的结论. 它的推理是归纳的,归纳的依据是演绎得来的数学定理和公式. 因为我们是根据来自总体的一部分观察值, "归纳"起来去推断总体的情况,这是一种特殊的归纳推理,我们称它为"统计推断". 另一方面,进行推断的依据是因为样本和总体有紧密的联系,样本取值的规律被总体完全决定了,这个规律是由演绎推理获得的,这一部分内容与通常的数学并没有什么差别.

统计推断将归纳推理作为它最基本的方法,毕竟只是由部分来推断整体,也就是在对有关信息缺乏完全掌握的情况下去进行推断. 因而做出的结论就可能有错误或误差,它只能以一定的概率来保证其精确度和可靠性.

统计方法的作用,正是在这种情况下,帮助人们做出尽可能正确(在数据所提供的信息的限度内)的归纳.

§6.3 统计量和抽样分布

6.3.1 统计量的概念

由抽样得到的样本值,是一堆杂乱无章的数字,往往看不出所以然. 要由样本值去推断总体情况,需要对样本值进行加工,这就要构造一些样本的函数,它把样本中所含的(某一方面)的信息集中起来. 这种不含任何未知参数的样本的函数称为**统计量**,它是完全由样本决定的量.

【例】 设 $X_1, X_2, \cdots, X_n$ 是从正态总体 $N(\mu, \sigma^2)$ 中抽出的样本,其中 μ 未知,σ 已知. 则 $\overline{X} = (X_1 + \cdots + X_n)/n, X_1/\sigma$ 都是统计量,因为它们完全由样本决定;而 $\overline{X} - \mu$ 就不是统计量,因为其中包含未知参数 μ,也就是说,它并不完全由样本所决定.

从样本构造统计量,实际上是对样本所含的信息按某种要求进行加工,把分散在样本中的

信息集中到统计量的取值上. 有用的统计量都是有的放矢, 针对某种需要而构造的. 下面我们给出常用的几个统计量.

6.3.2   几个常用统计量

设 $X_1, X_2, \cdots, X_n$ 是取自某总体的样本, 最常用的几个统计量是:

样本均值:

$$\overline{X} = \frac{1}{n} \sum_{i=1}^{n} X_i.$$

它反映了总体均值的信息.

样本方差:

$$S^2 = \frac{1}{n-1} \sum_{i=1}^{n} (X_i - \overline{X})^2.$$

它反映了总体方差的信息.

大家一定会问, 这里分母为什么取 $n-1$ 而不取 n, 当大家学到参数估计一节就会明白. 不妨先记住它.

样本 k 阶原点矩:

$$A_k = \frac{1}{n} \sum_{i=1}^{n} X_i^k, \quad k = 1, 2, \cdots.$$

它反映了总体 k 阶原点矩的信息.

样本 k 阶中心矩:

$$B_k = \frac{1}{n} \sum_{i=1}^{n} (X_i - \overline{X})^k, \quad k = 1, 2, \cdots.$$

它反映了总体 k 阶中心矩的信息.

样本相关系数:

$$r = \frac{\sum\limits_{i=1}^{n} (X_i - \overline{X})(Y_i - \overline{Y})}{\sqrt{\sum\limits_{i=1}^{n} (X_i - \overline{X})^2 \sum\limits_{i=1}^{n} (Y_i - \overline{Y})^2}},$$

其中 $Y_1, Y_2, \cdots, Y_n$ 是取自另一个总体的样本. 样本相关系数反映了两总体变量间线性相关程度的信息.

6.3.3   经验分布函数

设 $X_1, X_2, \cdots, X_n$ 是取自总体 $F(x)$ 的一个样本, 把样本观察值从小到大排列为 $x_{(1)} \leqslant x_{(2)} \leqslant \cdots \leqslant x_{(n)}$, 则称函数

$$F_n(x) = \begin{cases} 0 & \text{当 } x < x_{(1)} \\ \dfrac{k}{n} & \text{当 } x_{(k)} \leqslant x < x_{(k+1)} , \\ 1 & \text{当 } x \geqslant x_{(n)} \end{cases} \tag{6.1}$$

为总体 X 的**经验分布函数**,如图 6.2 所示.

经验分布函数是观察值 $x_1, x_2, \cdots, x_n$ 中不大于 x 的值出现的频率,即

$$F_n(x) = (x_1, x_2, \cdots, x_n \text{ 中} \leqslant x \text{ 的个数})/n.$$

故 $0 \leqslant F_n(x) \leqslant 1$,并且是非降、右连续的函数,即它具有分布函数的基本性质. 实际上它是一个以等概率仅取 n 个值 $x_1, x_2, \cdots, x_n$ 的离散型随机变量的分布函数.

对于 x 的任一个确定的值,经验分布函数 $F_n(x)$ 是事件 $X \leqslant x$ 的频率,而总体分布函数 $F(x)$ 是事件 $X \leqslant x$ 的概率. 由伯努利大数定律,对于任意给定的 $\varepsilon > 0$,有

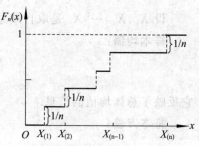

图 6.2 经验分布函数示意图

$$\lim_{n \to \infty} P\{|F_n(x) - F(x)| < \varepsilon\} = 1.$$

格列汶科进一步证明了:当 $n \to \infty$ 时,$F_n(x)$ 以概率 1 关于 x 一致收敛于 $F(x)$,即

$$P\{\lim_{n \to \infty} \sup_{-\infty < x < +\infty} |F_n(x) - F(x)| = 0\} = 1. \tag{6.2}$$

这就是著名的**格列汶科定理**.

这个定理告诉我们,当样本容量 n 足够大时,对所有的 x,$F_n(x)$ 与 $F(x)$ 之差的绝对值都很小,这件事发生的概率为 1. 这就是我们可以由样本推断总体的基本理论依据.

请思考:经验分布函数和理论分布函数有什么区别和联系?

大家可以进行"经验分布函数"(在配套光盘中)的模拟试验,验证经验分布函数和理论分布函数关系.

6.3.4 抽样分布

统计量既然是依赖于样本的,而后者又是随机变量,故统计量也是随机变量,因而就有一定的分布,这个分布叫做统计量的**抽样分布**. 寻求种种统计量的抽样分布,是数理统计中一项重要的工作. 研究统计量的性质和评价一个统计方法的优良性,完全取决于其抽样分布的性质.

当总体的分布类型已知时,如果对任一样本容量 n,都能导出统计量的分布的确切表达式,这种分布称为**精确抽样分布**. 它对样本容量 n 较小的统计推断问题(小样本问题)特别有用. 目前的精确抽样分布大多是在正态总体条件下得到的,如后面将要看到的"统计三大分布". 在大多数场合,抽样分布不易求出,或者求出来的精确分布过于复杂而难于应用,这时人们借助于极限工具,寻求在样本容量 n 无限大时,统计量 $T(X_1, X_2, \cdots, X_n)$ 的极限分布. 假如这种极限分布能求出,那么当 n 较大时,可用此极限分布当作抽样分布的一种近似,这种分布称为**渐近分布**. 它在样本容量 n 较大的统计推断问题(大样本问题)中常被使用.

§6.4　χ^2 分布、t 分布、F 分布

在数理统计中常用的分布,除正态分布外,还有 χ^2 分布,t 分布和 F 分布.下面我们对它们分别加以介绍.

6.4.1　χ^2 分布

χ^2 分布是海尔墨特(Hermert)和皮尔逊(K. Person)分别于 1875 和 1900 年导出的.它是由正态分布派生出来的一个分布,其定义如下.

定义 1　设 $X_1,X_2,\cdots,X_n$ 相互独立,都服从正态分布 $N(0,1)$,则称随机变量

$$\chi^2 = X_1^2 + X_2^2 + \cdots + X_n^2 \tag{6.3}$$

所服从的分布为自由度为 n 的 χ^2 分布,记为 $\chi^2 \sim \chi^2(n)$.

χ^2 分布的概率密度函数为

$$f(x;n) = \frac{1}{2^{n/2}\Gamma(n/2)} x^{\frac{n}{2}-1} e^{-\frac{x}{2}}, \quad x > 0.$$

其中伽玛函数 $\Gamma(x)$ 通过积分

$$\Gamma(x) = \int_0^\infty e^{-t} t^{x-1} dt, \ x > 0$$

来定义.

$$\Gamma(n/2) = \begin{cases} \left(\dfrac{n}{2}-1\right)\left(\dfrac{n}{2}-2\right)\cdots 3\cdot 2\cdot 1 & \text{当 } n \text{ 是偶数} \\[2mm] \left(\dfrac{n}{2}-1\right)\left(\dfrac{n}{2}-2\right)\cdots \dfrac{3}{2}\cdot \dfrac{1}{2}\cdot \sqrt{\pi} & \text{当 } n \text{ 是奇数} \end{cases}.$$

图 6.3 是 n 取不同值时 χ^2 分布的概率密度函数曲线,其形状与 n 有关.(在配套光盘中有 χ^2 分布的图形演示,同学们可以自行输入参数,观看图形的变化.)

由 χ^2 分布的定义,不难得到:

(1) 设 X_1,X_2,$\cdots$,X_n 相互独立,都服从正态分布 $N(\mu,\sigma^2)$,则

$$\chi^2 = \frac{1}{\sigma^2}\sum_{i=1}^n (X_i - \mu)^2 \sim \chi^2(n). \tag{6.4}$$

(2) 设 $Y_1 \sim \chi^2(n_1)$,$Y_2 \sim \chi^2(n_2)$,且 Y_1,Y_2 相互独立,则有

$$Y_1 + Y_2 \sim \chi^2(n_1 + n_2).$$

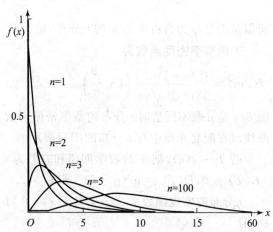

图 6.3　N 取不同值时 χ^2 分布的概率密度函数曲线

由 Y_1, Y_2 相互独立及 χ^2 分布的定义,不难证明这个性质.事实上,$Y_1 + Y_2$ 可以表示为 $n_1 + n_2$ 个独立标准正态变量的平方和,由 χ^2 分布的定义式(6.3),即得结论.

这个性质叫 χ^2 分布的**可加性**,它可以推广到任意有限个相互独立且服从 χ^2 分布的随机变量之和的情形.

(3) 若 $X \sim \chi^2(n)$,自由度为 n 的 χ^2 分布的数学期望和方差为

$$E(X) = n, \quad D(X) = 2n$$

事实上,由 χ^2 分布的定义及期望、方差的计算,可以求得

$$E(X) = \sum_{i=1}^{n} E(X_i^2) = \sum_{i=1}^{n} D(X_i) = n \quad \text{其中 } X_i \sim N(0,1),$$

$$D(X) = \sum_{i=1}^{n} D(X_i^2) = \sum_{i=1}^{n} \left\{ E(X_i^4) - [E(X_i^2)]^2 \right\}$$

$$= \sum_{i=1}^{n} \left[\int_{-\infty}^{\infty} \frac{1}{\sqrt{2\pi}} x^4 e^{-x^2/2} dx - 1 \right] = 2n.$$

(4) 应用中心极限定理可得,若 $X \sim \chi^2(n)$,则当 n 充分大时,

$$\frac{X - n}{\sqrt{2n}} \xrightarrow{\text{近似地}} N(0,1).$$

6.4.2　t 分布

t 分布是戈塞特(W. S. Gosset) 于 1908 年在一篇以"学生"(student) 为笔名的论文中首先提到的,因此又称为学生氏分布,它的定义如下.

定义 2　设 $X \sim N(0,1), Y \sim \chi^2(n)$,且 X 与 Y 相互独立,则称变量

$$T = \frac{X}{\sqrt{Y/n}} \tag{6.5}$$

所服从的分布为自由度为 n 的 t 分布,记为 $T \sim t(n)$.

T 的概率密度函数为

$$f(x;n) = \frac{\Gamma[(n+1)/2]}{\Gamma(n/2)\sqrt{n\pi}} \left(1 + \frac{x^2}{n}\right)^{-\frac{n+1}{2}}, \quad x > 0.$$

图 6.4 是 n 取不同值时 t 分布的概率密度函数曲线.(在配套光盘中有 t 分布的图形演示.)

若 $T \sim t(n)$,则 T 的数学期望和方差为 $E(T) = 0, D(T) = n/(n-2)$,若 $n > 2$.

t 分布的密度函数 $f(x;n)$ 关于 $x = 0$ 对称,且

$$\lim_{|x| \to \infty} f(x;n) = 0.$$

当 n 充分大时,其图形类似于标准正态分布密

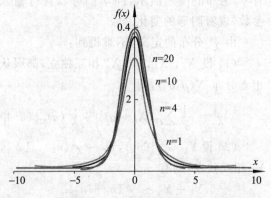

图 6.4　n 取不同值时 t 分布的概率密度函数曲线

度函数的图形. 事实上,利用 Γ 函数的性质可得

$$\lim_{n \to \infty} f(x;n) = \frac{1}{\sqrt{2\pi}} e^{-x^2/2},$$

故当 n 充分大时, t 分布近似于 $N(0,1)$ 分布. 但对于较小的 n, t 分布与 $N(0,1)$ 分布相差很大.

6.4.3　F 分布

F 分布是以统计学家费歇(R. A. Fisher) 姓氏的第一个字母命名的. 它的定义如下:

定义 3　设 $X \sim \chi^2(n_1)$, $Y \sim \chi^2(n_2)$, X 与 Y 相互独立,则称

$$F = \frac{X/n_1}{Y/n_2} \tag{6.6}$$

服从自由度为 n_1 及 n_2 的 F 分布, n_1 称为**第一自由度**, n_2 称为**第二自由度**,记作 $F \sim F(n_1, n_2)$.

按此定义,有

$$\frac{1}{F} = \frac{Y/n_2}{X/n_1} \sim F(n_2, n_1). \tag{6.7}$$

F 分布的密度函数为

$$f(x;n_1,n_2) = \begin{cases} \dfrac{\Gamma\left(\dfrac{n_1+n_2}{2}\right)}{\Gamma\left(\dfrac{n_1}{2}\right)\Gamma\left(\dfrac{n_1}{2}\right)} \left(\dfrac{n_1}{n_2}\right)\left(\dfrac{n_1}{n_2}x\right)^{\frac{n_1}{2}-1}\left(1+\dfrac{n_1}{n_2}x\right)^{-\frac{n_1+n_2}{2}} & \text{当 } x \geqslant 0 \\ 0 & \text{当 } x < 0 \end{cases}.$$

图 6.5 是 n_1, n_2 取不同值时 F 分布的概率密度函数曲线.(在配套光盘中有 F 分布的图形演示.)

自由度为 (n_1, n_2) 的 F 分布的数学期望为

$$E(X) = \frac{n_2}{n_2 - 2}, \quad \text{若 } n_2 > 2.$$

它的数学期望并不依赖于第一自由度 n_1.

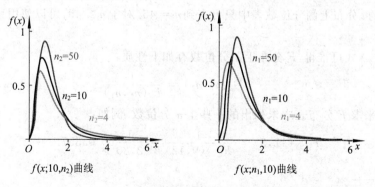

图 6.5　F 分布的概率密度曲线

6.4.4 概率分布的上侧分位数

在此,我们给出概率分布的上侧分位数[①]的概念,它在后面经常被用到.

定义 4 设 $0 < \alpha < 1$,对随机变量 X,称满足

$$P(X > x_\alpha) = \alpha \tag{6.8}$$

的实数 x_α 为 X 的概率分布的上 α 分位数(分位点).

按此定义,可给出正态分布、χ^2 分布、t 分布、F 分布的上 α 分位数的定义.例如,设 $U \sim N(0,1)$,$0 < \alpha < 1$,U 的上 α 分位数是满足

$$P(U > u_\alpha) = \alpha$$

的实数 u_α.其他分布的分位数,这里不再赘述,见图 6.6.

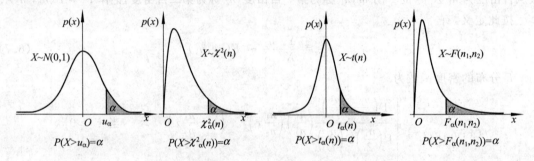

图 6.6 上 α 分位数示意

有关分位数的值可由附表中查到,需要注意的是:

(1) 书后的 χ^2 分布上侧分位数表中只可查到 $n = 45$,对于 $n > 45$,可以使用正态近似.一个较好的近似公式是

$$\chi^2_\alpha(n) \approx \frac{1}{2}\left(u_\alpha + \sqrt{2n-1}\right)^2, \tag{6.9}$$

其中 u_α 是标准正态分布的上 α 分位数.

(2) 书后的 t 分布上侧分位数表中只可查到 $n = 45$.对于 $n > 45$,可以使用正态近似:$t_\alpha(n) \approx u_\alpha$.

(3) 由(6.7)式可推得,F 分布上 α 分位数有如下性质:

$$F_{1-\alpha}(n_1, n_2) = \frac{1}{F_\alpha(n_2, n_1)}. \tag{6.10}$$

上式可用来求 F 分布表中未列出的一些上 α 分位数.例如:

$$F_{0.95}(12, 9) = \frac{1}{F_{0.05}(9, 12)} = \frac{1}{2.80} = 0.357.$$

[①] 有的教材使用的是"下侧分位数":设 $0 < \alpha < 1$,称满足 $P(X \leqslant x_\alpha) = \alpha$ 的 x_α 为 X 的概率分布的下 α 分位数.本书采用的是上侧分位数.

χ^2 分布、t 分布和 F 分布常被人们称为数理统计学中的三大分布.

如果使用计算机软件,可以方便地求出常见分布的分位数. 在辅导书中附录中,给出了如何用 R 软件得到分位数.

§6.5　正态总体的常用抽样分布

6.5.1　样本均值的抽样分布

假定 $X_1, \cdots, X_n$ 是来自正态总体 $N(\mu, \sigma^2)$ 的样本,$\overline{X}$ 为样本均值. 由于 $X_1, \cdots, X_n$ 独立且与总体同分布,故它们有相同的期望 μ 和方差 σ^2. 所以

$$E(\overline{X}) = \frac{1}{n} \sum_{i=1}^{n} E(X_i) = \mu, \tag{6.11}$$

$$D(\overline{X}) = \frac{1}{n^2} \sum_{i=1}^{n} D(X_i) = \frac{\sigma^2}{n}. \tag{6.12}$$

即 $\overline{X}$ 的期望与总体的期望相同,而方差则缩小为总体方差的 n 分之一. 称 $\sigma/\sqrt{n}$ 为均值的标准误差.

事实上,不论总体服从何种分布,只要 $X_1, \cdots, X_n$ 是从均值为 μ,方差为 σ^2 的总体中抽出的样本,(6.11) 式和 (6.12) 式均成立.

定理 1　设 $X_1, \cdots, X_n$ 是来自正态总体 $N(\mu, \sigma^2)$ 的样本,则有

$$\overline{X} \sim N(\mu, \sigma^2/n), \tag{6.13}$$

$$\frac{\overline{X} - \mu}{\sigma/\sqrt{n}} \sim N(0, 1). \tag{6.14}$$

6.5.2　样本方差的抽样分布

直接求样本方差 $S^2 = \dfrac{1}{n-1} \sum_{i=1}^{n} (X_i - \overline{X})^2$ 的抽样分布比较困难. 当总体为正态分布 $N(\mu, \sigma^2)$ 时,可以求得 $\dfrac{(n-1)S^2}{\sigma^2}$ 的分布的简单形式,这个分布就是 χ^2 分布. 具体表述如下.

定理 2　设 $X_1, \cdots, X_n$ 为来自正态总体 $N(\mu, \sigma^2)$ 的样本,$\overline{X}$ 和 S^2 分别为样本均值和样本方差,则

(1) $\dfrac{(n-1)S^2}{\sigma^2} \sim \chi^2(n-1)$; $\qquad\qquad\qquad\qquad\qquad\qquad$ (6.15)

(2) $\overline{X}$ 与 S^2 相互独立.

(此定理的证明超出本书范围.)

定理 3　设 $X_1, \cdots, X_n$ 是取自总体 $N(\mu, \sigma^2)$ 的样本,$\overline{X}$ 和 S^2 分别为样本均值和样本方差,

则

$$\frac{\overline{X} - \mu}{S/\sqrt{n}} \sim t(n-1). \tag{6.16}$$

证　由(6.14)式,知

$$\frac{\overline{X} - \mu}{\sigma/\sqrt{n}} \sim N(0,1).$$

再由(6.15)式,知

$$\frac{(n-1)S^2}{\sigma^2} \sim \chi^2(n-1).$$

且二者独立,由 t 分布定义知

$$\frac{\overline{X} - \mu}{\sigma/\sqrt{n}} \Big/ \sqrt{\frac{(n-1)S^2}{\sigma^2(n-1)}} \sim t(n-1),$$

化简即得(6.16)式.

6.5.3　两样本均值差的抽样分布

定理 4　设 $X_1, X_2, \cdots, X_{n_1}$ 是来自总体 $N(\mu_1, \sigma^2)$ 的样本,$Y_1, Y_2, \cdots, Y_{n_2}$ 是来自总体 $N(\mu_2, \sigma^2)$ 的样本,且两样本相互独立,$\overline{X}, \overline{Y}$ 分别是这两个样本的样本均值,S_1^2, S_2^2 分别是这两个样本的样本方差,则

$$\frac{(\overline{X} - \overline{Y}) - (\mu_1 - \mu_2)}{\sqrt{\dfrac{(n_1-1)S_1^2 + (n_2-1)S_2^2}{n_1 + n_2 - 2}} \sqrt{\dfrac{1}{n_1} + \dfrac{1}{n_2}}} \sim t(n_1 + n_2 - 2). \tag{6.17}$$

特别地,当 $n_1 = n_2 = n$ 时,上式成为

$$\frac{(\overline{X} - \overline{Y}) - (\mu_1 - \mu_2)}{\sqrt{\dfrac{S_1^2 + S_2^2}{n}}} \sim t(2n-2). \tag{6.18}$$

证　由本节定理 1,知

$$\overline{X} \sim N(\mu_1, \sigma^2/n_1), \quad \overline{Y} \sim N(\mu_2, \sigma^2/n_2),$$

因而

$$\overline{X} - \overline{Y} \sim N\left(\mu_1 - \mu_2, \sigma^2\left(\frac{1}{n_1} + \frac{1}{n_2}\right)\right),$$

标准化后

$$\frac{(\overline{X} - \overline{Y}) - (\mu_1 - \mu_2)}{\sigma\sqrt{\dfrac{1}{n_1} + \dfrac{1}{n_2}}} \sim N(0,1).$$

又

$$\frac{(n_1-1)S_1^2}{\sigma^2} \sim \chi^2(n_1 - 1), \quad \frac{(n_2-1)S_2^2}{\sigma^2} \sim \chi^2(n_2 - 1),$$

再由 χ^2 分布的可加性,知

$$\frac{(n_1-1)S_1^2}{\sigma^2}+\frac{(n_2-1)S_2^2}{\sigma^2}\sim\chi^2(n_1+n_2-2).$$

根据 t 分布的定义,知

$$\frac{\dfrac{(\overline{X}-\overline{Y})-(\mu_1-\mu_2)}{\sigma\sqrt{\dfrac{1}{n_1}+\dfrac{1}{n_2}}}}{\sqrt{\dfrac{(n_1-1)S_1^2+(n_2-1)S_2^2}{\sigma^2(n_1+n_2-2)}}}\sim t(n_1+n_2-2),$$

化简即得(6.17)式.

6.5.4　两样本方差比的抽样分布

定理 5　设 $X_1,X_2,\cdots,X_{n_1}$ 是来自总体 $N(\mu_1,\sigma_1^2)$ 的样本,$Y_1,Y_2,\cdots,Y_{n_2}$ 是取自 $N(\mu_2,\sigma_2^2)$ 的样本,且两样本相互独立,S_1^2,S_2^2 分别是这两个样本的样本方差,则

$$\frac{S_1^2/\sigma_1^2}{S_2^2/\sigma_2^2}\sim F(n_1-1,n_2-1). \tag{6.19}$$

证　因为

$$\frac{(n_1-1)S_1^2}{\sigma_1^2}\sim\chi^2(n_1-1),\quad\frac{(n_2-1)S_2^2}{\sigma_2^2}\sim\chi^2(n_2-1),$$

且两者相互独立,由 F 分布的定义,知

$$\frac{(n_1-1)S_1^2/\sigma_1^2(n_1-1)}{(n_2-1)S_2^2/\sigma_2^2(n_2-1)}\sim F(n_1-1,n_2-1),$$

化简即得(6.19)式.

§6.6　用随机模拟法求统计量的抽样分布

在一些实际应用场合,寻求统计量的精确抽样分布或其渐近分布并非易事. 在计算机已经获得广泛应用的今天,我们可以用随机模拟法来获得某些统计量的近似分布. 这种随机模拟法是基于下面的统计思想获得的.

设想有一个统计量 $T=T(X_1,X_2,\cdots,X_n)$,为了获得 T 的分布函数,我们连续做一系列类似试验. 每次试验从总体中抽取容量为 n 的样本,然后计算其统计量的值. 设想这种试验进行了很多次,比如进行了 N 次,得到统计量 T 的 N 个观察值 $T_1,T_2,\cdots T_N$. 根据这 N 个观察值可画出经验分布函数.

由格列汶科定理,这种经验分布函数是统计量 T(在样本容量 n 固定的条件下)的分布函数的一个很好的近似. 这种寻求统计量的方法是基于反复地从总体中抽样,在很多场合下是不可行的. 假如这种反复抽样过程可由计算机来模拟,那么这种方法的可行性就大大提高. 如用模拟方

法去求某个统计量的抽样分布或抽样分布的分位数.（配套光盘中的"模拟求抽样分布"试验有助于同学们了解如何用模拟方法求统计量的抽样分布.）

§6.7 综合应用举例

【例 1】 设 $X_1,\cdots,X_n$ 是取自正态总体 $N(\mu,\sigma^2)$ 的样本，$\overline{X}$ 和 S^2 分别表示样本均值和样本方差. 又有 $X_{n+1} \sim N(\mu,\sigma^2)$ 且与 $X_1,\cdots,X_n$ 相互独立（见图 6.7）. 试求下述统计量的分布：

(1) $\dfrac{X_{n+1} - \overline{X}}{S\sqrt{\dfrac{n+1}{n}}}$; (2) $\dfrac{(X_{n+1} - \overline{X})^2}{S^2\left(\dfrac{n+1}{n}\right)}$.

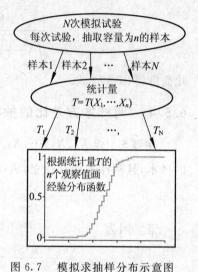

图 6.7 模拟求抽样分布示意图

解 (1) 依题意，

$$X_i \sim N(\mu,\sigma^2)(i=1,2,\cdots,n), \quad \overline{X} \sim N(\mu,\frac{\sigma^2}{n}).$$

已知 $X_{n+1} \sim N(\mu,\sigma^2)$，由于有限个独立正态变量的线性组合仍服从正态分布，故

$$X_{n+1} - \overline{X} \sim N\left(0,\frac{n+1}{n}\sigma^2\right), \qquad (6.20)$$

于是

$$\frac{X_{n+1} - \overline{X}}{\sigma\sqrt{\dfrac{n+1}{n}}} \sim N(0,1). \qquad (6.21)$$

又有

$$\frac{(n-1)S^2}{\sigma^2} \sim \chi^2(n-1),$$

且 $\dfrac{X_{n+1} - \overline{X}}{\sigma\sqrt{\dfrac{n+1}{n}}}$ 与 $\dfrac{(n-1)S^2}{\sigma^2}$ 相互独立，于是由 t 分布的定义，可知

$$\frac{X_{n+1} - \overline{X}}{\sigma\sqrt{\dfrac{n+1}{n}}}\Bigg/\sqrt{\frac{(n-1)S^2}{\sigma^2}\Big/(n-1)} = \frac{X_{n+1} - \overline{X}}{S\sqrt{\dfrac{n+1}{n}}}, \qquad (6.22)$$

具有自由度为 $n-1$ 的 t 分布.

(2) 由上面 (6.21) 式及 χ^2 分布的定义，

$$\frac{(X_{n+1} - \overline{X})^2}{\sigma^2\left(\dfrac{n+1}{n}\right)} \sim \chi^2(1).$$

又有

$$\frac{(n-1)S^2}{\sigma^2} \sim \chi^2(n-1),$$

且这两个 χ^2 分布的随机变量相互独立,于是由 F 分布的定义

$$\frac{\dfrac{(X_{n+1} - \overline{X})^2}{\sigma^2 \left(\dfrac{n+1}{n}\right)}}{\dfrac{(n-1)S^2}{\sigma^2} \Big/ (n-1)} = \frac{(X_{n+1} - \overline{X})^2}{S^2 \left(\dfrac{n+1}{n}\right)} \sim F(1, n-1).$$

【例 2】　设 $X_1, \cdots, X_n$ 是取自正态总体 $N(\mu, \sigma^2)$ 的样本,$\overline{X}$ 和 S^2 分别表示样本均值和样本方差,记 $S_n^2 = \displaystyle\sum_{i=1}^{n} (X_i - \overline{X})^2$,求 $E(X_1 S_n^2)$.

解　由 6.5 节定理 2,$\overline{X}$ 和 S^2 独立,又有 $E(\overline{X}) = \mu$,可以证明:$E(S^2) = \sigma^2$(见本章基本练习题 11),故

$$E(\overline{X}S^2) = E(\overline{X})E(S^2) = \mu\sigma^2.$$

而

$$E(\overline{X}S^2) = E\left[\left(\frac{1}{n} \sum_{i=1}^{n} X_i \right) \frac{1}{n-1} \sum_{i=1}^{n} (X_i - \overline{X})^2 \right]$$

$$= \frac{1}{n(n-1)} E\left[\left(\sum_{i=1}^{n} X_i \right) \sum_{i=1}^{n} (X_i - \overline{X})^2 \right],$$

即有

$$E\left[\left(\sum_{i=1}^{n} X_i \right) \sum_{i=1}^{n} (X_i - \overline{X})^2 \right] = n(n-1)\mu\sigma^2,$$

$$E(X_1 S_n^2) = E\left[X_1 \sum_{i=1}^{n} (X_i - \overline{X})^2 \right].$$

由于 $X_1, \cdots, X_n$ 同分布,故 $X_1 \displaystyle\sum_{i=1}^{n} (X_i - \overline{X})^2, \cdots, X_n \sum_{i=1}^{n} (X_i - \overline{X})^2$ 也同分布,有共同的数学期望,故

$$E(X_1 S_n^2) = \frac{1}{n} \left[n(n-1)\mu\sigma^2 \right] = (n-1)\mu\sigma^2.$$

基本练习题六

1. 总体的概念应该怎样理解?

2. 什么是简单随机样本? 如何抽样可得到简单随机样本?

3. 你会认为选修某门课程的学生是这个大学学生的一个简单随机样本吗? 为什么?

4. 在调查人群中去电影院看电影的比例时,调查者只询问了刚要进入某电影院的 10 个

人,这是一个简单随机样本吗?为什么?

5. 在研究某城市人口的年龄分布时,把全市每个人的年龄分别写在卡片上,把所有卡片都放进一个盒子里,搅拌均匀,并随机抽取 100 张,这是一个简单随机样本吗?

6. 举一例说明总体、样本和样本值的关系.

7. 人们通过试验可以观察到事件 A 发生的频率,但观察不到概率,这怎么去理解?

8. 从某工厂生产的一大批电子元件中抽取 200 个,发现有 2 个次品,因此,该厂生产的电子元件的次品率为 1‰. 这里使用的是归纳推理还是演绎推理?

9. 什么是统计量?为什么要引进统计量?为什么要求统计量中不含未知参数?

10. 设 $X_1, X_2, \cdots, X_n$ 是从正态总体 $N(\mu, \sigma^2)$ 中抽出的样本,μ 未知,$\sigma^2 > 0$ 已知,下列函数中哪一个不是统计量?

A. $T_1 = (X_1 - \mu)^2$;　　　　　　B. $T_2 = \dfrac{1}{n} \sum_{i=1}^{n} X_i$;

C. $T_3 = (X_1 + X_2)/\sigma$;　　　　D. $T_4 = \max(X_1, X_2, \cdots, X_n)$.

11. 设 $X_1, X_2, \cdots, X_n$ 是取自均值为 μ,方差为 σ^2 的总体的样本,$\overline{X}$ 和 S^2 分别表示样本均值和样本方差. 验证:

(1) $S^2 = \dfrac{1}{n-1} \left\{ \sum_{i=1}^{n} X_i^2 - n \overline{X}^2 \right\}$;

(2) $E(S^2) = \sigma^2$.

12. 设 $X_1, \cdots, X_6$ 是取自某总体的容量为 6 的样本,设样本观察值如下:

$$X_1 = 3, \ X_2 = 4, \ x_3 = 3.5, \ X_4 = 1, \ X_5 = 2, \ X_6 = 2.5.$$

写出经验分布函数.

13. 设 $X_1, X_2, \cdots, X_n$ 是来自总体 $\chi^2(n)$ 样本,求样本均值的期望和方差.

14. 设 $X_1, X_2, \cdots, X_{15}$ 为来自总体 $N(0, 2^2)$ 的简单随机样本,求随机变量

$$Y = \frac{X_1^2 + \cdots + X_{10}^2}{2(X_{11}^2 + \cdots + X_{15}^2)}$$

的分布.

15. 设两总体都具有正态分布 $N(0, 3^2)$,$X_1, \cdots, X_9$ 和 $Y_1, \cdots, Y_9$ 分别是来自两总体的样本,求统计量

$$U = \frac{X_1 + \cdots + X_9}{\sqrt{Y_1^2 + \cdots + Y_9^2}}$$

的分布.(提示:先对 X_i, Y_i 进行标准化处理,再利用 χ^2 分布,t 分布的定义.)

16. 设 $X_1, \cdots, X_4$ 是取自正态总体 $N(0, 2^2)$ 的简单随机样本,

$$X = a(X_1 - 2X_2)^2 + b(3X_3 - 4X_4)^2.$$

当 a 和 b 取何值时,统计量 X 服从 χ^2 分布?其自由度是多少?

17. 在研究某种植物的生长率时,出于收集数据的目的,一个植物学家计划用 25 株植物构

成一个简单随机样本.分析这些植物生长率数据后,该植物学家认为均值的标准误差太大,现要将其减少一半,该植物学家应该用多大容量的样本?

18. 设 $X_1, X_2, \cdots, X_n$ 是取自参数为 λ 的泊松总体的样本,求样本均值 $\overline{X}$ 的概率分布,数学期望 $E(\overline{X})$ 和方差 $D(\overline{X})$.

19. 设 X_1, X_2, X_3 是取自正态总体 $N(2, 3^2)$ 的样本,求 X_1, X_2, X_3 的联合密度函数.

20. 在总体 $N(52, 6.3^2)$ 中抽取一个容量为36的样本,求样本均值落在50.8到53.8之间的概率.

21. 求来自总体 $N(20, 3)$ 的容量分别为 $10, 15$ 的两独立样本均值差的绝对值大于0.3的概率.

22. 设 $X_1, X_2, \cdots, X_n$ 是取自 $N(0, 0.3^2)$ 的一个样本,求

$$P\left(\sum_{i=1}^{10} X_i^2 > 1.44\right).$$

23. 设在总体 $N(\mu, \sigma^2)$ 中抽取一容量为16的样本,这里 μ, σ^2 均为未知.

(1) 求 $P(S^2/\sigma^2 \leqslant 2.04)$,其中 S^2 为样本方差;

(2) 求 $D(S^2)$.

24. 一位研究工作者希望估计总体均值,他利用足够大的样本以95%的概率使得样本均值偏离总体均值不会超过标准差的25%,问他使用的样本容量最少取多大?

25. 从一正态总体中抽取容量为10的一个样本,若有2%的样本均值与总体均值之差的绝对值在4以上,试求总体的标准差.

26. 某灯泡厂生产的灯泡的平均寿命原为 2 000 h,标准差为 250 h.经过革新采用新工艺使平均寿命提高到 2 250 h,标准差不变.为了确认这一改革的成果,上级技术部门派人前来检查,办法如下:任意挑选若干只灯泡,如果这些灯泡的平均寿命超过 2 200 h,就正式承认改革有效,批准采用新工艺.问样本容量至少应取多大才能保证批准采用新工艺的概率不小于99%?

提高题六

1. 设 $X_1, X_2, \cdots, X_n$ 是取自某总体的样本,已知总体的 k 阶矩 $E(X^k) = a_k (k = 1, 2, 3, 4)$. 证明当 n 充分大时,随机变量

$$Z_n = \frac{1}{n}\sum_{i=1}^{n} X_i^2$$

近似服从正态分布,并指出分布中的参数.

2. 设 $X_1, X_2, \cdots, X_n$ 是取自 $(0, a)$ 上均匀分布的随机样本,求以下统计量的分布函数和概率密度函数:

(1) $U = \max(X_1, X_2, \cdots, X_n)$; (2) $V = \min(X_1, X_2, \cdots, X_n)$.

3. 设 $X_1, \cdots, X_9$ 是取自正态总体的样本,

$$Y_1 = (X_1 + \cdots + X_6)/6 \quad Y_2 = (X_7 + X_8 + X_9)/3,$$

$$S^2 = \frac{1}{2} \sum_{i=7}^{9} (X_i - Y_2)^2 \quad Z = \frac{\sqrt{2}(Y_1 - Y_2)}{S}.$$

证明统计量 Z 服从自由度为 2 的 t 分布.

4. 已知 $X \sim t(n)$,证明 $X^2 \sim F(1, n)$.

5. 一个容量为 5 的样本取自具有均值 $\mu = 2.5$,方差 $\sigma^2 = 36$ 的正态总体.

(1) 求样本方差位于 30 和 44 之间的概率.

(2) 求样本均值位于 1.3 和 1.5 之间,而样本方差位于 30 和 44 之间的概率.

6. 设 $X_1, \cdots, X_n$ 为来自总体 $N(0, \sigma^2)$ 的简单随机样本,$\overline{X}$ 为样本均值,记 $Y_i = X_i - \overline{X}$,$i = 1, 2, \cdots, n$. 求:

(1) Y_i 的期望 $E(Y_i)$ 和方差 $D(Y_i)$,$i = 1, 2, \cdots, n$;

(2) Y_1 与 Y_n 的协方差 $\mathrm{Cov}(Y_1, Y_n)$;

(3) $P(Y_1 + Y_n \leqslant 0)$.

第7章

参 数 估 计

本章介绍两种常用的参数估计方法：点估计和区间估计，点估计量的评选标准以及寻求点估计的矩估计法和最大似然估计法，置信区间和置信水平的概念，单、双侧置信区间以及寻求正态总体参数置信区间的方法.

§7.1 参数估计的概念

参数估计问题是统计推断的基本问题之一. 它的任务是根据从总体抽样得到的信息来估计总体的某些参数或者参数的某个函数.

例如，某地区若干年中每年夏季发生暴雨的次数 X 可以用泊松分布近似描述. 现在希望知道一个夏季发生 0 次、1 次、2 次或 3 次以上暴雨的概率，这就需要找出总体的概率分布. 而对于泊松分布，只要知道数学期望 λ，就可以完全确定其分布，但一般我们并不能确切知道 λ 的具体数值. 这里自然提出要求估计总体分布中的未知参数 λ 的问题. 类似的问题在实际中常会遇到. 例如，估计一种新的玉米杂交品种的收成；估计某地区计算机的销售量；估计某市大学生的就业率；估计一批显像管的平均寿命；选举前估计某候选人的支持率等.

在参数估计问题中，我们总是假定总体具有已知的分布形式，未知的仅仅是一个或几个参数. 而总体的真分布完全由这些参数所决定，因此通过估计参数可以估计总体的真分布. 但我们有时也感兴趣直接估计这些参数.

参数估计分为参数的**点估计**和**区间估计**.

参数点估计的一般提法是：

设有一个统计总体，总体分布中含有未知参数 θ（θ 可以是向量）. 现从该总体中抽样，得样本 $X_1,\cdots,X_n$，要依据该样本对参数 θ 作出估计，或估计 θ 的某个已知函数.

例如，为了估计 θ，我们需要构造出适当的统计量 $\hat{\theta}=\hat{\theta}(X_1,\cdots,X_n)$. 每当有了样本，就代入函数 $\hat{\theta}(X_1,\cdots,X_n)$ 算出一个值，用来作为 θ 的估计值. 为着这种特定目的而构造的统计量 $\hat{\theta}$ 叫做 θ 的**估计量**. 由于未知参数 θ 是数轴上的一个点，用 $\hat{\theta}$ 去估计 θ，等于用一个点去估计另一个点,所以这样的估计叫做点估计,以区别于后面要讨论的区间估计.

请注意,被估计的参数 θ 是一个未知常数,而估计量 $\hat{\theta}$ 是一个随机变量,是样本的函数.当样本取定后,$\hat{\theta}$ 是个已知的数值,这个数常被为 θ 的**估计值**.在后面的内容中,估计量和估计值这两个名词有时通称为估计,根据上下文可以明确它的意义.

§7.2　常用的点估计方法

寻求估计量的方法有多种,我们主要介绍两种常用的点估计方法.

7.2.1　矩估计法

矩估计法是英国统计学家 K. 皮尔逊在 19 世纪末提出的.它是基于一种简单的"替换"思想建立起来的一种估计方法.

设 $X_1,\cdots,X_n$ 是取自总体 $F(x;\theta)$ 的样本,记 $\mu_1,\cdots,\mu_k$ 为总体的前 k 阶矩,$A_1,\cdots,A_k$ 为相应的样本矩,则

$$\mu_j = E(X^j), \quad j = 1,2,\cdots,k,$$

$$A_j = \frac{1}{n}\sum_{i=1}^{n} X_i^j, \quad j = 1,2,\cdots,k.$$

我们知道,(总体)矩是描述随机变量的一类简单数字特征.由于样本来源于总体,样本矩在一定程度上反映了总体矩,而且由大数定律可知,随着样本容量 n 的增大,样本矩 $\frac{1}{n}\sum_{i=1}^{n} X_i^j$ 与总体矩 $E(X^j)$ 很接近的概率趋近于 1.因而自然想到用样本矩作为总体矩的估计,用样本矩的函数作为总体矩的函数的估计.例如,用样本均值估计总体均值,用样本方差估计总体方差,这种估计方法就称为**矩估计法**.

显然,应用矩估计法的前提条件是总体相应的各阶矩要存在.

下面我们举例说明这种方法.

【例 1】　设 $X_1,\cdots,X_n$ 是取自总体 $N(\mu,\sigma^2)$ 的样本,μ 和 σ^2 均未知,求 μ 和 σ^2 的矩估计.

解　总体一阶矩

$$\mu_1 = E(X) = \mu.$$

总体二阶中心矩

$$B_2 = \frac{1}{n}\sum_{i=1}^{n}(X_i - \overline{X})^2.$$

由矩估计法得 μ 和 σ^2 的矩估计量为

$$\hat{\mu} = \overline{X} \quad \hat{\sigma}^2 = \frac{1}{n}\sum_{i=1}^{n}(X_i - \overline{X})^2.$$

若得到取自该总体的一个容量为 10 的样本为

2.404，2.322，2.171，2.811，2.508，2.437，2.591，2.532，2.572，2.557，

将数据代入上面求得的估计量中，得到

$$\hat{\mu} = 2.490\ 5, \quad \hat{\sigma}^2 = 0.026\ 67.$$

（请看配套光盘中"新生儿的体重估计"，并进行其中的试验.）

【例 2】 设总体为 $[a,b]$ 上的均匀分布，$X_1, \cdots, X_n$ 是来自该总体的样本，其中 a,b 为未知参数，我们用矩法来求 a,b 的点估计.

解 由第 4 章的知识，可知总体的期望和方差分别是

$$E(X) = (a+b)/2, \quad D(X) = (b-a)^2/12.$$

由矩法，用样本矩去估计总体矩，建立方程

$$\begin{cases} \overline{X} = (a+b)/2 \\ \dfrac{1}{n} \sum_{i=1}^{n} (X_i - \overline{X})^2 = \dfrac{(b-a)^2}{12} \end{cases},$$

从中解得

$$\begin{cases} \hat{a} = \overline{X} - \sqrt{\dfrac{3}{n} \sum_{i=1}^{n} (X_i - \overline{X})^2} \\ \hat{b} = \overline{X} + \sqrt{\dfrac{3}{n} \sum_{i=1}^{n} (X_i - \overline{X})^2} \end{cases}.$$

$\hat{a}, \hat{b}$ 即为参数 a,b 的矩估计量.

矩法估计的优点是简便易行. 在使用矩法时，事先可以不知道总体的分布形式. 它的缺点是在总体分布类型已知的场合，没有充分利用分布提供的信息. 一般场合下，矩估计量不具有唯一性. 其主要原因在于建立矩法方程时，选取哪些总体矩用相应样本矩代替具有一定的随意性. 如泊松分布参数 λ 的矩估计量既可以是样本均值，又可以是样本方差.

7.2.2 最大似然估计法

最大似然估计法是在总体分布类型已知的情况下使用的一种参数估计方法，也是使用最多的一种求估计量的方法.

最大似然估计法首先是由德国数学家高斯在 1821 年提出的，然而这个方法常归功于英国统计学家费歇尔. 费歇尔在 1922 年重新发现了这一方法，并首先研究了这种方法的一些性质.

1. 最大似然估计法的基本思想

让我们来看两个例子.

【例 3】 某位同学与一位猎人一起外出打猎. 一只野兔从前方蹿过，只听一声枪响，野兔应声倒下. 如果要你推测这一发命中的子弹是谁打的，你会如何回答呢？

只发一枪便命中，猎人命中的概率一般会大于这位同学命中的概率. 看来这一枪是猎人射中的. 这里所作的推断是基于什么想法呢？

我们看到的结果是野兔被一枪命中，而且知道这一枪不是被猎人，就是被同学击中. 想知

道的是这一枪是来自同学还是猎人.那么,哪个原因使所看到的结果出现的可能性最大,我们就用它作为真实原因的估计.或者说,这个原因最有可能是真实原因.

这里所作的推断已经体现了最大似然法的基本思想.

【例4】 设有一大批产品,产品分为合格品与不合格品两类.用随机变量 X 表示随机抽查的 n 件产品中不合格的件数,则 X 具有二项分布 $B(n, p)$,其中 p 是未知的不合格率.(这里,由于产品数量很大,无放回抽取可看作有放回抽取.)

显然,X 的分布被参数 p 所唯一确定.设想我们事先知道 p 只有两种可能:要么 $p = 0.3$,要么 $p = 0.1$.现在,我们从该批产品中任意抽取 3 件,发现其中没有不合格品,此时应如何估计 p 的值?

解 任意抽取的 3 件产品中不合格的件数 $X \sim B(3, p)$,$p = 0.3$ 或 $p = 0.1$,且
$$P(X = k; p) = C_k^3 p^k (1 - p)^{3-k}, \quad k = 0, 1, 2, 3.$$
将 $p = 0.3$ 和 $p = 0.1$ 分别代入上式,计算结果列表如下:

p	$P(X = 0)$	$P(X = 1)$	$P(X = 2)$	$P(X = 3)$
0.1	0.729	0.243	0.027	0.001
0.3	0.343	0.441	0.189	0.027

从表中可以看出,当抽取 3 件,不合格品数为 0 时,估计 $p = 0.1$ 更合理,因为
$$P(X = 0; 0.1) > P(X = 0; 0.3).$$
当然,如果实测记录是 $X = 1$,自然应估计 $p = 0.3$,因为
$$P(X = 1; 0.3) > P(X = 1; 0.1).$$
同理,如果实测记录是 $X = 2$ 或 $X = 3$,都应估计 $p = 0.3$.

如果参数 p 有 m 种可能 $p_1, \cdots, p_m$ 供选择,抽取 n 件产品,不合格品出现 k 次 $(0 \leqslant k \leqslant n)$,我们计算一切可能的
$$P(X = k; p_i) = Q_i, \quad i = 1, 2, \cdots, m.$$
从中选取使 Q_i 最大的 p_i 作为 p 的估计.比方说,当 $i = i_0$ 时,$P(X = k; p_i)$ 最大,即有
$$P(X = k; p_{i0}) \geqslant P(X = k; p_i), i = 1, 2, \cdots, m$$
则估计参数 p 为
$$\hat{p} = p_{i0}.$$

此例告诉我们,当得到来自总体(参数未知)的一个样本,哪个参数值使得试验结果具有最大概率,我们就用这个参数值作为真参数的估计,因为这个值最有可能是真参数值,这就是最大似然法的基本思想.

2. 最大似然法的原理和步骤

我们先看两个例子.

【例5】 设 $x_1, x_2, \cdots, x_n$ 是取自参数为 λ 的泊松分布的一个样本值,求 λ 的估计值.

解 已知总体是泊松分布:

$$P(X = x) = \mathrm{e}^{-\lambda}\frac{\lambda^x}{x!}, \qquad x = 0, 1, 2, \cdots.$$

样本 $X_1, X_2, \cdots, X_n$ 的联合概率函数是:

$$p(x_1, x_2, \cdots, x_n) = P(X_1 = x_1, X_2 = x_2, \cdots, X_n = x_n)$$

$$= \prod_{i=1}^{n}\left(\mathrm{e}^{-\lambda}\frac{\lambda^{x_i}}{x_i!}\right) = \mathrm{e}^{-n\lambda}\prod_{i=1}^{n}\frac{\lambda^{x_i}}{x_i!} \tag{7.1}$$

由于我们已知样本取的值是 $x_1, x_2, \cdots, x_n$,而 λ 是未知的.根据最大似然法的思想,在求参数 λ 的估计值时,我们应选择使观察结果出现概率最大的参数值作为参数 λ 的估计.

将(7.1)式右端看作 λ 的函数,用 $L(\lambda)$ 表示,就有

$$L(\lambda) = \prod_{i=1}^{n}\left(\mathrm{e}^{-\lambda}\frac{\lambda^{x_i}}{x_i!}\right) = \mathrm{e}^{-n\lambda}\lambda^{\sum\limits_{i=1}^{n}x_i}\left(\prod_{i=1}^{n}x_i!\right)^{-1}.$$

称 $L(\lambda)$ 为似然函数。

最大似然估计法就是找 λ 的估计值 $\hat{\lambda} = \hat{\lambda}(x_1, x_2, \cdots, x_n)$ 使 $L(\lambda)$ 达到最大.由于 $L(\lambda)$ 与 $\ln L(\lambda)$ 在 λ 的同一值处达到它的最大值,取对数后,便于进行求导运算.于是对 $L(\lambda)$ 取对数,得对数似然函数

$$\ln L(\lambda) = -n\lambda + \left(\sum_{i=1}^{n}x_i\right)\ln \lambda - \sum_{i=1}^{n}\ln(x_i!).$$

将它对 λ 求导数,并令导数为 0,就有

$$0 = \frac{\mathrm{d}}{\mathrm{d}\lambda}\ln L(\lambda) = -n + \frac{1}{\lambda}\sum_{i=1}^{n}x_i.$$

解此方程,得到 λ 的最大似然估计量 $\hat{\lambda} = \frac{1}{n}\sum\limits_{i=1}^{n}X_i = \overline{X}$,即 λ 的最大似然估计量是样本均值.

将样本值代入,便得参数 λ 的最大似然估计值

$$\hat{\lambda} = \frac{1}{n}\sum_{i=1}^{n}x_i = \overline{x}.$$

【例6】 设 $X_1, X_2, \cdots, X_n$ 是取自正态总体 $N(\mu, \sigma^2)$ 的一个样本,求 μ 和 σ^2 的最大似然估计.

解 正态总体 $N(\mu, \sigma^2)$ 的概率密度函数是

$$f(x) = \frac{1}{\sqrt{2\pi}\sigma}\mathrm{e}^{\frac{(x-\mu)^2}{2\sigma^2}}.$$

$X_1, X_2, \cdots, X_n$ 的联合概率密度是:

$$f(x_1, x_2, \cdots, x_n) = \prod_{i=1}^{n}f(x_i; \mu, \sigma^2).$$

若得到样本观察值 $x_1, x_2, \cdots, x_n$,则因为随机点 $(X_1, X_2, \cdots, X_n)$ 落在点 $(x_1, x_2, \cdots, x_n)$ 的邻域(边长分别为 $\Delta x_1, \Delta x_2, \cdots, \Delta x_n$ 的 n 维立方体)内的概率近似等于

$$\prod_{i=1}^{n} f(x_i;\theta)\Delta x_i.$$

所以按最大似然法,应选参数 μ,σ^2 的值使此概率达到最大.因为 $\Delta x_i(i=1,2,\cdots,n)$ 与 μ,σ^2 无关,我们取似然函数为

$$L(\mu,\sigma^2) = \prod_{i=1}^{n} f(X_i;\mu,\sigma^2),$$

即似然函数为

$$L(\mu,\sigma^2) = \prod_{i=1}^{n} \frac{1}{\sqrt{2\pi}\sigma} \cdot e^{-\frac{(x_i-\mu)^2}{2\sigma^2}}$$

$$= \left(\frac{1}{2\pi\sigma^2}\right)^{\frac{n}{2}} \cdot e^{\frac{\sum_{i=1}^{n}(x_i-\mu)^2}{2\sigma^2}}.$$

将似然函数取对数,并令其关于 μ,σ^2 的一阶偏导数为零,即
$$\begin{cases} \dfrac{\partial \ln L(\mu,\sigma^2)}{\partial \sigma^2} = 0 \\ \dfrac{\partial \ln L(\mu,\sigma^2)}{\partial \mu} = 0 \end{cases}.$$

化简后得
$$\begin{cases} -\dfrac{n}{2\sigma^2} + \dfrac{1}{2(\sigma^2)^2}\sum_{i=1}^{n}(x_i-\mu)^2 = 0 \\ \dfrac{1}{\sigma^2}\sum_{i=1}^{n}(x_i-\mu) = 0 \end{cases}.$$

解此关于 μ,σ^2 的方程组,得 μ 和 σ^2 的最大似然估计量为:

$$\hat{\mu} = \overline{X} = \frac{1}{n}\sum_{i=1}^{n}X_i,$$

$$\hat{\sigma}^2 = \frac{1}{n}\sum_{i=1}^{n}(X_i-\overline{X})^2.$$

一般地,将样本值代入,便得参数 μ 和 σ^2 的最大似然估计值.

设总体分布为 $f(x;\theta)$(若总体为离散型,$f(x;\theta)$ 表示概率函数;若总体为连续型,$f(x;\theta)$ 表示概率密度函数),θ 为未知参数,$\theta \in \Theta$. $X_1,\cdots,X_n$ 为取自该总体的样本.由样本独立同分布的性质,可得它们的联合分布为

$$f(x_1;\theta)f(x_2;\theta)\cdots f(x_n;\theta).$$

用 $p(x_1,x_2,\cdots,x_n;\theta)$ 表示,就是

$$p(x_1,x_2,\cdots,x_n;\theta) = \prod_{i=1}^{n} f(x_i;\theta),$$

其中 θ 是参数,$x_1,x_2,\cdots,x_n$ 是自变量.实际问题中,样本值 $x_1,x_2,\cdots,x_n$ 是已知的常数,而 θ 是未知的,联系参数与样本值 $x_1,x_2,\cdots,x_n$ 的函数就是 $\prod_{i=1}^{n} f(x_i;\theta)$.对 θ 的种种推断,都是以它为基础的.把 $x_1,x_2,\cdots,x_n$ 看作常量,θ 看作自变量,用 $L(x_1,x_2,\cdots,x_n;\theta)$ 表示,称似然函数,简记为 $L(\theta)$,即

$$L(\theta) = L(x_1, x_2, \cdots, x_n; \theta) = \prod_{i=1}^{n} f(x_i; \theta). \tag{7.2}$$

从形式上看, $L(x_1, x_2, \cdots, x_n; \theta)$ 和 $p(x_1, x_2, \cdots, x_n; \theta)$ 是一样的, 但从自变量和参数来看, 它们是很不同的.

当已观察到 $x_1, x_2, \cdots, x_n$ 时, 若对不同的 $\theta_1, \theta_2 \in \Theta$, 有

$$L(x_1, x_2, \cdots, x_n; \theta_1) > L(x_1, x_2, \cdots, x_n; \theta_2)$$

则被估计的参数 θ 是 θ_1 的可能性, 要比它是 θ_2 的可能性大.

可见, 似然函数对不同 θ 的取值, 反映了在已知 $x_1, x_2, \cdots, x_n$ 的条件下, θ 取各种值的"似然程度"(与真参数值的相像程度). 显然, 应该用似然程度最大的 θ 值, 即满足:

$$L(x_1, \cdots, x_n; \hat{\theta}) = \max_{\theta \in \Theta} L(x_1, \cdots, x_n; \theta) \tag{7.3}$$

的 $\hat{\theta}$ 作为 θ 的估计值, 因为在已得样本 $x_1, x_2, \cdots, x_n$ 的条件下, 这个 $\hat{\theta}$"看来最像"是真参数值. 这个估计值 $\hat{\theta}$ 与样本 $x_1, x_2, \cdots, x_n$ 有关, 常记为 $\hat{\theta}(x_1, x_2, \cdots, x_n)$, 称作参数 θ 的**最大似然估计值**, 而相应的统计量 $\hat{\theta}(X_1, X_2, \cdots, X_n)$, 称作参数 θ 的**最大似然估计量**, 简记为 **MLE**.

最大似然估计法就是用使 $L(\theta)$ 达到最大值的 $\hat{\theta} = \hat{\theta}(x_1, x_2, \cdots, x_n)$ 去估计 θ.

因此, 求总体参数 θ 的最大似然估计值的问题就是求似然函数 $L(\theta)$ 的最大值点问题.

求似然函数 $L(\theta)$ 的最大值点, 可以应用微积分中的技巧. 当 $L(\theta)$ 是可微函数时, 通过求解所谓似然方程

$$\frac{\mathrm{d}L(\theta)}{\mathrm{d}\theta} = 0 \tag{7.4}$$

得到.

由于 $\ln x$ 是 x 的增函数, $\ln L(\theta)$ 与 $L(\theta)$ 在 θ 的同一值处达到它的最大值. 此时, 常将方程(7.4)换成下面的方程:

$$\frac{\mathrm{d}\ln L(\theta)}{\mathrm{d}\theta} = 0. \tag{7.5}$$

方程(7.4)或(7.5)的解 $\hat{\theta}$ 就是参数 θ 的最大似然估计.

如果方程(7.5)有唯一解, 又能验证它是一个极大值点, 则它必是所求的最大似然估计. 有时, 直接用(7.5)式行不通, 必须回到原始的定义式(7.3).

若总体分布中含有多个未知参数 $\theta_1, \cdots, \theta_k$, 似然函数 L 是这些参数的多元函数 $L(\theta_1, \cdots, \theta_k)$. 代替方程(7.5), 我们有似然方程组

$$\frac{\partial(\mathrm{Ln}\, L)}{\partial \theta_i} = 0, i = 1, 2, \cdots, k. \tag{7.6}$$

这个方程组的解 $\hat{\theta}_1, \cdots, \hat{\theta}_k$ 分别是参数 $\theta_1, \cdots, \theta_k$ 的最大似然估计.

前面说过, 矩法对总体分布类型已知或未知都适用, 但最大似然估计法仅当分布类型已知时才能使用.

【例 7】 设电视机首次故障时间 X 服从指数分布,其概率密度为

$$f(x) = \begin{cases} \lambda e^{-\lambda x} & \text{当 } x > 0 \\ 0 & \text{当 } x \leqslant 0 \end{cases}.$$

共试验了 7 台电视机,相应的首次故障时间为(单位:万小时):

$$0.26, \ 1.49, \ 3.65, \ 4.25, \ 5.43, \ 6.97, \ 8.09.$$

求参数 λ 的最大似然估计值.

解 由题目所设条件,可得似然函数为

$$L(\lambda) = \prod_{i=1}^{n} (\lambda e^{-\lambda x_i}) = \lambda^n e^{-\lambda \sum_{i=1}^{n} x_i} = \lambda^n e^{-\lambda n \bar{x}}.$$

对数似然函数为

$$\ln L(\lambda) = n \ln \lambda - \lambda n \bar{x}.$$

将它对 λ 求导数,并令导数为 0,得方程

$$0 = \frac{\mathrm{d} \ln L(\lambda)}{\mathrm{d}\lambda} = \frac{n}{\lambda} - n\bar{x} = \frac{n}{\lambda}(1 - \lambda\bar{x}).$$

解此方程,得 λ 的最大似然估计量为

$$\hat{\lambda} = \frac{1}{\bar{X}}.$$

将本例的数据代入,得 λ 的最大似然估计值是

$$\hat{\lambda} = 0.232.$$

【例 8】 设 $X_1, X_2, \cdots, X_n$ 是取自均匀分布 $U[0, \theta]$ 的一个样本,求 θ 的最大似然估计量.

解 总体的概率密度为

$$f(x) = \begin{cases} \dfrac{1}{\theta} & \text{当 } 0 \leqslant x \leqslant \theta \\ 0 & \text{其他} \end{cases}.$$

故似然函数为

$$L(\theta) = \begin{cases} \theta^{-n} & \text{当 } 0 \leqslant x_i \leqslant \theta \\ 0 & \text{其他} \end{cases} \quad (i = 1, 2, \cdots, n).$$

由于 $\dfrac{\mathrm{d}}{\mathrm{d}\theta} \ln L(\theta) = -\dfrac{n}{\theta} \neq 0$,故无法使用似然方程(7.4),我们直接求 $L(\theta)$ 的最大值点:为使 $L(\theta)$ 达到最大,θ 必须尽量小,但又不能太小以至 $L(\theta)$ 为 0. 这个界限就在 $\hat{\theta} = \max(X_1, X_2, \cdots, X_n)$ 处:当 $\theta \geqslant \hat{\theta}$ 时,$L(\theta) > 0$ 且为 θ^{-n},当 $\theta < \hat{\theta}$ 时,$L(\theta)$ 为 0(参见图 7.1). 故唯一使 $L(\theta)$ 达到最大的 θ 值,即 θ 的最大似然估计量,是 $\hat{\theta} = \max(X_1, X_2, \cdots, X_n)$.

【例 9】 **(过敏反应比例的测定)** 为了弄清人体对某种新药有多大比例的过敏反应,对 2 000 人进行了调查.有 17 人呈过敏反应,其他人都正常,应如何估计过敏反应的人所占的比例?

解 这个比例是客观存在的常数,用 θ 表示它,其取值在 $(0,1)$ 内.随机抽查一个人进行测试,此人有过敏反应的概率是 θ,无过敏反应的概率是 $1 - \theta$.令 X 表示测试一人"有过敏反应"

发生的次数,X 具有 $0-1$ 分布. 测试 2 000 个人是否有过敏反应,可看作从 $0-1$ 分布中抽取容量为 2 000 的样本 X_1, $X_2,\cdots,X_{2\,000}$,总体的分布是

$$f(x;\theta) = \theta^x (1-\theta)^{1-x}, \quad x = 0,1.$$

似然函数是

$$L(\theta) = \prod_{i=1}^{2\,000} \theta^{x_i} (1-\theta)^{1-x_i}$$

$$= \theta^{2\,000\bar{x}} (1-\theta)^{2\,000(1-\bar{x})}. \quad \left(\bar{x} = \frac{1}{2\,000}\sum_{i=1}^{2\,000} x_i\right)$$

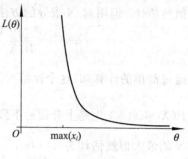

图 7.1 $(1/\theta)^n$ 的图形

对 $L(\theta)$ 取对数,再对 θ 求导数,并令导数为 0,得方程

$$\theta = \frac{\mathrm{d}\ln L(\theta)}{\mathrm{d}\theta} = \frac{2\,000}{\theta}\bar{x} - \frac{2\,000}{1-\theta}(1-\bar{x}).$$

解此方程,得 θ 的最大似然估计量

$$\hat{\theta} = \overline{X} = \frac{1}{2\,000}\sum_{i=1}^{2\,000} X_i.$$

注意到 x_i 只取 0 和 1,因此 $\sum\limits_{i=1}^{2\,000} X_i$ 就是 2 000 个人中"有过敏反应"的人数. 由假设知 $\sum\limits_{i=1}^{2\,000} X_i = 17$,因此 θ 的最大似然估计值是:

$$\hat{\theta} = 17/2\,000 = 0.008\,5 = 0.85\%.$$

这里的结论实际上就是用频率估计概率.

也许有人会问:用频率估计概率,不用学数理统计也能想到,何必花这么大周折,求似然函数、对数似然函数,再求导等,才得到这么明显的结论. 事实上,实际中遇到的问题大多数都不像本例这么简单,单凭直觉是难以估计的. 而最大似然估计法对每一个问题,不论分布形式如何,参数有多少个,都能用统一的方法,按一定的步骤求出估计. 对本例这种简单情形,用最大似然估计法导出的估计与人们的直觉是一致的,这表明最大似然估计的确反映了比人们的直觉更深刻的规律,是由经验上升到理性认识.

【例 10】 (估计湖中鱼数)湖中有鱼,其数 N 不知. 现在我们来想一个办法,能将湖中的鱼数大致估计出来.

我们先捕出 r 条鱼,做上记号后放回湖中(设记号不消失),让湖中的鱼充分混合后,再从湖中捕出 s 条鱼,其中有 k 条($0 \leqslant k \leqslant r$)标有记号,根据此信息就可以估计湖中鱼数. 想想为什么?

第二次捕出的有记号的鱼数 X 是随机变量,且 X 服从超几何分布,

$$P(X = k) = \frac{C_r^k C_{N-r}^{s-k}}{C_N^s}.$$

运用最大似然估计思想,寻找 N,使 $P(X = k)$ 达到最大.

把上式右端看作 N 的函数,记作 $L(N;k)$. 应取使 $L(N;k)$ 达到最大的 N,作为 N 的最大似然估计. 但用对 N 求导的方法相当困难,我们考虑比值

$$\frac{P(X=k;N)}{P(X=k;N-1)} = \frac{(N-s)(N-r)}{N(N-r-s+k)},$$

通过简单的计算知:这个比值大于或小于 1,由 $N < \frac{sr}{k}$ 或 $N > \frac{sr}{k}$ 而定. 即当 N 增大时,序列

$P(X=k;N)$ 先是上升而后下降;当 N 为不超过 $\frac{sr}{k}$ 的最大整数时,达到最大值. 故湖中鱼数 N 的最大似然估计为

$$\hat{N} = \left[\frac{sr}{k}\right].$$

这里 $[x]$ 表示不超过 x 的最大整数.

(配套光盘中的"湖中鱼数估计"试验就是用这种方法进行估计的.)

可以证明最大似然估计具有下述性质:设 θ 的函数 $g(\theta)$ 是 Θ 上的实值函数,且有唯一反函数. 如果 $\hat{\theta}$ 是 θ 的最大似然估计,则 $g(\hat{\theta})$ 也是 $g(\theta)$ 的最大似然估计. 这个性质称作**最大似然估计的不变性**.

例如,在本节例 5 中,我们已求得参数的最大似然估计是 $\hat{\lambda} = \bar{x}$,现在要求 $\tau = 1/\lambda$ 的最大似然估计,应用上述性质可得 τ 的最大似然估计是 $\hat{\tau} = 1/\hat{\lambda} = \frac{1}{\bar{x}}$.

§7.3　点估计的优良性准则

对于总体分布中的同一个参数,可以用不同的方法去估计,所得的估计量也可能不同. 于是就会问,哪一个好呢?这就需要建立评价好坏的标准,下面介绍几种常用的评价估计量优良性的准则.

在介绍这几个准则前,我们必须强调指出:评价一个估计量的好坏,不能仅仅依据一次试验的结果,而必须由多次试验结果来衡量,这是因为估计量是样本的函数,是随机变量. 因此,由不同的观测结果,就会求得不同的参数估计值. 因此,一个好的估计应在多次试验中体现出优良性. 常用的三条标准是:无偏性、有效性和相合性. 下面我们逐一加以介绍.

7.3.1　无偏性

设 $\hat{\theta} = \hat{\theta}(X_1, \cdots, X_n)$ 是参数 θ 的一个估计量,$\hat{\theta}$ 作为随机变量,其取值(估计值)随样本的不同而不同. 我们希望估计值在未知参数真值附近摆动,而它的期望值等于未知参数的真值,这就引出无偏性这个标准.

定义 1　设 $\hat{\theta}(X_1, \cdots, X_n)$ 是未知参数 θ 的估计量,若对 θ 的所有可能取值,都有

$$E(\hat{\theta}) = \theta, \tag{7.7}$$

则称 $\hat{\theta}$ 为 θ 的**无偏估计**.

一个估计量如果不是无偏的就称为**有偏估计**.

估计量的无偏性有两个含义:

一个含义是没有系统性的偏差. 例如, 你到肉店去买一公斤肉, 一般不会恰好就是 1 公斤, 多少总有些误差. 可是, 如果所用的秤在刻度上和其他方面无问题, 误差只是由于操作上和其他种种人不能控制的随机因素所引起. 那么, 如果你每天都到该店去买 1 公斤肉, 且售货员总是用同一个秤, 则情况将会是: 有时你买到的肉有 1 公斤多一点, 有时又少一点. 就一个较长时期而言, 平均每天你买到 1 公斤肉. 在此, 无偏性的要求相应于秤没有系统误差. 但随机误差总是存在的, 因此无偏估计不等于在任何时候都给出正确无误的估计.

另一个含义可结合大数定律(见第 5 章定理 2)引申出来. 设我们每天把这个估计量 $\hat{\theta}(X_1, \cdots, X_n)$ 用一次, 第 i 天的样本记作

$$(X_1^{(i)}, \cdots, X_n^{(i)}), i = 1, 2, \cdots, N,$$

由大数定律, 当 $N \to \infty$ 时, 各次估计的平均 $\frac{1}{N} \sum_{i=1}^{N} \hat{\theta}(X_1^{(i)}, \cdots, X_n^{(i)})$ 依概率收敛到被估计的值 θ. 所以, 如果估计量有无偏性, 则在大量使用取平均时, 能以接近于 1 的概率无限逼近被估计的参数值.

【**例 1**】 设 $X_1, X_2, \cdots, X_n$ 是取自某总体的样本, 设总体的均值为 μ, 则样本均值 $\overline{X}$ 是总体均值 μ 的无偏估计,

证: $X_1, X_2, \cdots, X_n$ 与总体同分布, $E(X_i) = \mu, i = 1, 2, \cdots, n$, 从而有

$$E(\overline{X}) = \frac{1}{n} \sum_{i=1}^{n} E(X_i) = \frac{n\mu}{n} = \mu.$$

可见, 不论总体服从何种分布, 样本均值是总体均值的无偏估计.

【**例 2**】 设 $X_1, X_2, \cdots, X_n$ 是取自某总体的样本, 设总体的均值为 μ, 方差为 σ^2, 则样本方差

$$S^2 = \frac{1}{n-1} \sum_{i=1}^{n} (X_i - \overline{X})^2$$

是总体方差 σ^2 的无偏估计.

证 $S^2 = \frac{1}{n-1} \sum_{i=1}^{n} (X_i - \overline{X})^2$

$$= \frac{1}{n-1} \sum_{i=1}^{n} (X_i^2 - 2X_i\overline{X} + \overline{X}^2) = \frac{1}{n-1} \Big[\sum_{i=1}^{n} X_i^2 - 2 \sum_{i=1}^{n} X_i\overline{X} + \sum_{i=1}^{n} \overline{X}^2 \Big].$$

注意到 $\sum_{i=1}^{n} X_i\overline{X} = n\overline{X} \sum_{i=1}^{n} X_i/n = n\overline{X}^2$,

故 $$S^2 = \frac{1}{n-1} \Big[\sum_{i=1}^{n} X_i^2 - n\overline{X}^2 \Big];$$

$$E(S^2) = \frac{1}{n-1}\Big[\sum_{i=1}^{n}E(X_i^2) - nE(\overline{X}^2)\Big].$$

再由 $\qquad E(X_i^2) = D(X_i) + [E(X_i)]^2 = \sigma^2 + \mu^2,$

$$E(\overline{X}^2) = D(\overline{X}) + [E(\overline{X})]^2 = \frac{\sigma^2}{n} + \mu^2,$$

最后得

$$E(S^2) = \frac{1}{n-1}\Big[n(\sigma^2 + \mu^2) - n(\frac{\sigma^2}{n} + \mu^2)\Big].$$
$$= \frac{(n-1)\sigma^2}{n-1} = \sigma^2.$$

即样本方差是总体方差的无偏估计.

但样本二阶中心矩

$$B_2 = \frac{1}{n}\sum_{i=1}^{n}(X_i - \overline{X})^2$$

却不是 σ^2 的无偏估计,可以计算得

$$E(B_2) = \frac{n-1}{n}\sigma^2.$$

在 $n \geqslant 2$ 时,$B_2 < S^2$,因此,用 B_2 估计总体方差 σ^2 时有偏小的倾向. 所以在一般应用中,常用 S^2 估计总体方差.

需要说明的是:

(1) 当样本量趋于无穷大时,有 $E(B_2) = \frac{n-1}{n}\sigma^2 \rightarrow \sigma^2$,称 B_2 为 σ^2 的渐近无偏估计. 这表明,当样本量较大时,样本二阶矩可以近似看作总体方差的无偏估计.

(2) 在小样本场合,需使用 S^2 估计总体方差.

注意:尽管 S^2 是 σ^2 的无偏估计,但 S 并不是 σ 的无偏估计.

无偏性是对估计量的一个常见而重要的要求. 它的实际意义是指没有系统性的偏差(系统误差). 例如,用样本均值 $\overline{X}$ 作为总体均值 μ 的估计时,虽无法说明一次估计所产生的误差,但这个误差 $\overline{X} - \mu$ 随机地在 0 的周围波动,对同一统计问题大量重复使用不会产生系统误差.

7.3.2 有效性

同一个参数可以有不止一个无偏估计,如何比较它们的好坏呢?考察无偏的定义(7.6)式,它等价于 $E(\hat{\theta} - \theta) = 0$,通常称 $\hat{\theta} - \theta$ 为**随机误差**. 满足无偏性说明从平均的意义上,正负误差相互抵消,但这并不说明随机误差很小. 当随机误差很大时,得到的无偏估计值并不令人放心. 而 $E(\hat{\theta} - \theta)^2$ 衡量了随机误差大小,设 $\hat{\theta}_1$ 和 $\hat{\theta}_2$ 都是参数 θ 的无偏估计量,由于

$$D(\hat{\theta}_1) = E(\hat{\theta}_1 - \theta)^2 \quad D(\hat{\theta}_2) = E(\hat{\theta}_2 - \theta)^2,$$

方差越小说明随机变量取值在期望附近的波动越小. 若 $D(\hat{\theta}_1) < D(\hat{\theta}_2)$,说明 $\hat{\theta}_1$ 比 $\hat{\theta}_2$ 更集中在

θ 的附近. 所以无偏估计以方差小者为好，这就引出有效性这个标准.

定义 2　设 $\hat{\theta}_1 = \hat{\theta}_1(X_1, X_2, \cdots, X_n)$ 和 $\hat{\theta}_2 = \hat{\theta}_2(X_1, X_2, \cdots, X_n)$ 都是参数 θ 的无偏估计量，若对 θ 的所有可能取值，都有

$$D(\hat{\theta}_1) < D(\hat{\theta}_2),$$

则称 $\hat{\theta}_1$ 较 $\hat{\theta}_2$ **有效**.

在数理统计中常用到最小方差无偏估计，它的定义如下.

定义 3　设 $\hat{\theta} = \hat{\theta}(X_1, \cdots, X_n)$ 是未知参数 θ 的一个估计量，若 $\hat{\theta}$ 满足：

(1) $E(\hat{\theta}) = \theta$，即 $\hat{\theta}$ 为 θ 的无偏估计；

(2) $D(\hat{\theta}) \leqslant D(\hat{\theta}^*)$，对一切 θ 成立，$\hat{\theta}^*$ 是 θ 的任一无偏估计.

则称 $\hat{\theta}$ 为 θ 的**最小方差无偏估计**（也称**最佳无偏估计**）.

7.3.3　相合性

估计量 $\hat{\theta} = \hat{\theta}(X_1, \cdots, X_n)$ 与样本容量也有关系. 我们自然希望随着样本容量的增大，估计量的值越来越趋向于被估计参数的真值. 这就引出相合性这一标准.

定义 4　设 $\hat{\theta} = \hat{\theta}(X_1, \cdots, X_n)$ 为参数 θ 的估计量. 若对 θ 的所有可能取值，都有对任意的 $\varepsilon > 0$，

$$\lim_{n \to \infty} P\{|\hat{\theta} - \theta| < \varepsilon\} = 1,$$

而且这对 θ 的一切可能取值都成立，则称 $\hat{\theta}$ 是参数 θ 的一个**相合估计**，也称**一致估计**.

【例 3】　设 $X_1, X_2, \cdots, X_n$ 是取自均值为 μ 的总体的样本，证明样本均值 $\overline{X}$ 是 μ 的相合估计.

证　由大数定律，对任给的 $\varepsilon > 0$，

$$\lim_{n \to \infty} P\{|\overline{X} - \mu| < \varepsilon\} = 1,$$

即样本均值 $\overline{X}$ 依概率收敛于总体均值 μ，故样本均值 $\overline{X}$ 是总体均值 μ 的相合估计.

若总体方差为 σ^2，还可以证明，样本二阶中心矩 $B_2 = \dfrac{1}{n} \sum\limits_{i=1}^{n} (X_i - \overline{X})^2$ 和样本方差 $S^2 = \dfrac{1}{n-1} \sum\limits_{i=1}^{n} (X_i - \overline{X})^2$ 都是 σ^2 的相合估计。

相合性是对一个估计量最基本的要求. 如果一个估计量没有相合性，那么不论样本取多大，我们也不可能把未知参数估计到预定的精度，这种估计量显然是不可取的.

请同学们进行"估计量的优良性"试验（在配套光盘中），进一步理解上面介绍的估计量优良性的三条标准.

§7.4　区　间　估　计

参数点估计是用样本算得的一个值去估计未知参数 θ. 但是，点估计值仅仅是未知参数 θ 的一个近似值，它没有反映出这个近似值的误差范围，使用起来把握不大. 区间估计正好弥补了点估计的这个缺陷.

例如,在估计湖中鱼数的问题中,若我们根据一个实际样本,得到鱼数 n 的最大似然估计为 1 000 条.实际上,n 的真值可能大于 1 000 条,也可能小于 1 000 条.若我们能给出一个区间,在此区间内我们合理地相信 n 的真值位于其中,这样对鱼数的估计就有把握多了.也就是说,我们希望确定一个区间,使得能以比较高的可靠程度相信它包含真参数值.

7.4.1　置信区间的概念

我们先看一个例子.

【例1】　假定我们要估计一物体的长度 a,设 $X_1, \cdots, X_n$ 是 a 的 n 次测量值,测量值受到随机波动的影响,可以认为

$$X_i = a + \varepsilon_i, \quad \varepsilon_i \sim N(0, \sigma^2), \quad i = 1, 2, \cdots, n.$$

这里 $\varepsilon = (\varepsilon_1, \varepsilon_2, \cdots, \varepsilon_n)$ 是误差向量,$\varepsilon_1, \varepsilon_2, \cdots, \varepsilon_n$ 相互独立.

我们用 n 次测量的平均值 $\overline{X}$ 去估计真参数值 a,这是点估计.现在我们希望有相当的把握断定 a 在一定的范围内.也就是说,希望确定一个区间,使我们能以比较高的可靠程度相信它包含 a.由于 $\overline{X} \sim N(a, \sigma^2/n)$,所以由 3 倍标准差准则,应有

$$P\left\{\left|\overline{X} - a\right| \leqslant 3\frac{\sigma}{\sqrt{n}}\right\} \geqslant 0.997\ 3.$$

这表示有不小于 0.9973 的概率保证不等式

$$|\overline{X} - a| \leqslant 3\frac{\sigma}{\sqrt{n}}$$

成立.或者说,能以 99.73% 以上的概率保证随机区间 $\left[\overline{X} - 3\frac{\sigma}{\sqrt{n}}, \overline{X} + 3\frac{\sigma}{\sqrt{n}}\right]$ 包含 a(后面将解释其含义).0.9973 称为**置信水平**(也称**置信概率**或**置信度**),$\left[\overline{X} - 3\frac{\sigma}{\sqrt{n}}, \overline{X} + 3\frac{\sigma}{\sqrt{n}}\right]$ 称为 a 的置信水平为 0.9973 的**置信区间**.当然,我们也可以由

$$P\left\{|\overline{X} - a| \leqslant 1.96\frac{\sigma}{\sqrt{n}}\right\} \geqslant 0.95,$$

得出置信水平为 0.95 的置信区间.

下面我们正式给出置信区间的定义.

定义1　设 θ 是一个待估的参数,给定一个很小的正数 $\alpha > 0$,若由样本 $X_1, \cdots, X_n$ 确定的两个统计量 $\hat{\theta}_1 = \hat{\theta}_1(X_1, \cdots, X_n)$,$\hat{\theta}_2 = \hat{\theta}_2(X_1, \cdots, X_n)(\hat{\theta}_1 < \hat{\theta}_2)$ 满足

$$P\{\hat{\theta}_1 \leqslant \theta \leqslant \hat{\theta}_2\} \geqslant 1 - \alpha, \tag{7.8}$$

则称随机区间 $[\hat{\theta}_1, \hat{\theta}_2]$ 是 θ 的置信水平为 $1 - \alpha$ 的**置信区间**,称 $\hat{\theta}_1, \hat{\theta}_2$ 分别为**置信下限**和**置信上限**.

置信水平 $1 - \alpha$ 的大小可根据实际需要选定,一般常取置信水平 $1 - \alpha = 0.99, 0.95, 0.90$ 等.

可见,对参数 θ 做区间估计,就是要设法找出两个只依赖于样本的界限(构造统计量):

$$\hat{\theta}_1 = \hat{\theta}_1(X_1, \cdots, X_n) \text{ 和 } \hat{\theta}_2 = \hat{\theta}_2(X_1, \cdots, X_n),$$

一旦有了样本,就把 θ 估计在区间 $[\hat{\theta}_1, \hat{\theta}_2]$ 内.

这里有两个要求:

(1)要求 θ 以很大的可能被包含在随机区间 $[\hat{\theta}_1, \hat{\theta}_2]$ 内.就是说,概率 $P\{\hat{\theta}_1 \leqslant \theta \leqslant \hat{\theta}_2\}$ 要尽可能大;

(2)估计的精度要尽可能高.比方说,要求区间的长度 $\hat{\theta}_2 - \hat{\theta}_1$ 尽可能短,或某种能体现该要求的其他准则.

例如,估计一个人的体重在某一区间内,如在 $[60, 70]$(单位:kg)内.我们要求这个估计尽量可靠,即有很大的把握相信此人的体重在这个范围内.同时,也要求这个区间不能太长,区间长了,可靠度提高了,但精度也差了.这是一对矛盾.一般是在保证可靠度的条件下,尽量提高精度.

7.4.2　寻求置信区间的方法和步骤

下面通过一例说明如何求置信区间.

【例2】　设 $X_1, \cdots, X_n$ 是取自正态总体 $N(\mu, \sigma^2)$ 的样本,σ^2 已知,求参数 μ 的置信水平为 $1-\alpha$ 的置信区间.

解　先找一个 μ 的良好的点估计,可选样本均值 $\overline{X}$,它是 μ 的无偏估计.由总体为正态可知,

$$U = \frac{\overline{X} - \mu}{\sigma/\sqrt{n}} \sim N(0,1). \tag{7.9}$$

U 的密度函数 $f(u)$ 不依赖于任何未知参数.

由标准正态分布的上 α 分位数的定义可知(见图 7.2),

$$P\left\{ \left| \frac{\overline{X} - \mu}{\sigma/\sqrt{n}} \right| \leqslant u_{\alpha/2} \right\} = 1 - \alpha,$$

即

$$P\left\{ \overline{X} - \frac{\sigma}{\sqrt{n}} u_{\alpha/2} \leqslant \mu \leqslant \overline{X} + \frac{\sigma}{\sqrt{n}} u_{\alpha/2} \right\} = 1 - \alpha. \tag{7.10}$$

这样,我们就得到了 μ 的一个置信水平为 $1-\alpha$ 的置信区间

$$\left[\overline{X} - \frac{\sigma}{\sqrt{n}} u_{\alpha/2}, \overline{X} + \frac{\sigma}{\sqrt{n}} u_{\alpha/2} \right]. \tag{7.11}$$

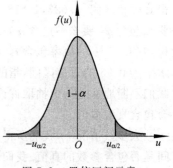

图 7.2　置信区间示意

也可写作

$$\overline{X} \pm \frac{\sigma}{\sqrt{n}} u_{\alpha/2}.$$

需要注意的是:被估计的参数 μ 虽然未知,但它是一个常数,没有随机性;而区间则是随机的.若反复抽样多组(每组样本容量都是 n),每组都计算区间 $\left[\overline{X} - \frac{\sigma}{\sqrt{n}} u_{\alpha/2}, \overline{X} + \frac{\sigma}{\sqrt{n}} u_{\alpha/2} \right]$,则

有时它包含 μ,有时不包含 μ.当抽样组数充分大时,包含 μ 的频率接近于置信水平.

下面用一例对此加以直观说明.

【例3】 设某地区男性成年人的身高 X(单位:m)服从正态分布 $N(\mu,0.1^2)$,均值 μ 未知,标准差已知为 0.1m. 现随机选取 4 人,测得身高为 X_1、X_2,X_3,X_4. 用前述方法可计算得 μ 的置信水平为 95% 的区间估计是

$$[\overline{X}-0.098,\overline{X}+0.098],$$

其中 $\overline{X}$ 为样本均值.

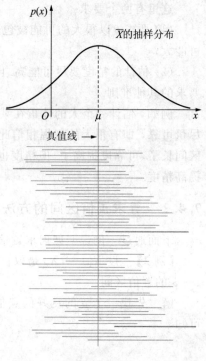

我们说,这个随机区间 $[\overline{X}-0.098,\overline{X}+0.098]$ 包含真参数值 μ 的概率是 0.95. 即是说,如果四个观察值的样本重复地从总体抽取,并对每个样本计算区间 $[\overline{X}-0.098,\overline{X}+0.098]$,那么可以预期这些区间中将有 95% 包含真参数值 μ(见图 7.3).

现在请同学们进行"估计身高"试验(在配套光盘中),单击"置信区间的频率解释"选项,设置模拟组数 m(每组人数 $n=4$),计算机很快就能算出置信水平为 0.95 的 m 个置信区间,并通过图形显示出这 m 手置信区间中有多少组包含真参数值 μ.

图 7.3 从正态总体 $N(\mu,0.1^2)$ 抽取若干个样本计算得到的 95% 置信区间长期来说,所有这样的区间中,有 95% 会包含参数的真值.

若四个观察值的样本是 1.81,1.60,1.74,1.71,我们得到置信区间 $[1.622,1.818]$. 这是一个具体的区间,它要么包含 μ,要么不包含 μ,二者必居其一. 这时就不能再说,它有 95% 的概率包含真参数值了. 说这个区间是置信水平为 0.95 的置信区间,指的是:它是根据数据,用一个置信水平为 95% 的方法求出来的. 若我们不断地从总体中抽取许许多多同样大小的样本,在用该方法构造的所有区间中,有 95% 会包含真参数值.

大多数情况下,我们所得到的只是一个具体的样本,我们无法知道这个样本算得的置信区间是否包含参数的真值. 我们希望这个区间是大量包含真值的区间中的一个,但它也有可能成为少数不包含真值的区间之一.

需要指出的是:置信区间不是唯一的. 对同一个参数 μ,我们可以构造许多置信区间. 在上面例 2 中,由随机变量 U 落在 -1.96 到 1.96 的概率是 0.95(见图 7.4),得到 μ 的 95% 置信区间[1] 为

---

① 置信水平为 95% 的置信区间也简称为 95% 置信区间.

$$[\overline{X} - 1.96\,\sigma/\sqrt{n}, \overline{X} + 1.96\,\sigma/\sqrt{n}].$$

由于 U 落在 -1.75 到 2.33 的概率也是 0.95（见图 7.5），由此我们得到 μ 的又一个 95% 置信区间

$$[\overline{X} - 1.75\,\sigma/\sqrt{n}, \overline{X} + 2.33\,\sigma/\sqrt{n}],$$

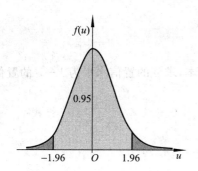 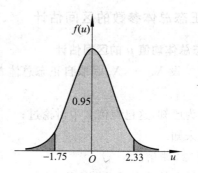

图 7.4　μ 的一个 95% 置信区间　　　　图 7.5　μ 的又一个 95% 置信区间

这个区间比前面一个要长一些.

类似地，我们可以得到若干个不同的 μ 的 95% 置信区间. 通常总是希望置信区间尽可能短. 在概率密度为单峰且对称的情形，当 $a = -b$ 时求得的置信区间的长度为最短. 在概率密度不对称的情形，如 χ^2 分布，F 分布，一般是取等尾置信区间（见图 7.6）.

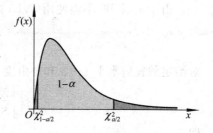

图 7.6　等尾置信区间

我们可以得到未知参数的任何置信水平小于 1 的区间，并且置信水平越高，相应的区间平均长度越长（在同样的样本容量下）. 在同样的置信水平下，样本容量越大，相应的区间平均长度越短. 请再选择"估计身高"试验中的其他选项，对此进行观察.

从例 2 的解题过程，我们归纳出求置信区间的步骤如下：

(1) 明确问题，是求什么参数的置信区间，置信水平 $1-\alpha$ 是多少；

(2) 寻找参数的一个良好的点估计 T；

(3) 寻找一个待估参数 θ 和估计量 T 的函数 $S(T, \theta)$，其分布为已知并且不依赖于任何未知参数，称 $S(T, \theta)$ 为**枢轴量**；

(4) 对于给定的置信水平 $1-\alpha$，根据 $S(T, \theta)$ 的分布，利用分位数确定常数 a, b，使得

$$P(a \leqslant S(T, \theta) \leqslant b) = 1 - \alpha;$$

(5) 对 $a \leqslant S(T, \theta) \leqslant b$ 作等价变形（假如可行的话），得到如下形式：

$$P\{\hat{\theta}_1(X_1, \cdots, X_n) \leqslant \theta \leqslant \hat{\theta}_2(X_1, \cdots, X_n)\} = 1 - \alpha,$$

则 $[\hat{\theta}_1, \hat{\theta}_2]$ 就是参数 θ 的一个置信水平为 $1-\alpha$ 的置信区间.

这种构造置信区间的方法也称为**枢轴量法**.

可见，确定区间估计很关键的是要寻找一个待估参数 θ 和估计量 T 的函数 $S(T, \theta)$，且

$S(T, \theta)$ 的分布为已知,不依赖于任何未知参数(这样我们才能确定一个大概率区间). 而这与总体分布有关,所以,总体分布的形式是否已知,是怎样的类型至关重要. 这里我们主要讨论总体分布为正态的情形. 若样本容量很大,即使总体分布未知,应用中心极限定理,在有些情况下也可以近似求得参数的区间估计. 下面我们对几种情况分别讨论.

7.4.3 正态总体参数的区间估计

1. 正态总体均值 μ 的区间估计

【例 4】 设 $X_1, \cdots, X_n$ 是取自正态总体 $N(\mu, \sigma^2)$ 的样本,求 μ 的置信水平为 $1-\alpha$ 的置信区间.

(1) σ^2 为已知,这已在例 2 中讨论过;

(2) σ^2 未知.

下面我们对(2)求解.

解 μ 的点估计仍取样本均值 $\overline{X}$.

由于 σ^2 未知,不能使用(7.8)式,由总体为正态可知(见 6.5 节定理 3),

$$t = \frac{\overline{X} - \mu}{S/\sqrt{n}} \sim t(n-1). \tag{7.12}$$

对给定的置信水平 $1-\alpha$ 和自由度 $n-1$,查 t 分布上侧分位数表得 $t_{\alpha/2}(n-1)$,使

$$P\left\{ \left| \frac{\overline{X} - \mu}{S/\sqrt{n}} \right| \leqslant t_{\alpha/2}(n-1) \right\} = 1-\alpha,$$

即

$$P\left\{ \overline{X} - \frac{S}{\sqrt{n}} t_{\alpha/2}(n-1) \leqslant \mu \leqslant \overline{X} + \frac{S}{\sqrt{n}} t_{\alpha/2}(n-1) \right\} = 1-\alpha. \tag{7.13}$$

这样,我们就得到了 μ 的一个置信水平为 $1-\alpha$ 的置信区间

$$\left[\overline{X} - \frac{S}{\sqrt{n}} t_{\alpha/2}(n-1), \overline{X} + \frac{S}{\sqrt{n}} t_{\alpha/2}(n-1) \right], \tag{7.14}$$

或

$$\overline{X} \pm \frac{S}{\sqrt{n}} t_{\alpha/2}(n-1).$$

【例 5】 在化学实验中对某个物理常数 a 作 7 次测定,得到数据:

$$1.22, 1.23, 1.18, 1.31, 1.25, 1.22, 1.24.$$

求 a 的置信水平为 0.95 的置信区间.

解 在正常情况下,测量结果可认为服从正态分布,其均值为 a,方差未知. 已知 $n = 7$,由已知数据计算得

$$\overline{X} = 1.235\,7, S = 0.039\,5.$$

因为置信水平 $1-\alpha = 0.95, \alpha = 0.05$,自由度为 $n-1 = 6$,查 t 分布上侧分位数表,得

$$t_{a/2}(n-1) = t_{0.025}(6) = 2.447,$$

代入(7.13)式,得 a 的一个置信水平为 0.95 的置信区间是

$$[1.1992, 1.2723].$$

2. 正态总体方差 σ^2 的区间估计

【例6】　设 $X_1, \cdots, X_n$ 是取自正态总体 $N(\mu, \sigma^2)$ 的样本,μ 未知,求 σ^2 的置信水平为 $1-\alpha$ 的置信区间.

解　σ^2 的点估计取为样本方差 S^2. 由 6.5 节的定理 2 知

$$\chi^2 = \frac{(n-1)S^2}{\sigma^2} - \chi^2(n-1),$$

并且上式右端的分布不依赖于任何未知参数.

对给定的置信水平 $1-\alpha$,查 χ^2 分布上侧分位数表可得 $\chi^2_{1-\alpha/2}(n-1)$,$\chi^2_{\alpha/2}(n-1)$,使

$$P\left\{ \chi^2_{1-\alpha/2}(n-1) \leqslant \frac{(n-1)S^2}{\sigma^2} \leqslant \chi^2_{\alpha/2}(n-1) \right\} = 1-\alpha,$$

即

$$P\left\{ \frac{(n-1)S^2}{\chi^2_{\alpha/2}(n-1)} \leqslant \sigma^2 \leqslant \frac{(n-1)S^2}{\chi^2_{1-\alpha/2}(n-1)} \right\} = 1-\alpha. \tag{7.15}$$

于是方差 σ^2 的一个置信水平为 $1-\alpha$ 的置信区间是

$$\left[\frac{(n-1)S^2}{\chi^2_{\alpha/2}(n-1)}, \frac{(n-1)S^2}{\chi^2_{1-\alpha/2}(n-1)} \right]. \tag{7.16}$$

由(7.16)式,还可以得到标准差 σ 的一个置信水平为 $1-\alpha$ 的置信区间是

$$\left[\frac{\sqrt{(n-1)}S}{\sqrt{\chi^2_{\alpha/2}(n-1)}}, \frac{\sqrt{(n-1)}S}{\sqrt{\chi^2_{1-\alpha/2}(n-1)}} \right]. \tag{7.17}$$

【例7】　设 $X_1, \cdots, X_n$ 是取自正态总体 $N(\mu, \sigma^2)$ 的样本,已知 $\mu = \mu_0$,求参数 σ^2 的置信水平为 $1-\alpha$ 的置信区间.

解　已知 $\mu = \mu_0$,σ^2 的估计取 $\frac{1}{n} \sum_{i=1}^{n} (X_i - \mu_0)^2$,由 χ^2 分布的定义,知

$$\chi^2 = \frac{1}{\sigma^2} \sum_{i=1}^{n} (X_i - \mu_0)^2 \sim \chi^2(n).$$

对给定的置信水平 $1-\alpha$,查 χ^2 分布上侧分位数表可得 $\chi^2_{1-\alpha/2}(n-1)$,$\chi^2_{\alpha/2}(n-1)$,使

$$P\{ \chi^2_{1-\alpha/2}(n-1) \leqslant \chi^2 \leqslant \chi^2_{\alpha/2}(n-1) \} = 1-\alpha,$$

即

$$P\left\{ \chi^2_{1-\alpha/2}(n-1) \leqslant \frac{1}{\sigma^2} \sum_{i=1}^{n} (X_i - \mu_0)^2 \leqslant \chi^2_{\alpha/2}(n-1) \right\} = 1-\alpha,$$

即

$$P\left\{ \frac{\sum_{i=1}^{n} (X_i - \mu_0)^2}{\chi^2_{\alpha/2}(n-1)} \leqslant \sigma^2 \leqslant \frac{\sum_{i=1}^{n} (X_i - \mu_0)^2}{\chi^2_{1-\alpha/2}(n-1)} \right\} = 1-\alpha. \tag{7.18}$$

于是方差 σ^2 的置信水平为 $1-\alpha$ 的置信区间是

$$\left[\frac{\sum_{i=1}^{n}(X_i-\mu_0)^2}{\chi^2_{\alpha/2}(n-1)},\frac{\sum_{i=1}^{n}(X_i-\mu_0)^2}{\chi^2_{1-\alpha/2}(n-1)}\right]. \tag{7.19}$$

7.4.4 两正态总体均值差与方差比的置信区间

1. 两正态总体均值差 $\mu_1-\mu_2$ 的置信区间

以下，设 $X_1,\cdots,X_{n_1}$ 是取自正态总体 $N(\mu_1,\sigma_1^2)$ 的样本，$Y_1,\cdots,Y_{n_2}$ 是取自正态总体 $N(\mu_2,\sigma_2^2)$ 的样本，μ_1,μ_2 未知. 假定两组样本相互独立，记 $\overline{X},\overline{Y},S_1^2,S_2^2$ 分别为两样本的均值和方差. 现在来考虑两总体均值差 $\mu_1-\mu_2$ 的区间估计问题（置信水平为 $1-\alpha$）. 由于方法与前面类似，我们只给出主要步骤和结果.

（1）σ_1^2 和 σ_2^2 为已知

$\mu_1-\mu_2$ 的估计量取为 $\overline{X}-\overline{Y}$，由于

$$\overline{X}-\overline{Y}\sim N\left(\mu_1-\mu_2,\frac{\sigma_1^2}{n_1}+\frac{\sigma_2^2}{n_2}\right),$$

记

$$\delta^2=\frac{\sigma_1^2}{n_1}+\frac{\sigma_2^2}{n_2},$$

取枢轴量 $\tag{7.20}$

$$U=\frac{(\overline{X}-\overline{Y})-(\mu_1-\mu_2)}{\delta}\sim N(0,1).$$

对给定的置信水平 $1-\alpha$，查标准正态分布函数表得 $u_{\alpha/2}$，使

$$P\left\{\left|\frac{(\overline{X}-\overline{Y})-(\mu_1-\mu_2)}{\delta}\right|\leqslant u_{\alpha/2}\right\}=1-\alpha. \tag{7.21}$$

于是得到 $\mu_1-\mu_2$ 的一个置信水平为 $1-\alpha$ 的置信区间为 $\overline{X}-\overline{Y}\pm u_{\alpha/2}\delta$，即

$$\overline{X}-\overline{Y}\pm u_{\alpha/2}\sqrt{\frac{\sigma_1^2}{n_1}+\frac{\sigma_2^2}{n_2}}. \tag{7.22}$$

（2）σ_1^2,σ_2^2 未知但相等

由于 $\sigma_1^2=\sigma_2^2=\sigma^2$ 未知，我们取枢轴量

$$t=\frac{(\overline{X}-\overline{Y})-(\mu_1-\mu_2)}{S_w\sqrt{\dfrac{1}{n_1}+\dfrac{1}{n_2}}}\sim t(n_1+n_2-2),$$

其中

$$S_w^2=\frac{(n_1-1)S_1^2+(n_2-1)S_2^2}{n_1+n_2-2}.$$

于是 $\mu_1-\mu_2$ 的一个置信水平为 $1-\alpha$ 的置信区间为

$$\overline{X}-\overline{Y}\pm t_{\alpha/2}(n_1+n_2-2)\cdot S_w\sqrt{\frac{1}{n_1}+\frac{1}{n_2}}. \tag{7.23}$$

注:若 σ_1^2，σ_2^2 未知而且不相等,求 $\mu_1-\mu_2$ 的区间估计问题是数理统计学上一个著名的问题,叫做贝伦斯-费歇问题.因为这两位学者分别在 1929 和 1930 年研究过这个问题.他们以及后来的研究者提出过一些解法,但还没有一个解法公认是最满意的.

2. 两正态总体方差比 σ_1^2/σ_2^2 的置信区间

我们仅讨论 μ_1，μ_2 为未知的情况.由 6.5 节的定理 5，

$$F = \frac{S_1^2/\sigma_1^2}{S_2^2/\sigma_2^2} \sim F(n_1-1,n_2-1).$$

由此得

$$P\left\{F_{1-\alpha/2}(n_1-1,n_2-1) \leqslant \frac{S_1^2/\sigma_1^2}{S_2^2/\sigma_2^2} \leqslant F_{\alpha/2}(n_1-1,n_2-1)\right\} = 1-\alpha,$$

即

$$P\left\{\frac{S_1^2}{S_2^2}\frac{1}{F_{\alpha/2}(n_1-1,n_2-1)} \leqslant \frac{\sigma_1^2}{\sigma_2^2} \leqslant \frac{S_1^2}{S_2^2}\frac{1}{F_{1-\alpha/2}(n_1-1,n_2-1)}\right\} = 1-\alpha. \quad (7.24)$$

于是得到 σ_1^2/σ_2^2 的一个置信水平为 $1-\alpha$ 的置信区间为

$$\left[\frac{S_1^2}{S_2^2}\frac{1}{F_{\alpha/2}(n_1-1,n_2-1)},\frac{S_1^2}{S_2^2}\frac{1}{F_{1-\alpha/2}(n_1-1,n_2-1)}\right]. \quad (7.25)$$

7.4.5　大样本情形下构造置信区间

当样本容量 n 很大时,我们可以利用极限分布(主要是中心极限定理)来找出枢轴变量的分布,进而构造出置信区间.实质上这是利用近似分布代替精确分布构造置信区间.

1. 均值 μ 的置信区间

设总体分布未知,当样本容量 n 很大时,由中心极限定理,知

$$U = \frac{\overline{X}-\mu}{\sigma/\sqrt{n}} \underset{\text{近似地}}{\sim} N(0,1).$$

因此若总体方差 σ^2 已知时,得到 μ 的一个置信水平为 $1-\alpha$ 的近似置信区间为

$$\left[\overline{X}-\frac{\sigma}{\sqrt{n}}u_{\alpha/2},\overline{X}+\frac{\sigma}{\sqrt{n}}u_{\alpha/2}\right].$$

但 σ 一般也未知,只好用 S 代替,这样就得到 μ 的一个置信水平为 $1-\alpha$ 的近似置信区间为

$$\left[\overline{X}-\frac{S}{\sqrt{n}}u_{\alpha/2},\overline{X}+\frac{S}{\sqrt{n}}u_{\alpha/2}\right].$$

这里经过了两层近似,区间估计的置信水平与给定的置信水平会略有差别.所谓"近似置信区间"中"近似"的含义就在于此.差别的大小与样本容量 n 有关,n 愈大,差别愈小,一般至少要求 $n \geqslant 30$.

2. 两样本均值差的置信区间

设两总体 X，Y 的分布未知,但两样本的样本容量 n_1，n_2 很大(一般 n_1，n_2 都应大于 30).

此时可用 $\hat{\delta}^2 = S_1^2/n_1 + S_2^2/n_2$ 去估计 δ^2(δ^2 由(7.19)式确定),其中 S_1^2、S_2^2 分别表示两样

本的样本方案. 由中心极限定理, 近似地有

$$U = \frac{(\overline{X} - \overline{Y}) - (\mu_1 - \mu_2)}{\hat{\delta}} \sim N(0,1).$$

类似可得 $\mu_1 - \mu_2$ 的一个置信水平为 $1 - \alpha$ 的近似置信区间为

$$\overline{X} - \overline{Y} \pm u_{\alpha/2} \sqrt{\frac{S_1^2}{n_1} + \frac{S_2^2}{n_2}}. \tag{7.26}$$

3. 比例 p 的置信区间

设事件 A 在一次试验中发生的概率为 p. 进行 n 次独立重复试验, 记 X 为 A 发生的次数, 则 $X \sim B(n, p)$. 我们来讨论当 n 很大 (至少 $\geqslant 30$) 时, 如何求 p 的近似的区间估计. 下面介绍两种方法.

(1) p 的点估计取 $\hat{p} = X/n$, 由中心极限定理, 近似地有

$$\frac{X - np}{\sqrt{np(1-p)}} \sim N(0,1), \tag{7.27}$$

即近似地有

$$\frac{\hat{p} - p}{\sqrt{p(1-p)/n}} \sim N(0,1).$$

在表达式 $p(1-p)/n$ 中, p 用 $\hat{p}$ 代替, 得

$$P\left\{ \left| \frac{\hat{p} - p}{\sqrt{\hat{p}(1-\hat{p})/n}} \right| \leqslant u_{\alpha/2} \right\} \approx 1 - \alpha. \tag{7.28}$$

于是得到 p 的一个置信水平为 $1 - \alpha$ 的近似置信区间为

$$\hat{p} \pm u_{\alpha/2} \sqrt{\hat{p}(1-\hat{p})/n} \tag{7.29}$$

这里经过了两次近似.

(2) 直接由 (7.27) 式, 查标准正态分布函数表得 $u_{\alpha/2}$, 使得

$$P\left\{ -u_{\alpha/2} \leqslant \frac{X - np}{\sqrt{np(1-p)}} \leqslant u_{\alpha/2} \right\} \approx 1 - \alpha. \tag{7.30}$$

而不等式

$$-u_{\alpha/2} \leqslant \frac{X - np}{\sqrt{np(1-p)}} \leqslant u_{\alpha/2},$$

等价于

$$(n + u_{\alpha/2}^2) p^2 - (2X + u_{\alpha/2}^2) p + X^2/n \leqslant 0.$$

记 p_1, p_2 为二次方程

$$(n + u_{\alpha/2}^2) p^2 - (2X + u_{\alpha/2}^2) p + X^2/n = 0$$

的两个根, 则 (7.30) 式等价于

$$P\{p_1 \leqslant p \leqslant p_2\} \approx 1 - \alpha.$$

可求得

$$p_1 = (-b - \sqrt{b^2 - 4ac})\,/\,2a, \tag{7.31}$$

$$p_2 = (-b + \sqrt{b^2 - 4ac})\,/\,2a. \tag{7.32}$$

这里

$$a = n + u_{\alpha/2}^2, \; b = -(2X + u_{\alpha/2}^2), \; c = X^2/n.$$

于是得到 p 的一个置信水平为 $1-\alpha$ 的近似置信区间为

$$(p_1, p_2).$$

7.4.6　单侧置信限

上述置信区间中置信限都是双侧的,但对于有些实际问题,人们关心的只是参数在一个方向的界限. 例如,对于设备、元件的使用寿命来说,平均寿命过长没什么问题,过短就有问题了. 这时,可将置信上限取为 $+\infty$,而只着眼于置信下限;或者对于产品的质量来说,不合格率越小越好,过大就不行了. 这时,可将置信下限取为 0,而只着眼于置信上限. 单侧置信限的定义如下.

定义 2　设 θ 是一个待估参数,给定一个很小的正数 $\alpha > 0$,若由样本 $X_1, \cdots, X_n$ 确定的统计量 $\hat{\theta}_L = \hat{\theta}_L(X_1, \cdots, X_n), \hat{\theta}_U = \hat{\theta}_U(X_1, \cdots, X_n)$ 满足:

(1) 对 θ 的一切可能取值,有

$$P\{\theta \geqslant \hat{\theta}_L\} \geqslant 1 - \alpha, \tag{7.33}$$

则称 $\hat{\theta}_L$ 为**单侧置信下限**;

(2) 对 θ 的一切可能取值,有

$$P\{\theta \leqslant \hat{\theta}_U\} \geqslant 1 - \alpha, \tag{7.34}$$

则称 $\hat{\theta}_U$ 为**单侧置信上限**.

求单侧置信限的方法与双侧类似,所不同的是这里寻找的大概率区间是单侧的,请看下面的例子.

【例 8】　从一批电视显像管中随机抽取 6 个进行使用寿命试验,测得使用寿命(单位:kh)如下:

$$15.6, \; 14.9, \; 16.0, \; 14.8, \; 15.3, \; 15.5.$$

设显像管使用寿命 X 服从正态分布. 求使用寿命均值 μ 的置信水平为 0.95 的单侧置信下限.

解　μ 的点估计取为样本均值 $\overline{X}$,由于方差 σ^2 未知,取枢轴量

$$\frac{\overline{X} - \mu}{S/\sqrt{n}} \sim t(n-1).$$

对给定的置信水平 $1-\alpha$,查 t 分布上侧分位数表得 $t_\alpha(n-1)$,使

$$P\left\{\frac{\overline{X} - \mu}{S/\sqrt{n}} \leqslant t_\alpha(n-1)\right\} = 1 - \alpha,$$

即

$$P\left\{\mu \geqslant \overline{X} - t_a(n-1)\frac{S}{\sqrt{n}}\right\} = 1 - \alpha.$$

于是得到 μ 的置信水平为 $1-\alpha$ 的单侧置信下限为

$$\hat{\mu}_L = \overline{X} - t_a(n-1)\frac{S}{\sqrt{n}}. \tag{7.35}$$

本例中，$1-\alpha = 0.95$，$t_a(n-1) = t_{0.05}(5) = 2.02$，$\overline{X} = 15.35$，$S^2 = 0.203$，代入 (7.35) 式得所求单侧置信下限为

$$\hat{\mu}_L \approx 14.98.$$

即使用寿命均值 μ 的置信水平为 0.95 的单侧置信下限是 14.98kh.

【例 9】（续上例）求使用寿命方差 σ^2 的置信水平为 0.90 的单侧置信上限.

解 类似本节例 6，取枢轴量

$$\frac{(n-1)S^2}{\sigma^2} \sim \chi^2(n-1).$$

对给定的置信水平 $1-\alpha$，查 χ^2 分布上侧分位数表可得 $\chi^2_{1-\alpha}(n-1)$，使

$$P\left\{\frac{(n-1)S^2}{\sigma^2} \geqslant \chi^2_{1-\alpha}(n-1)\right\} = 1 - \alpha,$$

即

$$P\left\{\sigma^2 \leqslant \frac{(n-1)S^2}{\chi^2_{1-\alpha}(n-1)}\right\} = 1 - \alpha. \tag{7.36}$$

于是得到方差 σ^2 的置信水平为 $1-\alpha$ 的单侧置信上限是

$$\hat{\sigma}^2_U = \frac{(n-1)S^2}{\chi^2_{1-\alpha}(n-1)}. \tag{7.37}$$

将 $1-\alpha = 0.90$，$\chi^2_{1-\alpha}(n-1) = \chi^2_{0.90}(5) = 1.61$，$S^2 = 0.203$ 代入，得

$$\hat{\sigma}^2_U \approx 0.630.$$

即使用寿命方差 σ^2 的置信水平为 0.90 的单侧置信上限是 0.630kh.

由 (7.37) 式，还可以得到标准差 σ 的置信水平为 $1-\alpha$ 的单侧置信上限是

$$\hat{\sigma}_U = \frac{\sqrt{(n-1)}S}{\sqrt{\chi^2_{1-\alpha}(n-1)}}. \tag{7.38}$$

【例 10】 某溶液在配置过程中，若用原方案，成功的概率是 0.70. 现设计一种新方案，在 40 次试验中有 34 次是成功的，试求新方案中配置成功的概率 p 的点估计及置信水平为 0.95 的单侧置信下限.

解 设新方案成功次数为 X，$X \sim B(n, p)$，p 未知，p 的点估计为

$$\hat{p} = X/n = 34/40 = 0.85.$$

由中心极限定理，近似地有

$$\frac{\hat{p} - p}{\sqrt{p(1-p)/n}} \sim N(0,1).$$

在表达式 $p(1-p)/n$ 中, p 用 $\hat{p}$ 代替. 对给定的置信水平 $1-\alpha$, 查正态分布表得 u_α, 使得

$$P\left\{\frac{\hat{p}-p}{\sqrt{\hat{p}(1-\hat{p})/n}} < u_\alpha\right\} = 1-\alpha,$$

即

$$P\{p > \hat{p} - u_\alpha \sqrt{\hat{p}(1-\hat{p})/n}\} = 1-\alpha,$$

即

$$P\{p > \hat{p} - u_\alpha \sqrt{\hat{p}(1-\hat{p})/n}\} = 1-\alpha.$$

于是得到 p 的置信水平为 $1-\alpha$ 的单侧置信下限为

$$\hat{p}_L = \hat{p} - u_\alpha \sqrt{\hat{p}(1-\hat{p})/n}.$$

代入数据 $n = 40$, $\hat{p} = 0.85$, $u_{0.05} = 1.645$, 得

$$\hat{p}_L \approx 0.757.$$

即以 0.95 的置信水平, 新方案中配置成功的概率 p 的单侧置信下限约为 0.757.

7.4.7 样本容量的确定

为估计一个参数, 抽取的样本要多大是一个重要而实际的问题. 样本太小, 随机性影响大, 无法得到满意和可用的结果; 样本太大, 不但费时费力, 而且当样本量过大时, 每单位抽样在精度上的平均收益随样本容量的增加而递减. 所以需要决定一个合适的样本容量. 这个问题直到现在仍是统计学家感兴趣的研究问题. 这里就区间估计中几个简单问题, 举例说明如何确定样本容量.

【例 11】 某省公路维修部门要了解每辆卡车在一星期内行驶的平均里程, 并要求在置信水平 0.95 下, 估计值与真值间误差不能超过 10km. 根据以往资料, 标准差是 60km, 为了达到上述要求, 应取多大的样本? 假定每辆卡车在一星期内的行驶里程服从正态分布.

解 设 X 为每辆卡车在一星期内的行驶里程, $X \sim N(\mu, \sigma^2)$, 已知 $\sigma = 60$. 由本节例 2, 平均里程 μ 的置信水平为 $1-\alpha$ 的置信区间是

$$\left[\overline{X} - \frac{\sigma}{\sqrt{n}}u_{\alpha/2}, \overline{X} + \frac{\sigma}{\sqrt{n}}u_{\alpha/2}\right].$$

估计值与真值间误差 $|\overline{X} - \mu|$ 即此区间长度的一半为 $\frac{\sigma}{\sqrt{n}}u_{\alpha/2}$. 现要求

$$\frac{\sigma}{\sqrt{n}}u_{\alpha/2} \leqslant 10,$$

从中解得

$$n \geqslant \left(\frac{\sigma}{10}u_{\alpha/2}\right)^2.$$

代入 $\sigma = 60, u_{\alpha/2} = u_{0.025} = 1.96$，得

$$n \geqslant 138.2\,976.$$

因此，需取 $n = 139$ 才能达到要求.

【例 12】 为估计一群居民中吸烟的人的比例 p，要求估计值与真值之间的最大误差不超过 0.05，样本容量 n 至少是多大？（置信水平为 0.99）

解 前面已求得，比例 p 的一个置信水平为 $1 - \alpha$ 的近似置信区间为

$$\hat{p} \pm u_{\alpha/2}\sqrt{\hat{p}(1-\hat{p})/n}.$$

要求估计值与真值之间的最大误差不超过 0.05，即

$$u_{\alpha/2}\sqrt{\hat{p}(1-\hat{p})/n} \leqslant 0.05,$$

从中解得

$$n \geqslant 400\,\hat{p}(1-\hat{p})(u_{\alpha/2})^2. \tag{7.39}$$

我们并不知道 $\hat{p}$，但是，不论在任何情况下，总有 $\hat{p}(1-\hat{p}) \leqslant 1/4$，故取

$$n \geqslant 400(1/4)(u_{\alpha/2})^2 = 100(u_{\alpha/2})^2,$$

则 n 一定满足 (7.38) 式. 代入 $u_{\alpha/2} = u_{0.005} = 2.58$，得

$$n \geqslant 665.64,$$

因此样本容量 n 至少为 666.

【例 13】 2003 年世界爆发了一场称为 SARS 的病毒性流行病. 由于其病毒完全是新的，科学家没有特效药，只能靠医生、科学家的智慧和经验，因此患者死亡率较高. 说法和估计数不一，估计的最高死亡率不超过 15%. 如果要求 SARS 患者死亡率 p 的估计值与真值之间的最大误差不超过 1.5%（置信水平为 0.95），问至少应有多少个 SARS 确诊病例？

解 与本节例 12 类似，区别在于这里事先已知 p 不会超过 $p_0 = 0.15$，且误差不超过 0.015，即 $u_{\alpha/2}\sqrt{\hat{p}(1-\hat{p})/n} \leqslant 0.015$，从中解得

$$n \geqslant 4444\,\hat{p}(1-\hat{p})(u_{\alpha/2})^2$$

以 p_0 代替上式中的 $\hat{p}$，得

$$n \geqslant 4\,444\,p_0(1-p_0)(u_{\alpha/2})^2.$$

代入 $u_{\alpha/2} = u_{0.025} = 1.96, p_0 = 0.15$，得

$$n \geqslant 2\,176.7,$$

因此至少应抽取 $2\,177$ 个 SARS 确诊病例.

最后，我们指出，区间估计的思想可以推广到同时估计几个参数. 例如，正态分布的两个参数可以用参数空间的一个平面区域 R 来估计，这个参数空间由 μ 和 σ^2 的所有可能值组成. 95% 置信区域是根据样本得到的一个区域（见图 7.7）. 如果重复抽样 m 次，并对每个样本构造一个 95% 置信区域，那么当 m 很大时，这些区域的大约 95% 将包括真参数点 (μ_0, σ_0^2).

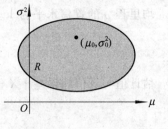

图 7.7 置信区域

区间估计是一种很重要的统计推断形式,我们这里介绍的基本上是波兰著名现代统计学家 J. Neyman(奈曼)所引进的置信区间. 费歇的信念区间以及贝叶斯置信区间等寻求区间估计的方法在这里没有加以介绍,有兴趣的同学可以查看专门的统计教科书.

§7.5　综合应用举例

【例】　(敏感问题的调查)某学校为了了解学生考试的真实情况,需要知道有多少人作弊. 若调查者直接提出这样一个问题:"你作弊了吗?"恐怕得不到正确的回答. 下面我们应用随机化应答技术来解决这个问题.

随机化应答技术是指在调查中使用特定的随机化装置,使得被调查者以预定的概率来回答敏感性问题.旨在最大限度地为被调查者保守秘密,取得被调查者的信任,从而得到对问题的真实回答。

在调查学生考试作弊的问题中,让每个人用一个机会装置确定是回答被问的"敏感"问题还是去回答一个无关的"诱饵性"问题。

具体做法如下:

从学生总体中随机选取 n 个学生,对他们进行调查,要求将回答写在卡片上.

这里设计的两个问题是:

敏感问题:你在考试中作弊了吗?

诱饵问题:你的出生月份是偶数吗?

对每一问题,只要求回答"是"和"否".

在回答前,要求被调查者从装有红黑两种球的箱中摸一个球(已知红球所占比例为 p),摸到红色球,回答敏感问题,摸到黑色球,回答诱饵问题.

被调查者掷币的结果除他自己外,别人是不知道的. 同时答案内容的信息是保密的. 调查者收到答卷后也不知道被问者回答的是哪一个问题.这样可解除被提问者的顾虑,一般情况下能得到对问题真实的回答.

那么要问,根据被调查者的回答,我们应如何估计考试中作弊的真实比率呢?

首先,根据问题和上述做法,我们作如下假设:

(1) 假设被调查的学生是从学生总体中抽取的简单随机样本.样本量比较大.

(2) 假设被调查者说的是真话.

我们用 π_A 表示总体中作弊的学生所占比例,它是我们要估计的未知参数. 用 π_B 表示总体中出生月份是偶数的学生所占的比例(本问题中, $\pi_B = 1/2$). p 是回答敏感问题(取到红球)的概率, $1-p$ 是回答诱饵问题(取到黑球)的概率.

设　$X_i = \begin{cases} 1 & \text{被调查者回答"是"} \\ 0 & \text{被调查者回答"否"} \end{cases}$ $i = 1, 2, \cdots, n$.

由全概率公式,

$P(\text{回答"是"}) = P(\text{回答敏感问题}) P(\text{回答"是"} \mid \text{回答敏感问题})$

$+P($回答诱饵问题$)P($回答"是" | 回答诱饵问题$)$.

记 $\pi = P(X_i = 1)$,即有

$$\pi = p\pi_A + (1-p)\pi_B. \tag{7.40}$$

对随机选取的 n 个学生的调查结果 $X_1, \cdots, X_n$ 可看作是来自总体 $B(1, \pi)$ 的样本,π 的最大似然估计是

$$\hat{\pi} = \frac{1}{n}\sum_{i=1}^{n} X_i. \tag{7.41}$$

即调查结果中回答"是"的比例.

由(7.40)及最大似然估计的不变性,可得 π_A 的最大似然估计是

$$\hat{\pi}_A = \frac{\hat{\pi} - (1-p)\pi_B}{p}. \tag{7.42}$$

可以验证:$E(\hat{\pi}_A) = E\left(\dfrac{\hat{\pi} - (1-p)\pi_B}{p}\right) = \dfrac{1}{p}\left[E(\hat{\pi}) - (1-p)\pi_B\right]$

$$= \frac{1}{p}\left[\pi - (1-p)\pi_B\right] = \frac{p\pi_A}{p} = \pi_A,$$

即 $\hat{\pi}_A$ 是 π_A 的无偏估计.

为了得到 π_A 的置信水平为 $1-\alpha$ 的置信区间,我们需要构造枢轴量,其分布为已知.

由于 $\hat{\pi}$ 的方差为 $\quad D(\hat{\pi}) = D\left(\dfrac{1}{n}\sum_{i=1}^{n} X_i\right) = \dfrac{1}{n^2}\sum_{i=1}^{n} D(X_i) = \dfrac{1}{n}\pi(1-\pi).$

故由(7.42)式,$\hat{\pi}_A$ 的方差是

$$D(\hat{\pi}_A) = D\left[\frac{\hat{\pi} - (1-p)\pi_B}{p}\right] = \frac{D(\hat{\pi})}{p^2} = \frac{\pi(1-\pi)}{np^2}. \tag{7.43}$$

将 π 的估计值 $\hat{\pi}$ 代入(7.43)式,得 $\hat{\pi}_A$ 的方差的一个点估计为

$$S_A^2 = \frac{\hat{\pi}(1-\hat{\pi})}{np^2}. \tag{7.44}$$

可以证明,当 $n \to \infty$ 时,$U = \dfrac{\hat{\pi}_A - \pi_A}{S_A}$ 渐近 $N(0,1)$ 分布,对给定的置信水平 $1-\alpha$,查标准正态分布函数表确定上侧分位数 $u_{\alpha/2}$,使

$$P(|U| \leqslant u_{\alpha/2}) = 1-\alpha,$$

由此可得 π_A 的置信水平为 $1-\alpha$ 的渐近置信区间为

$$\hat{\pi}_A \pm u_{\alpha/2} S_A. \tag{7.45}$$

其中 $\quad S_A = \sqrt{\dfrac{\hat{\pi}(1-\hat{\pi})}{np^2}},$

若在一次调查中,使用上述调查方法. 装有红黑两种球的箱中,红球占的比例 $p = 0.8$,共抽选了 300 名学生,有 90 名学生选择了"是",

可得到,$\hat{\pi} = 90/300 = 0.3,$

π_A 的估计是 $\qquad \hat{\pi}_A = \dfrac{\hat{\pi} - (1-p)\pi_B}{p} = \dfrac{0.3 - (1-0.8) \times 0.5}{0.8} = 0.25.$

$$S_A = \sqrt{\frac{\hat{\pi}(1-\hat{\pi})}{np^2}} = 0.03125.$$

置信水平为 0.95 的渐近置信区间为 $\hat{\pi}_A \pm u_{0.025} S_A$，即

$$0.25 \pm 0.03125 = (0.21875, 0.28125).$$

基本练习题七

1. 设 X_1, X_2 是取自总体 X 的样本，试证统计量

(1) $T_1(X_1, X_2) = X_1/4 + 3X_2/4,$

(2) $T_2(X_1, X_2) = X_1/3 + 2X_2/3,$

(3) $T_3(X_1, X_2) = X_1/2 + X_2/2$

都是总体 $E(X)$ 的无偏估计，并说明哪一个最有效？

2. 设 $\hat{\theta}_1(X_1, X_2, \cdots, X_n)$ 和 $\hat{\theta}_2(X_1, X_2, \cdots, X_n)$ 是参数 θ 的两个独立的无偏估计量，并且 $\hat{\theta}_1$ 的方差是 $\hat{\theta}_2$ 的方差的 4 倍. 试求出常数 a 和 b，使得 $a\hat{\theta}_1 + b\hat{\theta}_2$ 是 θ 的无偏估计量，并且在所有这样的线性估计中方差最小.

3. 设 $X_1, \cdots, X_n$ 是取自泊松分布 $P(\lambda)$ 的样本，其中 $\lambda > 0$，$\overline{X}, S^2$ 分别为样本均值和样本方差. 证明：对任意的 $0 \leqslant \alpha \leqslant 1$，统计量 $T = \alpha\overline{X} + (1-\alpha)S^2$ 是 λ 的无偏估计.

4. 最大似然估计的基本思想是什么？利用微分法求参数的最大似然估计的主要步骤有哪些？在一般情况下，为什么要先对似然函数取对数？似然函数与样本的联合密度有什么区别？

5. 设总体的概率密度函数为

$$f(x) = \begin{cases} (\alpha+1)x^\alpha & \text{当 } 0 < x < 1 \\ 0 & \text{其他} \end{cases}.$$

其中 $\alpha > -1$ 是未知参数，$X_1, X_2, \cdots, X_n$ 是来自该总体的样本. 求参数 α 的矩估计.

6. 设总体的概率密度为

$$f(x, \theta) = \begin{cases} \dfrac{1}{2\theta} & \text{当 } 0 < x < \theta \\ \dfrac{1}{2(1-\theta)} & \text{当 } \theta \leqslant x < 1 \\ 0 & \text{其他} \end{cases}.$$

其中参数 $\theta(0 < \theta < 1)$ 未知，$X_1, X_2 \cdots X_n$ 是来自总体的样本，$\overline{X}$ 是样本均值.

(1) 求参数 θ 的矩估计量 $\hat{\theta}$；

(2) 判断 $4\overline{X}^2$ 是否为 θ^2 的无偏估计量，并说明理由.

7. 设总体的概率密度函数为

$$f(x) = \begin{cases} \dfrac{6x}{\theta^3}(\theta - x) & \text{当 } 0 < x < \theta \\ 0 & \text{其他} \end{cases}.$$

$X_1, X_2, \cdots, X_n$ 是来自该总体的样本.

(1) 求 θ 的矩估计量；　　(2) 判断 $\hat{\theta}$ 的无偏性；　　(3) 判断 $\hat{\theta}$ 的一致性.

8. 设总体的概率密度函数为

$$f(x) = \begin{cases} e^{-\frac{x}{\theta}}/\theta & \text{当 } x > 0 \\ 0 & \text{当 } x \leqslant 0 \end{cases}.$$

其中 $\theta > 0$ 为未知参数, $X_1, X_2, \cdots, X_n$ 是来自该总体的样本. 求：

(1) θ 的最大似然估计 $\hat{\theta}$；

(2) $\hat{\theta}$ 是否是 θ 的无偏估计量；

(3) $D(\hat{\theta})$.

9. 某车间生产一批产品. 要估计这批产品的不合格率 p, 随机地抽取一个容量为 n 的样本 $X_1, X_2, \cdots, X_n$, 这里

$$X_i = \begin{cases} 1 & \text{当第 } i \text{ 件为不合格品} \\ 0 & \text{当第 } i \text{ 件为合格品} \end{cases} \quad (i = 1, \cdots, n).$$

求不合格率 p 的最大似然估计.

10. 一个罐子里装有黑球和白球. 有放回地抽取一个容量为 n 的样本, 其中有 k 个白球, 求罐子中黑球和白球之比 R 的最大似然估计. (提示：利用最大似然估计的性质)

11. 设 $X_1, X_2, \cdots, X_n$ 为来自均匀总体 $U(\theta, \theta+1)(\theta > 0)$ 的样本, 求 θ 的矩估计和极大似然估计.

12. 为了估计湖中有多少条鱼, 特从湖中捕出 1 000 条鱼, 标上记号后又放回湖中, 然后再捕出 150 条鱼, 发现其中有 10 条鱼带有已给的记号. 问如何估计湖中的鱼数？

13. 从 1500 年到 1931 年的 432 年间, 世界上每年爆发战争的次数是一个随机变量. (注：由战争的定义, 一次军事行动就是一次战争, 如果它被宣告是合法的, 有 5000 多人参战, 或者造成重要边界的重新划分. 为达到较大的一致性, 大多数谈判都破裂, 而成为小型的战争。比如说, 第一次世界大战被看作是五次小型战争的延续.) 据统计, 这 432 年中共爆发了 299 次战争, 具体数据如下：

战争次数 X:	0	1	2	3	4
发生 X 次战争年数:	223	142	48	15	4

假定每年爆发战争的次数服从参数为 λ 的泊松分布, 求 λ 的最大似然估计值.

14. 什么是置信区间？它与置信水平有什么关系？寻求参数置信区间的一般步骤是什么？

15. 在区间估计中, 总是希望反映区间估计可信程度的置信水平 $1-\alpha$ 越大越好, 同时也希望反映区间估计精度的置信区间平均长度越小越好, 这两者能否兼顾？

16. 根据 40 个婴儿父母的一个样本, 从婴儿出院至其第一个生日的平均花费是 2 400 元. 假定花费服从正态分布 $N(\mu, \sigma^2)$.

(1) 若 σ 为 350 元, 求 μ 的 95% 的置信区间；

(2) 若 σ 为 450 元, 求 μ 的 95% 的置信区间；

(3) 若其他量保持不变, 较大的 σ 对置信区间的长度会有什么样的影响？

(4) 改变置信水平如何影响置信区间的长度?

17. 根据某种清漆的 n 个样品,算得其干燥时间(以 h 计)的平均值为 6h. 设干燥时间总体服从正态分布 $N(\mu,\sigma^2)$,σ 已知为 0.6h.

(1) $n = 9$,求 μ 的置信水平为 0.95 的置信区间;

(2) $n = 25$,求 μ 的置信水平为 0.95 的置信区间;

(3) 若其他量保持不变,较大的 n 对置信区间的长度会有什么样的影响?

18. 描述缩短置信区间的办法.

19. 某单位要估计平均每天职工的总医疗费.观察了 36 天,其总金额的平均值是 170 元,标准差为 30 元,试决定职工每天总医疗费用平均值的区间估计(置信水平为 0.95).

20. 许多企业将利润的一部分用于科学研究,下面是随机调查了 10 个企业得到的情况:

企 业	1	2	3	4	5	6	7	8	9	10
研究费用所占比例(%)	2	0	6	3	4	2	6	8	7	4

假设研究费用所占比例数服从正态分布,求标准差的区间估计(置信水平为 0.95).

21. 某地随机抽取 100 辆卡车,它们每年平均行驶 14 500km,样本标准差是 2 400km.试求某地卡车每年平均行驶里程的区间估计(置信水平为 0.99).

22. 某气象局资料显示了 A 地区在过去 15 年中的平均降雨量是 19.4mm,标准差是 4.5mm;B 地区在过去 10 年中的平均降雨量是 10.4mm,标准差是 2.6mm.设所得数据分别取自方差相同的正态总体,求 A,B 两地区平均降雨量之差的区间估计(置信度为 0.95).

23. 研究两种固体燃料火箭推进器的燃烧率 X 和 Y. 设两者都服从正态分布,并且已知燃烧率的标准差均近似为 0.05cm/s. 取样本容量为 $n_1 = n_2 = 20$,抽样得燃烧率的样本均值分别为 $\overline{X} = 18cm/s$,$\overline{Y} = 24cm/s$,求两燃烧率总体均值差 $\mu_1 - \mu_2$ 的置信区间(置信水平为 0.95).

24. 设两位化验员 A,B 独立地对某种聚合物含氯量用相同的方法各作 10 次测定,其测定值的方差分别为 $S_A^2 = 0.5419$,$S_B^2 = 0.6065$. 设 σ_A^2,σ_B^2 分别为 A,B 所测定的测定值总体的方差,总体均为正态的,求方差比 σ_A^2 / σ_B^2 的置信区间(置信水平为 0.95).

25. 某电话交换台在最近一段时间内接通电话线路的时间较长,负责人要了解发生这情况的原因,以采取必要的措施.在他抽取的 200 个电话呼唤中,有 40% 需要附加服务(接两次或两次以上分机).以 p 记需附加服务的呼唤的比例,试求 p 的置信度为 0.95 的区间估计.

26. 有一批灯泡供出口用,共 50 000 只.从中随机取 100 个进行检验,测得平均寿命为 1 000h,标准差为 200h.求这批灯泡平均寿命 μ 的单侧置信下限(置信水平为 0.95).

27. 某工厂生产玩具汽车,规定废品率不能高于 5%.从一批 10 000 只玩具产品中随机抽取 50 个,查出有 4 个废品,求这批玩具废品率 p 的单侧置信上限(置信水平为 0.95).

28. 设总体分布为 $N(\mu,\sigma^2)$,μ 未知.若 $\sigma = 10$,$1 - \alpha = 0.95$,$L = 5$,为使总体均值 μ 的置信水平为 $1 - \alpha$ 的置信区间的长度为 L,则抽取的样本容量 n 最少为多少?

29. 设 $X_1, \cdots, X_n$ 为取自总体 $N(\mu, \sigma^2)$ 的样本,其中 μ 和 σ^2 为未知参数. 设随机变量 L 是 μ 的置信水平为 $1 - \alpha$ 的置信区间的长度,求 $E(L^2)$.

30. 保险公司使用 36 名投保人员组成的样本来估计投保人年龄的总体均值. 样本标准差为 7.2 年,在 95% 的置信水平下,区间长度为 4.7 年.

(1) 为将区间长度减少到 4 年,应该选用多大样本容量的样本?

(2) 为将区间长度减少到 3 年,应选用多大样本容量的样本?

提高题七

1. 设 $X_1, X_2, \cdots, X_n$ 为取自某总体的样本,$\alpha_i > 0, \sum\limits_{i=1}^{n} \alpha_i = 1$. 证明:

(1) $\sum\limits_{i=1}^{n} \alpha_i X_i$ 为总体均值 $E(X)$ 的无偏估计;

(2) 在上述所有无偏估计中,以 $\overline{X} = \dfrac{1}{n} \sum\limits_{i=1}^{n} X_i$ 最有效.

2. 设总体服从如下概率分布

$$\begin{pmatrix} 0 & 1 & 2 & 3 \\ \theta^2 & 2\theta(1-\theta) & \theta^2 & 1-2\theta \end{pmatrix},$$

其中 $\theta \, (0 < \theta < 1/2)$ 是未知参数,利用来自总体的如下样本值:

$$3, \quad 1, \quad 3, \quad 0, \quad 3, \quad 1, \quad 2, \quad 3$$

求 θ 的矩估计值和最大似然估计值.

3. 设总体的概率密度函数为

$$f(x) = \begin{cases} e^{-(x-\mu)/\theta} / \theta & \text{当 } x \geqslant \mu \\ 0 & \text{其他} \end{cases}.$$

其中 $\theta > 0, \theta, \mu$ 为未知参数,$X_1, X_2, \cdots, X_n$ 是来自该总体的样本. 求 θ, μ 的矩估计和最大似然估计.

4. 设总体的概率密度为

$$f(x, \theta) = \begin{cases} \theta & \text{当 } 0 < x < 1 \\ 1-\theta & \text{当 } 1 \leqslant x \leqslant 2 \\ 0 & \text{其他} \end{cases}, \quad \text{其中 } \theta \text{ 是未知参数}(0 < \theta < 1),$$

$X_1, X_2, \cdots X_n$ 为来自该总体的简单随机样本,记 N 为样本值 $x_1, x_2, \cdots x_n$ 中小于 1 的个数. 求 θ 的矩估计和最大似然估计.

5. 为估计一种产品的废品率 p,要求估计值与真值之间的最大误差不超过 0.05(置信水平为 0.95). 根据过去经验,p 不会超过 0.35,问至少应抽取多少个产品作检查?

6. 证明随着样本容量的增加,基于 t 分布的正态总体均值的置信区间的长度和长度的方差趋近于 0.

第 8 章

假 设 检 验

假设检验是统计推断的一个重要内容. 本章将学习如何建立一个统计假设以及如何对假设进行检验, 介绍假设检验的基本概念和推理逻辑, 举例说明假设检验的基本步骤, 讨论有关正态总体参数的假设检验, 并介绍拟合优度的 χ^2 检验.

本章我们讨论与参数估计不同的一类统计推断问题, 这就是根据样本的信息检验关于总体的某个统计假设是否可信, 这类问题称作**假设检验**.

所谓**统计假设**(简称**假设**), 是关于总体分布或参数的一个断言或陈述. 这个断言可以是根据以往经验做出的, 也可以是猜想或者待证实的. 所作的假设可能是正确的, 也可能是错误的.

为了判断一个假设是否可信, 需要从总体中随机抽取样本, 据此做出决定.

假设检验建立了一套基于样本数据判断假设正确与否的准则, 使我们做出错误决策的风险最小化.

若样本所来自的总体分布已知(如正态分布等), 对其总体参数进行假设检验, 称为**参数检验**. 其他检验称为**非参数检验**.

以下, 我们首先讨论对参数的假设检验, 最后讨论对分布的假设检验(属非参数检验范畴).

§8.1　假设检验的基本概念

下面我们先看一个例子, 从分析解决这个例子的过程中, 引出假设检验的几个重要概念.

【例 1】 (**罐装可乐的容量合格检验**) 生产流水线上罐装可乐不断地封装, 然后装箱外运. 怎么知道这批罐装可乐的容量是否合格呢? 显然不可能把每一罐都打开倒入量杯, 看看容量是否合于标准. 通常的办法是进行抽样检查. 如每隔 1 小时抽查 9 罐, 得到 9 个容量的值 $X_1, \cdots,$ X_9, 根据这些值来判断生产是否正常. 如发现不正常, 就应停产, 找出原因, 排除故障, 然后再生产; 如没有问题, 就继续按规定时间再抽样, 以此监督生产, 保证质量.

很明显, 不能由 9 罐容量的数据, 在把握不大的情况下就判断生产不正常, 因为停产的损失是很大的. 当然也不能总认为正常, 有了问题不能及时发现, 这也要造成损失. 如何处理这两者的关系,假设检验面对的就是这种矛盾. 现在我们就来讨论这个问题.

在正常生产条件下,由于种种随机因素的影响,每罐可乐的容量应在 355 毫升上下波动. 这些因素中没有哪一个占有特殊重要的地位. 因此,根据中心极限定理,假定每罐容量服从正态分布 $N(\mu, \sigma^2)$ 是合理的. 当生产比较稳定时,反映波动的 σ 是一个常数,可从历史资料获得 σ 的值. 问题是 μ 的值是否会发生偏移?若已知 $\sigma = 1.5$,共抽查了 9 罐,测得容量的值为:

352.6, 354.5, 354.2, 354.5, 355.3, 354.5, 351.4, 355.2, 354.6.

问生产是否正常?

我们可以认为,抽查的 9 罐容量 $X_1, \cdots, X_9$ 是来自正态总体 $N(\mu, \sigma^2)$ 的样本. 现在的问题是:根据抽查得到的 9 罐容量数据,如何判断生产是否正常?已知 $\sigma = 1.5$,判断生产是否正常就是要判断 μ 是否等于 355.

8.1.1 原假设和备选假设

在假设检验问题中,关心的问题通常简化为两个对立的假设:原假设和备选假设. 原假设又称零假设,用 H_0 表示;备选假设又称对立假设,是当原假设被拒绝时接受的假设,用 H_1 表示.

对例 1,我们提出原假设和备选假设如下:

$$H_0 : \mu = 355 ; H_1 : \mu \neq 355.$$

这里有一个问题,为什么不把 $\mu \neq 355$ 作为原假设,而把 $\mu = 355$ 作为原假设呢?要注意抽样检查是生产正常时采用的方法,所以可以相信一般情况下 $\mu = 355$ 是成立的,在这个前提下,我们把 $\mu = 355$ 作为原假设. 在实际问题中,往往把不肯轻易拒绝的命题作为原假设 H_0. 从另一角度看,抽样检验是为了发现生产线中出现的异常,如果拒绝 H_0 我们就认为生产已不正常,要停机检修;所以拒绝 H_0 要有很强的证据.

不论是原假设还是备选假设,能完全确定总体分布的假设,称为**简单假设**;而不能完全确定总体分布的假设,称为**复合假设**. 这里,H_0 是简单假设,而 H_1 是复合假设.

那么,如何对假设进行检验呢?

8.1.2 假设检验的基本逻辑

在例 1 中,由于 μ 是总体均值,它的估计量是样本均值 $\overline{X}$,由于抽样的随机性,样本均值 $\overline{X}$ 不会和总体均值 μ 完全一致. 由样本值可以计算得 $\overline{X} = 354.1$,正常生产下总体均值 $\mu = 355$,其间的差异为

$$\overline{X} - \mu = -0.9.$$

问题的关键是对这个差异进行分析. 有两种可能:

(1) 差异可能是由随机因素引起的,称为"抽样误差"或"随机误差". 这种误差反映偶然的,非本质的因素引起的随机波动.

(2) 差异不是由随机因素引起的,它反映事物的本质差别(反映当天生产的总体同正常生

产的总体不同),这叫"系统误差".

那么,这个抽样结果出现的差异究竟是随机性在起作用,还是当天生产不正常所造成的?即差异是由"抽样误差"还是由"系统误差"所引起的?

这里需要给出一个量的界限.即给出一个数 δ,如果 $|\bar{X}-\mu|<\delta$,则认为是随机性的差异,或者用统计学上的术语:差异不够显著;如果 $|\bar{X}-\mu|>\delta$,则认为不是随机性的差异,或者说差异显著.

问题是:合理的界限应在何处?应由什么原则来定?

要给出上述量的界限,需要用人们在实践中广泛采用的一个原则:"小概率事件在一次试验中可以认为基本上不会发生.

具体地说,有某假设 H_0 需要检验,我们先假设 H_0 是正确的.若由此假设导致在一次试验中"可以认为基本上不会发生"的小概率事件出现了.人们自然会怀疑作为小概率事件前提的假设 H_0 的正确性,因此有相当的理由拒绝 H_0.反之,如果小概率事件不出现,则没有足够理由拒绝 H_0.

下面我们来看一个应用此逻辑的例子.

【例 2】 一种奶茶由茶加上牛奶制成,调制时可以先倒茶后倒牛奶(记为 TM),也可以先倒牛奶后倒茶(记为 MT).某女士声称她品尝一杯这种奶茶就能分辨出是 TM 还是 MT.

这听起来难于使人相信.著名统计学家费歇尔(R. A. Fisher)设计了如下的试验来检验:

取 8 个一样的杯子,每杯含体积相同的奶茶,由同样比例的茶和牛奶混合调匀而成,其中 4 个先倒入茶后倒入牛奶,4 个先倒入牛奶后倒入茶.把 8 个杯子随机排成次序,让该女士逐一品尝,让她说出哪 4 杯是 TM(品尝前告诉她 8 杯中有 4 杯是 TM,4 杯是 MT).

如果品尝结果是她 4 杯全说对了,我们应该如何判断该女士否有鉴别力呢?

费歇尔的推理如下:引进一个假设 H_0:该女士对 TM 无鉴别力.

当假设正确时,即该女士无鉴别力,她全靠猜测(随机判断),不难算得 4 杯全说对的概率是

$$\frac{1}{C_8^4}=\frac{1}{70}\approx 0.014.$$

因此,若该女士全部说对,下述两种情况必发生其一:

(1) H_0 不成立,即该女士确有鉴别力;

(2) 发生了一个概率为 1/70 的小概率事件.

第二种情况相当于在一个盛有 70 个球的箱中随机摸出一个,正好摸到了指定的那个球.这是一个小概率事件.基于"小概率事件在一次试验中可以认为基本上不会发生"的实际推断原则,我们很难用运气来解释所发生的结果,因而有相当的理由承认第一种可能性.或者说,该女士 4 杯全选对这一结果,是一个不利于假设 H_0 的显著的证据.据此,我们拒绝 H_0.

在这个例子中,若该女士品尝的结果是选对 3 杯,则可以计算得出:出现此结果及更好结果的概率是

$$\frac{C_4^3 C_4^1 + 1}{C_8^4} = \frac{17}{70} \approx 0.243.$$

接近 1/4,这个概率不算太小. 就好比从装有 4 个球(其中含 1 个红球)的盒子中,随机取一个,取到红球,还不算是太稀罕. 因此,选对 3 杯这一结果,没有给否定"该女士对这两种奶茶无鉴别力."这个假设以充分的支持,我们还不能拒绝这个假设.

自然会问,概率要小到什么程度才算是"小概率事件"呢?这个小概率的值对检验有什么影响呢?我们下面进一步说明.

8.1.3 两类错误、检验的水平和功效

如前所述,假设检验做出判断依据的原理是小概率事件在一次试验中可以认为基本上不会发生,然而,对于小概率事件,无论其概率如何小,还是有可能发生的. 因此,利用上述方法进行假设检验,可能使我们做出错误的判断. 有下面两种情形:

假设检验可能产生两类错误:

在做出拒绝原假设的判断时,我们可能犯的错误是:原假设 H_0 是正确的,我们却错误地拒绝了它. 拒绝正确原假设的错误,称为第一类错误.

在做出不能拒绝原假设的判断时,我们可能犯的错误是:原假设 H_0 是错误的,而我们却未能拒绝它. 没有拒绝错误原假设的错误,称为第二类错误.

表 8.1 给出了假设检验做出判定及犯错误的情况.

在例 1 中,若 $H_0(\mu = 355)$ 为真,而我们拒绝了 H_0,认为 $\mu \neq 355$,就犯了第一类错误;若 H_0 不真,即 $\mu \neq 355$,而我们却没能拒绝 H_0,就犯了第二类错误.

表 8.1 假设检验的两类错误

判定 ＼ 真实情况	H_0 为真	H_0 不真
拒绝 H_0	第一类错误	正确
不拒绝 H_0	正确	第二类错误

在统计学中,把犯第一类错误的概率称为检验的**水平**或**显著性水平**,常用希腊字母 α 表示,即

$$P(拒绝 H_0 \mid H_0 为真) = P(犯第一类错误) = \alpha.$$

犯第二类错误的概率用希腊字母 β 表示,即

$$P(不拒绝 H_0 \mid H_0 不真) = P(犯第二类错误) = \beta.$$

需要注意的是,在实际问题中,原假设和备选假设只有一个是正确的,没有概率可言. 而可能犯错误的是使用假设检验做出决策的人.

另一个重要的概念是检验的**功效**,它度量了当 H_0 不真时,检验拒绝 H_0 的概率,即做出正确决策的能力,它等于 1 减去犯第二类错误的概率.

$$检验的功效 = P(拒绝 H_0 \mid H_0 不真) = 1 - \beta.$$

可以用它来比较对同一假设进行检验时不同检验的功效. 当 α 一定时,检验的功效 $1 - \beta$ 越大,

这一检验就是更好的检验.

我们希望犯两类错误的概率同时都很小,最好是全为 0. 但样本容量给定后,犯这两类错误的概率就不能同时被控制."假设检验的两类错误"(在配套光盘中) 试验将让同学们看到这个事实.

要使这两类错误的概率都很小,就必须有足够大的样本容量. 但对我们研究的问题而言,增大样本容量意味着要抽取更多的样品,随之而来的问题是需要更多的在人力、物力和时间上的花费.

鉴于上述情况,奈曼和皮尔逊提出:首先控制犯第一类错误的概率,然后在满足对第一类错误概率的约束的条件下,寻找使犯第二类错误概率尽可能小的检验.

按照奈曼和皮尔逊的准则,在实际使用时,通常人们总是首先控制犯第一类错误的概率,即根据实际情况,通过控制显著性水平 α 的大小来减小犯第一类错误的可能性. 显著性水平 α 常取为 $0.05, 0.01$,有时也用 $0.001, 0.1$ 等,在这个限制下,使犯第二类错误的概率尽可能小.

这样做,在原假设 H_0 为真时拒绝 H_0 的概率受到了控制. 这表明,原假设受到保护,不至于轻易拒绝,所以前面我们说,在实际问题中,往往把不肯轻易拒绝的命题作为原假设 H_0.

在假设检验的大多数应用中,虽然对发生第一类错误的概率进行了控制,但通常并不对发生第二类错误的概率加以控制. 因此,如果我们不能拒绝 H_0,我们并不能确定该决策有多大的置信度. 不能拒绝原假设 H_0,仅仅说明根据所使用的检验方法(或检验统计量)和当前的数据没有足够证据拒绝这些假设而已. 对于同一个假设检验问题,往往都有多个检验统计量,而且人们还在构造更优良的检验统计量. 我们不可能把所有目前存在的和将来可能存在的检验都实施. 因此,在不能拒绝原假设时,只能够说,按照目前的证据和检验方法,尚不足以拒绝原假设.

8.1.4 检验统计量和拒绝域

一个用来检验假设的统计量称为**检验统计量**. 在假设检验中,我们根据检验统计量的值来决定是否拒绝原假设. 选取的统计量应该能够衡量数据与原假设的偏差,且分布为已知,或者可以求出其近似分布. 在例 1 中,我们选取的检验统计量是

$$U = \frac{\overline{X} - 355}{\sigma/\sqrt{n}}.$$

它能衡量 $\overline{X}$ 与假设 $\mu = 355$ 之间差异的大小,且 U 服从标准正态分布(见 6.5 节定理 1).

于是我们可以求出 U 取值在任一区域内的概率. 这样我们就可以给出一个判断假设正确与否的准则,即给出检验的拒绝域 W. 做出判定所依据的逻辑是这样的:

如果原假设是对的,那么衡量差异大小的某个统计量落入某个区域 W 是个小概率事件,如果该统计量的实测值落入区域 W,也就是说,原假设成立下的小概率事件发生了,那么就认为原假设不可信而拒绝它. 否则我们就不能拒绝原假设.

不拒绝原假设并不是肯定原假设一定对,而只是说差异还不够显著,还没有达到足以拒绝原假设的程度. 所以假设检验又叫"显著性检验".

请注意,"显著"在统计上的意义并不是"重要",而只代表"仅靠运气不容易发生".

在例 1 中,由于 $U \sim N(0,1)$,对给定的显著性水平 α,利用标准正态分布函数表(或使用统计软件)容易得到临界值 $-u_{\alpha/2}$ 和 $u_{\alpha/2}$(见图 8.1),使得

$$P(|U| > u_{\alpha/2}) = \alpha,$$

即统计量 U 落入区域 $|U| > u_{\alpha/2}$ 是小概率事件. 于是我们取拒绝域 W 为

$$W = \{|U| > u_{\alpha/2}\}.$$

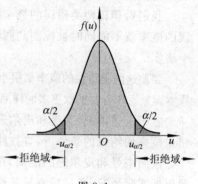

图 8.1

如果从数据计算得到的统计量 U 的值落入拒绝域内,我们就拒绝原假设,否则就不能拒绝原假设. 而拒绝原假设时,犯第一类错误的概率不会超过显著性水平.

在例 1 中,取显著性水平 $\alpha = 0.05$. 利用标准正态分布函数表(或使用统计软件)容易得到 $u_{\alpha/2} = u_{0.025} = 1.96$,可知临界值为 -1.96 和 1.96,即拒绝域为

$$W = \{|U| > 1.96\}.$$

将数据代入计算得

$$|U| = \left| \frac{\overline{X} - 355}{\sigma/\sqrt{n}} \right| = \left| \frac{354.1 - 355}{1.5/\sqrt{9}} \right| = 1.8 < 1.96,$$

未落入拒绝域,故不能拒绝原假设,即认为差异还不够显著(显著性水平 0.05),还不足以说明当天生产不正常.

但如果取显著性水平 $\alpha = 0.1$,则 $u_{\alpha/2} = u_{0.05} = 1.65$,拒绝域为 $|U| \geqslant 1.65$.

由于 $|U| = 1.8 > 1.65$,落入拒绝域,故拒绝原假设.

同样的数据,有时结论是拒绝原假设,有时又是不拒绝原假设,这里并没有矛盾,因为显著性水平不同.

当经检验拒绝 H_0 时,显著性水平越小,把握越大. 例如,如果不是 0.05 的显著性水平,而是 0.01 的显著性水平,当拒绝 H_0 时我们更有把握,但当不能拒绝 H_0 时,我们的信心就没有那么强了. 因为小的显著性水平使得犯第二类错误的概率增大.

选取多大的显著性水平要根据具体问题而定.

8.1.5　检验的 p 值

假设检验的可能结论有两个:拒绝或不拒绝原假设. 做出这一结论或那一结论的证据有多强,往往不易清楚地显示出来.

在例 1 中,当显著性水平 $\alpha = 0.05$ 时,我们根据一组 9 个数据计算得到

$$|U| = 1.8 < 1.96.$$

假如有另一组 9 个数据,计算得

$$|U| = 0.9. < 1.96.$$

若还有另一组 9 个数据，计算得

$$|U| = 1.92. < 1.96.$$

对这三组样本，结论都是不能拒绝原假设. 然而，我们会觉得，对第二组样本，做出不能拒绝 $\mu = 355$ 的理由，要比前两组样本更充分一些（参见图 8.2）.

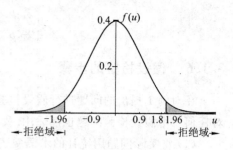

图 8.2

为了反映这一点，我们引进 p 值. 其定义如下：

设有一个原假设 H_0，其拒绝域为 $|T| \geqslant C$，T 是检验统计量. 若对一组具体样本 $X_1, X_2, \cdots, X_n$，算出统计量 T 的值为 T_0，则称这组样本的 p 值是

$$p \text{ 值} = P(|T| \geqslant |T_0| \mid H_0 \text{ 为真});$$

如果拒绝域为 $T \geqslant C$，则 p 值是

$$p \text{ 值} = P(T \geqslant T_0 \mid H_0 \text{ 为真});$$

如果拒绝域为 $T \leqslant C$，则 p 值是

$$p \text{ 值} = P(T \leqslant T_0 \mid H_0 \text{ 为真}).$$

可见，p 值是一个概率值，它是当原假设 H_0 为真时，检验统计量取其观察值及（沿备选假设方向）更极端值的概率.

若 p 值很小，就意味着在 H_0 成立下小概率事件发生了，于是我们就拒绝假设 H_0. p 值越小，拒绝 H_0 的理由就越充分.

对本例，由于检验统计量 $U = \dfrac{\overline{X} - 355}{\sigma / \sqrt{n}}$ 服从标准正态分布，可以计算得：

第一组样本的 p 值为

$$p \text{ 值} = P(|U| \geqslant 1.8 \mid H_0 \text{ 为真}) = 0.072;$$

第二组样本的 p 值为

$$p \text{ 值} = P(|U| \geqslant 0.9 \mid H_0 \text{ 为真}) = 0.368;$$

第三组样本的 p 值为

$$p \text{ 值} = P(|U| \geqslant 1.92 \mid H_0 \text{ 为真}) = 0.055.$$

第三组样本的 p 值离显著性水平 0.05 很近，虽然仍不能拒绝 $\mu = 355$，但很值得怀疑. 而第二组样本的 p 值较大，表明在 $\mu = 355$ 之下，出现 $|U| \geqslant 0.9$ 不足为奇.

可见，p 值度量了支持原假设的证据的强度.

在实践及各种统计软件中，人们并不事先指定显著性水平 α 的值，而是很方便地利用上面定义的 p 值. 对于任意大于 p 值的显著性水平，人们可以拒绝原假设，但不能在任何小于它的显著性水平下拒绝原假设. p 值是根据观察值可以拒绝原假设的最小显著性水平.

p 值是我们用于确定是否拒绝原假设的另一种方法. 若已求得 p 值，检验问题中的显著性水平是 α，则检验准则是

$$\begin{cases} 若\ p \leqslant \alpha & 则拒绝\ H_0 \\ 若\ p > \alpha & 则不能拒绝\ H_0 \end{cases}.$$

8.1.6 假设检验的步骤

在对例 1 提出的问题进行假设检验时,我们遵照了假设检验所要求的各个步骤. 这些步骤对任何一个假设检验问题也都适用. 我们总结假设检验的步骤如下:

(1) 将实际问题用统计的术语叙述成一个假设检验问题,明确原假设 H_0 及备选假设 H_1 的内容和它们的实际意义,提出原假设 H_0 及备选假设 H_1;

(2) 选取一个与 H_0 有关的检验统计量 T,在 H_0 成立的条件下求出它的分布(或近似分布);

(3) 确定显著性水平 α;

(4) 由样本值算出统计量 T 的值;

(5) ① 根据给定的 α,建立拒绝 H_0 的准则(确定临界值和拒绝域),看检验统计量的值是否落入拒绝域,以此确定是否拒绝 H_0;或者,② 根据步骤(4)中算出的统计量 T 的值计算 p 值,将 p 值与 α 比较,确定是否拒绝 H_0.

注:步骤(5) 中的 ② 是更常用的. 许多统计软件都能计算 p 值,与本书配套的辅导书给出了用 R 软件如何计算 p 值.

§8.2 双侧检验与单侧检验

在例 1 中,我们给出的原假设是 $H_0: \mu = \mu_0$;备选假设是 $H_1: \mu \neq \mu_0$. 这类检验的备选假设位于原假设的两侧. 我们称这类假设检验为**双侧假设检验**. 有时还会提出下述形式的原假设:

(1) $H_0: \mu \geqslant \mu_0$ 或 $H_0: \mu \leqslant \mu_0$,

(2) $H_0: \mu < \mu_0$ 或 $H_1: \mu > \mu_0$.

如上两种形式检验的备选假设位于原假设的另一侧. 我们称这类假设检验为**单侧假设检验**.

我们来看两个例子.

【例 1】 设一种汽车车胎的使用期限(里程) X(单位:km)具有正态分布 $N(\mu, 5\,000^2)$,过去的经验指出 $\mu = 30\,000$. 为延长车胎的使用期限,工厂技术小组人员改进了制造工艺. 为了对新工艺进行评估,对新工艺生产的车胎进行了使用期限的试验. 若得到 9 个这种车胎的使用期限,计算得平均值 $\overline{X}$ 为 34 500,问在显著性水平 $\alpha = 0.05$ 条件下,是否可以认为新工艺能延长车胎的使用期限?

解 本例中,我们关心的是新工艺生产的车胎比过去生产的车胎的使用期限是否要长. 改进工艺的目的是为了延长车胎的使用期限,我们希望得到的结论是"使用期限延长了",即 "$\mu > 30000$". 但原工艺并不能轻易否定(否定要有很强的证据),所以提的原假设应是

$$H_0 : \mu = 30\,000;$$

备选假设是

$$H_1 : \mu > 30\,000.$$

由题设,车胎的使用期限 $X \sim N(\mu, \sigma^2)$),其中已知 $\sigma = 5000$,

选取检验统计量,在 H_0 成立下求出其分布:

$$U = \frac{\overline{X} - 30000}{\sigma / \sqrt{n}} \sim N(0,1).$$

对给定的显著性水平 $\alpha = 0.05$,(见图 8.3)查标准正态分布函数表,得临界值 $u_{0.05} = 1.65$. 得拒绝域:

$$W = \{U \geqslant 1.65\}.$$

由样本值计算得 U 的实测值是

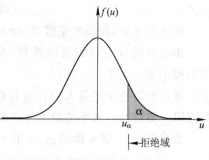

图 8.3　例 1 拒绝域示意图

$$U = \frac{\overline{X} - 30000}{\sigma / \sqrt{n}} = \frac{34500 - 30000}{5000 / \sqrt{9}} = 2.7 > 1.65.$$

观察值落入拒绝域,故拒绝原假设,认为 $\mu > 30000$.

【例2】　按照规格,一批灯泡的平均耐用时间 μ 应为 2000h,现在抽查 50 个灯泡,其平均耐用时间为 $\overline{X} = 1992\text{h}$,标准差 $S = 30\text{h}$,问是否相信这批灯泡是合格的?(显著性水平 $\alpha = 0.05$)

解　由于灯泡合格意味着 $\mu \geqslant 2000$,不合格意味着 $\mu < 2000$.

原假设和备选假设为:

$$H_0 : \mu \geqslant 2000; \quad H_1 : \mu < 2000$$

现在"$H_0 : \mu \geqslant 2000$"不是仅取一个值的简单假设. 本例中,如果能够拒绝原假设 $\mu = 2000$,那么对于任何 $\mu > 2000$ 的原假设就更有理由拒绝了. 对于给定的显著性水平,假设检验问题:"$H_0 : \mu \geqslant 2000; H_1 : \mu < 2000$"与假设检验问题:"$H_0 : \mu = 2000; H_1 : \mu < 2000$"的拒绝域是相同的,从而检验的结论也是相同的. 也就是说,在对假设 $H_0 : \mu \geqslant \mu_0; H_1 : \mu < \mu_0$;进行检验时,只需按照对假设 $H_0 : \mu = \mu_0; H_1 : \mu < \mu_0$ 所作检验的步骤进行. 类似地,对假设 $H_0 : \mu \leqslant \mu_0; H_1 : \mu > \mu_0$ 进行检验时,只需按照对假设 $H_0 : \mu = \mu_0; H_1 : \mu > \mu_0$ 所作检验的步骤进行. 鉴于此,遇到这类单侧检验的问题时,有时也常将原假设中的不等号写成等号,只需看备选假设就可知道采用的是单侧还是双侧检验.

本例样本量较大,由中心极限定理,近似地有 $\overline{X} \sim N(\mu, \sigma^2)$,$\sigma$ 未知,可用样本标准差 S 近似 σ. 检验统计量及近似分布是:

$$U = \frac{\overline{X} - 2000}{S / \sqrt{n}} \sim N(0,1).$$

对于给定的显著性水平 $\alpha = 0.05$,查标准正态分布函数表得临界值 $-u_{0.05} = -1.65$,即

$$P(U < -1.65) = \alpha.$$

拒绝域为
$$W = \{U < -1.65\}.$$

由样本值计算得 U 的实测值是
$$U = \frac{1992 - 2000}{30/\sqrt{50}} = -1.89 < -1.65.$$

落入拒绝域,故拒绝原假设,即不能相信这批灯泡是合格的.

由上面的推导过程可以看到,在这里犯第一类错误的概率不会大于 $\alpha = 0.05$

所以显著性水平是人们在进行假设检验时所指定的犯第一类错误的概率的最大允许值(见图 8.4).

如果使用 p 值来做结论,p 值 $= P(U \geqslant 2.7) = 0.0035 < 0.05$,故拒绝原假设. 而且,只要显著性水平 $\alpha > 0.0035$,结论都是拒绝原假设.

其他形式的单侧检验也可类似处理,这里不再赘述.

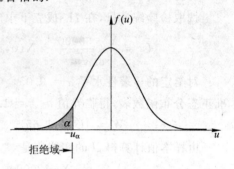

图 8.4　例 2 拒绝域示意图

【例 3】　设原有的一台仪器在测量电阻值时,误差服从正态分布 $N(0, 0.06)$. 现有一台新的仪器,对一个电阻测量了 10 次,测得的数据是(单位:Ω):

1.101,1.103,1.105,1.098,1.099,1.101,1.104,1.095,1.100,1.100.
问新仪器的精度是否比原有的仪器高?(显著性水平 $\alpha = 0.01$)

解　可以假定新仪器测量值服从正态分布 $N(\mu, \sigma^2)$,其中 μ 是被测电阻的真实阻抗值,它是未知的(因为问题中并未告诉我们电阻的真实值). 原来仪器的方差是 0.06,关心的是新仪器的精度是否比原来的仪器高,于是提出的假设是:新仪器的精度不比原来的高. 这是一个未知 μ,对方差的单侧检验问题. 原假设和备选假设是
$$H_0: \sigma^2 = 0.06; H_1: \sigma^2 < 0.06.$$
选取检验统计量,在 H_0 成立下求出其分布:
$$\chi^2 = \frac{(n-1)S^2}{0.06} \sim \chi^2(n-1),$$
其中 S^2 是样本方差,$n = 10$.

对于给定的显著性水平 α,分布上侧分位数表得临界值
$$\chi^2_{1-0.01}(9) = \chi^2_{0.99}(9) = 2.088.$$

拒绝域为
$$W = (\chi^2 \leqslant 2.088).$$

已知 $n = 10$,由数据值可计算得
$$\chi^2 = \frac{9S^2}{0.06} \approx 0.001\,3,$$

落入拒绝域,故拒绝假设 H_0,即认为新仪器的精度比原来的仪器高(方差小). 做出这个结论,

犯第一类错误的概率不超过 0.05.

如果使用 p 值来做结论,$p = P(\chi^2 \leqslant 0.0013) = 8.69 \times 10^{-17}$,远远小于给定的显著性水平 0.01,故拒绝原假设,且拒绝原假设的证据非常强.

§8.3 正态总体参数的假设检验

由上面几节的讨论,相信同学们对假设检验的基本思想、方法步骤有了一定的了解.下面我们重点讨论对正态总体参数的假设检验问题.

前面我们结合实例,介绍了假设检验的基本思想,原假设、备选假设、检验统计量、拒绝域、显著性水平、两类错误等概念以及假设检验的基本步骤.在例子中我们已经遇到对单个正态总体均值和方差的假设检验问题.现在我们进一步讨论有关正态总体参数的假设检验.为叙述简明起见,我们把各种不同假设检验问题中有关的条件,原假设 H_0 和备选假设 H_1,当 H_0 成立时的检验统计量及其分布以及在显著性水平 α 下关于 H_0 的拒绝域分别列成相应的表,所有这些表中用到的统计量及其分布都不难从第 6 章中的有关定理得到.

8.3.1 单个正态总体参数的假设检验

设 $X_1, X_2, \cdots, X_n$ 是取自正态总体 $N(\mu, \sigma^2)$ 的样本,记 $\overline{X}$ 为样本均值,S^2 为样本方差.

1. 单个正态总体均值的检验(见表 8.2)

【例 1】 某电池厂的广告声称它生产的电池平均寿命高于 80h. 对一个由 16 个电池组成的随机样本进行试验,得到样本均值和标准差分别为 78h 和 6h. 假定电池寿命服从正态分布,问该厂家的广告是否真实(显著性水平 $\alpha = 0.05$).

解 设电池寿命的均值为 μ,提出假设:

$$H_0 : \mu = 80 ; H_1 : \mu < 80.$$

取检验统计量

$$t = \frac{\overline{X} - 80}{S / \sqrt{n}} \sim t(n-1),$$

S 为样本标准差.对于显著性水平 $\alpha = 0.05$,查 t 分布上侧分位数表得临界值 $-t_{0.05}(15) = -1.75$,

拒绝域为:$W = \{t < -1.75\}$.

统计量 t 的实现值是

$$t = \frac{78 - 80}{6 / \sqrt{16}} = -1.33 > -1.75,$$

故不能拒绝假设 H_0,即尚无足够证据认为厂家的广告不真实.

如果使用 p 值来做结论,$p = P(t < -1.33) = 0.101\,7$,大于给定的显著性水平 0.05,故不能拒绝假设 H_0.

表 8.2　单正态总体均值的假设检验法

条　件			σ 已知	σ 未知
统计量及其分布			$U = \dfrac{\overline{X} - \mu_0}{\sigma / \sqrt{n}} \sim N(0,1)$	$t = \dfrac{\overline{X} - \mu_0}{S / \sqrt{n}} \sim t(n-1)$
原假设 H_0	$\mu = \mu_0$	备选假设 H_1 $\mu \neq \mu_0$	拒绝域 $\quad \lvert u \rvert > u_{\alpha/2}$	$\lvert t \rvert > t_{\alpha/2}$
	$\mu \leqslant \mu_0$	$\mu > \mu_0$	$u > u_\alpha$	$t > t_\alpha$
	$\mu \geqslant \mu_0$	$\mu < \mu_0$	$u < -u_\alpha$	$t < -t_\alpha$

2. 单个正态总体方差的检验（见表 8.3）

表 8.3　单个正态总体方差的假设检验（μ 未知）

统计量及其分布			$\chi^2 = \dfrac{(n-1)S^2}{\sigma_0^2} \sim \chi^2(n-1)$	
原假设 H_0	$\sigma^2 = \sigma_0^2$	备选假设 H_1 $\sigma^2 \neq \sigma_0^2$	拒绝域	$\chi^2 > \chi_{\alpha/2}^2$ 或 $\chi^2 < \chi_{1-\alpha/2}^2$
	$\sigma^2 \leqslant \sigma_0^2$	$\sigma^2 > \sigma_0^2$		$\chi^2 > \chi_\alpha^2$
	$\sigma^2 \geqslant \sigma_0^2$	$\sigma^2 < \sigma_0^2$		$\chi^2 < \chi_{1-\alpha}^2$

【**例 2**】　为调查某工厂一天内用油量的波动情况,抽查 10 天的用油量,结果如下(单位:t)

22.9, 25.1, 27.6, 23.5, 27.2, 26.6, 25.5, 26.2, 25.4, 29.6.

问能否相信该厂一天用油量的标准差不超过 1.2t?($\alpha = 0.05$)

解　设该厂一天用油量的标准差为 σ,提出假设:

$$H_0 : \sigma^2 = 1.2^2 ; H_1 : \sigma^2 > 1.5^2.$$

取检验统计量

$$\chi^2 = \frac{(n-1)S^2}{1.2^2} \sim \chi^2(n-1).$$

拒绝域为:　　　$W = \{\chi^2 > \chi_{0.05}^2(9)\} = \{\chi^2 > 16.92\}$

已知 $n = 10$,由数据计算得 $S^2 = 3.85$,代入得

$$\chi^2 = \frac{9 \times 3.85}{1.44} = 24.06 > 16.92,$$

故拒绝假设 H_0,即不相信该厂一天用油量的标准差不超过 1.2t.

如果使用 p 值来做结论,$p = P(\chi^2 > 24.6) = 0.004\,2$,小于给定的显著性水平 0.05,故拒绝假设 H_0.

由 p 值我们还看到,只要显著性水平大于 0.004 2,我们的结论就是拒绝 H_0.

8.3.2　两个正态总体参数的假设检验

1. 两个正态总体均值的假设检验（见表 8.4）

(1) 独立样本。

表 8.4   两个正态总体均值的假设检验(σ_1^2, σ_2^2 已知)

原假设 H_0	备选假设 H_1	统计量及其分布	拒绝域
$\mu_1 = \mu_2$	$\mu_1 \neq \mu_2$		$\lvert u \rvert > u_{\alpha/2}$
$\mu_1 \leqslant \mu_2$	$\mu_1 > \mu_2$	$U = \dfrac{\overline{X} - \overline{Y}}{\sqrt{\dfrac{\sigma_1^2}{n_1} + \dfrac{\sigma_2^2}{n_2}}} \sim N(0,1)$	$u > u_\alpha$
$\mu_1 \geqslant \mu_2$	$\mu_1 < \mu_2$		$u < -u_\alpha$

【例 3】   设甲、乙两煤矿出煤的含灰率 X, Y 可认为都服从正态分布:$X \sim N(\mu_1, 7.5)$,$Y \sim N(\mu_2, 6.2)$. 为检验煤矿的煤含灰率有无显著性差异,从两矿中各取样若干份,分析结果为:

甲矿:24.3, 20.8, 23.7, 21.3, 17.4(%);

乙矿:18.2, 16.9, 20.2, 16.7(%).

试在显著性水平 $\alpha = 0.05$ 下,检验"含灰率无差异"这个假设.

解   本例中 σ_1^2, σ_2^2 均已知,要检验假设

$$H_0: \mu_1 = \mu_2; H_1: \mu_1 \neq \mu_2.$$

取检验统计量

$$U = \frac{\overline{X} - \overline{Y}}{\sqrt{\dfrac{\sigma_1^2}{n_1} + \dfrac{\sigma_2^2}{n_2}}} \sim N(0,1).$$

拒绝域为

$$W = \{\lvert U \rvert > u_{0.025}\} = \{\lvert U \rvert > 1.96\}.$$

已知 $n_1 = 5, n_2 = 4, \sigma_1^2 = 7.5, \sigma_2^2 = 6.2$,由样本算得 $\overline{X} = 21.5, \overline{Y} = 18$,代入得统计量的值为 $U = 2.004$.

因为 $\lvert U \rvert = 2.004 > 1.96$,故拒绝 H_0,即在 0.05 的显著性水平下,认为甲矿含灰率与乙矿含灰率有显著差异. 这时,可能犯第一类错误,犯错误的可能性不超过 0.05.

读者可自行计算出 p 值,做出结论(见表 8.5).

表 8.5   两个正态总体均值的假设检验($\sigma_1^2 = \sigma_2^2$,未知)

原假设 H_0	备选假设 H_1	统计量及其分布	拒绝域
$\mu_1 = \mu_2$	$\mu_1 \neq \mu_2$		$\lvert t \rvert > t_{\alpha/2}$
$\mu_1 \leqslant \mu_2$	$\mu_1 > \mu_2$	$t = \dfrac{\overline{X} - \overline{Y}}{S_w \sqrt{\dfrac{1}{n_1} + \dfrac{1}{n_2}}}$	$t > t_\alpha$
$\mu_1 \geqslant \mu_2$	$\mu_1 < \mu_2$	$\sim t(n_1 + n_2 - 2)$	$t < -t_\alpha$

其中 $S_w^2 = \dfrac{(n_1 - 1)S_1^2 + (n_2 - 1)S_2^2}{n_1 + n_2 - 2}$.

(2) 配对样本。在实际问题中,常常要比较两种不同处理的效果. 例如,要比较用来做鞋子后跟的两种材料的质量,选取了 20 个男子(他们的生活条件各不相同),每人穿一双新鞋,其中

一只是以材料 A 做后跟,另一只以材料 B 做后跟,厚度相同.过了一个月后再测量厚度,得到 20 对后跟厚度数据.又如,要考察体能训练对运动员是否有一定的影响.记录了 20 个运动员的跑步成绩,每个运动员有一对数据,未进行体能训练时的成绩和对进行体能训练后的成绩.这样得到的数据是配对数据,也叫配对样本.

下面我们通过例子来介绍成对数据的比较检验法.

【例 4】 了考察一种减缓心跳的药物的疗效,随机选取 15 个测试者,记录了他们服药前后的心跳次数.如下表所示:

样本	1	2	3	4	5	6	7	8	9	10	11	12	13	14	15
服药前	62	63	58	64	64	61	68	66	65	67	69	61	64	61	63
服药后	61	62	59	61	63	58	61	64	62	69	65	60	65	63	62

我们来检验服药前后的心跳次数有无显著差异(显著性水平 $\alpha = 0.05$).

解 这里不能用前面独立样本均值差的检验,因为现在的两个样本并不独立.每个测试者服药前后的心跳次数是相关的,但不同测试者之间却是独立的.

先由 15 对数据之差构成成对观测样本,用 Y 表示服药前后的心跳次数之差,假定 Y 服从正态分布 $N(\mu,\sigma^2)$,μ,σ^2 均未知.于是要检验的假设是:

$$H_0:\mu = 0;H_1:\mu \neq 0.$$

取检验统计量: $t = \dfrac{\overline{Y}}{S/\sqrt{n}} \sim t(n-1).$

显著性水平 $\alpha = 0.05$,拒绝域为:

$$W = \{|t| > t_{0.025}(11)\} = \{|t| > 2.201\}.$$

$n = 12$,由样本计算得 $\overline{Y} = 1.4667,S = 2.3258$,代入得 t 的值为

$$t = 2.242 > 2.201.$$

落入拒绝域,故拒绝假设 H_0.即在所给水平 0.05 之下,服药前后的心跳次数有显著差异.

如果使用 p 值来做结论,p 值 $= P(|t| > 2.242) = 0.0285 < 0.05$,故拒绝假设 H_0.

这种比较检验也叫配对差值 t 检验.上述配对设计最大限度地减少了个体差异对实验结果的影响,因而减少了实验误差,提高了实验精确度,效率较高,用较小样本可得出较多的信息和较大的精确度,注意这里假定配对差值的总体服从正态分布.

2. 两个正态总体方差的假设检验(见表 8.6、表 8.7)

表 8.6 两个正态总体方差的假设检验

统计量及其分布				$F = \dfrac{S_1^2}{S_2^2} \sim F(n_1-1,n_2-1)$	
原假设 H_0	$\sigma_1^2 = \sigma_2^2$	备选假设 H_1	$\sigma_1^2 \neq \sigma_2^2$	拒绝域	$F > F_{\alpha/2}$ 或 $F < F_{1-\alpha/2}$
	$\sigma_1^2 \leqslant \sigma_2^2$		$\sigma_1^2 > \sigma_2^2$		$F > F_{\alpha}$
	$\sigma_1^2 \geqslant \sigma_2^2$		$\sigma_1^2 < \sigma_2^2$		$F < F_{1-\alpha}$

表 8.7　单总体比率 p 的检验(大样本)

统计量					$U = \dfrac{\hat{p} - p_0}{\sqrt{p_0(1-p_0)/n}}$
分布					$N(0,1)$
原假设 H_0	$p = p_0$	备选假设 H_1	$p \neq p_0$	否定域	$\lvert u \rvert > u_{\alpha/2}$
	$p \leqslant p_0$		$p > p_0$		$u > u_\alpha$
	$p \geqslant p_0$		$p < p_0$		$u < -u_\alpha$

【例 5】　卷烟检验标准中要求烟支的某项指标的不合格品率不能超过 3%. 现从一批产品中随机抽取 50 支卷烟进行检验,发现有 2 支不合格品,问这批产品能否放行.(显著性水平 $\alpha = 0.05$)

这批产品能放行,要求不合格品率不能超过 3%. 现从一批产品中随机抽取 50 支卷烟进行检验,发现样本的不合格品率为 4%,于是对该批产品是否能放行产生了怀疑. 但要说明该批产品不能放行,要有很强的证据. 所以原假设应是"产品能放行".

设这批产品的不合格率为 p.

提出假设:　$H_0: p \leqslant 0.03$;　$H_1: p > 0.03$

记 $\hat{p}$ 为 p 的估计. 由于是大样本,我们取检验统计量

$$U = \frac{\hat{p} - 0.03}{\sqrt{0.03(1 - 0.03)/n}} \xrightarrow{\text{近似地}} N(0,1).$$

拒绝域为

$$W = (U < -1.645).$$

将数据代入得

$$\hat{p} = 2/50 = 0.04.$$

检验统计量的值是

$$U = 0.4145 < 1.645,$$

故不能拒绝假设 H_0.

我们再来计算 p,

$$p = P(U > 0.4145) = 0.339.$$

在 0.05 的显著性水平下,我们不能拒绝 H_0.

如果我们进一步思考,提出问题:在随机抽取的 50 支卷烟中抽到多少支不合格品,就应拒绝原假设呢?

显然,这与显著性水平有关. 设 50 支卷烟中抽到的不合格品支数为 x,$\hat{p} = x/n$. 若显著性水平 $\alpha = 0.05$,由

$$P(U > u_{0.05}) = 0.05, 得 \quad U > 1.645,$$

即

$$\frac{x/50 - 0.03}{\sqrt{0.03(1 - 0.03)/50}} > 1.645.$$

解得 $x > 3.48$，也就是说，在随机抽取的 50 支卷烟中至少要有 4 个不合格品才能判整批为不合格.

类似可得，若显著性水平 $\alpha = 0.01, P(U > u_{0.05}) = 0.01$，得 $U > 2.326$，

由 $\dfrac{x/50 - 0.03}{\sqrt{0.03(1 - 0.03)/50}} > 2.326$，解得 $x > 4.31$.

在随机抽取的 50 支卷烟中至少要有 5 个不合格品才能判整批为不合格.

接下来我们再提出问题：若根据判断的实际情况作出放行和不放行的决策，可能犯怎样的错误呢？犯错误的概率能够控制吗？

第一类错误是原假设 H_0 为真（该批产品质量是合格的），却被错误地拒绝放行. 其发生的概率不超过显著性水平 α；第二类错误是原假设 H_0 不真（该批产品质量不合格），但被错误地放行，其发生的概率记为 β. 第一类错误给生产方带来损失，第二类错误给使用方带来损失. 显著性水平 α 控制的是生产方的风险，β 控制的是使用方的风险.

在显著性检验中，首先控制犯第一类错误的概率，即根据实际情况，通过控制显著性水平 α 的大小来减小犯第一类错误的可能性. 在这个限制下，使犯第二类错误的概率尽可能小.

在相同样本量下，要使 α 小，必导致 β 大；要使 β 小，必导致 α 大，要同时兼顾生产方和使用方的风险是不可能的. 要使 α、β 都小，只有增大样本量，这又增加了质量成本. 实际问题中往往要兼顾生产方和使用方的质量风险. 后面第 8.5 节我们将讨论对正态总体均值进行检验时样本容量的确定.

读者可以做一些练习，进一步熟悉和掌握对正态总体均值和方差的假设检验方法（依据中心极限定理，某些检验在大样本情形下也适用于非正态总体）. 你可以进行"假设检验练习"（在配套光盘中）. 练习包括：

(1) 单个正态总体均值和方差的假设检验；

(2) 两个正态总体均值和方差的假设检验.

请你根据不同的原假设和对立假设，选择不同的检验统计量，给出拒绝域.

一般地，按照检验统计量的分布，把检验简称为 U 检验、t 检验、χ^2 检验和 F 检验.

名称	检验统计量的分布
U 检验	正态分布
t 检验	t 分布
χ^2 检验	χ^2 分布
F 检验	F 分布

依据中心极限定理，某些检验在大样本情形下也适用于非正态总体.

按照备选假设的提法，分为：

双侧检验：它的拒绝域取在两侧；

单侧检验：它的拒绝域取在一侧.

例如，假设是 $H_0 : \mu \leqslant \mu_0$；$H_1 : \mu > \mu_0$，则拒绝域取在右侧.

假设是 $H_0 : \mu \geqslant \mu_0 ; H_1 : \mu < \mu_0$,则拒绝域取在左侧.

注:利用样本数据对统计问题中的总体参数进行假设检验的工作,多数统计软件都可以完成. 如果了解假设检验的思想和原理,就能更好地使用软件,理解软件的输出结果.

§8.4 利用置信区间确定假设检验的拒绝域

我们看一个例子.

【例】 设总体服从正态分布 $N(\mu, \sigma^2)$,σ 已知,$X_1, \cdots, X_n$ 是取自该总体的样本,在显著性水平 α 下检验假设

$$H_0 : \mu = \mu_0 ; \quad H_1 : \mu \neq \mu_0.$$

我们用置信区间法来对假设进行检验.

求参数 μ 的区间估计,选择枢轴量

$$U = \frac{\overline{X} - \mu}{\sigma / \sqrt{n}} \sim N(0, 1).$$

按置信水平 $1 - \alpha$ 确定一个大概率事件

$$P\left(\left| \frac{\overline{X} - \mu}{\sigma / \sqrt{n}} \right| \leqslant u_{\alpha/2} \right) = 1 - \alpha.$$

由此得到 μ 的置信水平为 $1 - \alpha$ 的置信区间为:

$$\left[\overline{X} - u_{\alpha/2} \frac{\sigma}{\sqrt{n}}, \overline{X} + u_{\alpha/2} \frac{\sigma}{\sqrt{n}} \right].$$

对于给定的样本值 $x_1, \cdots, x_n$,得到与之对应的置信区间

$$\left[\overline{x} - u_{\alpha/2} \frac{\sigma}{\sqrt{n}}, \overline{x} + u_{\alpha/2} \frac{\sigma}{\sqrt{n}} \right].$$

若 μ_0 在置信区间内,即 $\overline{x} - u_{\alpha/2} \frac{\sigma}{\sqrt{n}} \leqslant \mu_0 \leqslant \overline{x} + u_{\alpha/2} \frac{\sigma}{\sqrt{n}}$,则不能拒绝 H_0;若 μ_0 不在置信区间内,则拒绝 H_0. 由此可知,拒绝域为

$$W = \left\{ \left| \frac{\overline{X} - \mu}{\sigma / \sqrt{n}} \right| > u_{\alpha/2} \right\},$$

且

$$P\left(\left| \frac{\overline{X} - \mu}{\sigma / \sqrt{n}} \right| > u_{\alpha/2} \right) = \alpha.$$

这与我们在前面用显著性检验得到的结论一致.

因此,在进行假设检验时,也可以先求出相应的置信区间. 若 H_0 中的参数值(如本例中的 $\mu = \mu_0$)恰好包含在求出的置信区间内,则不能拒绝 H_0;否则说明它落在拒绝域内,从而拒绝 H_0.

$$H_0 : \mu = \mu_0 ; \quad H_1 : \mu \neq \mu_0.$$

试验"假设检验与区间估计"(在配套光盘中)根据来自总体的同一样本,对参数进行区间估计和假设检验,从中不难看到假设检验和区间估计的联系.

§8.5　对正态总体均值进行检验时样本容量的确定

我们知道,在假设检验问题中,不论做出拒绝还是接受假设的结论,都有可能犯错误.这就是前面介绍的两类错误.一个好的检验应使犯两类错误的概率都尽可能的小,但样本容量给定后,犯这两类错误的概率就不能同时被控制.一般来说,减小其中一个,另一个往往就会增加.在前面介绍的各种检验中,我们一般是预先给出显著性水平 α,通过它控制犯第一类错误的概率,对犯第二类错误的概率不再加以控制.事实上,只要我们选取适当的样本容量,就可以把犯第二类错误的概率控制在预先给定的限度内,从而做到在限定犯第一类错误概率的前提下,使犯第二类错误的概率尽可能小.下面我们用一个例子对此加以说明.

【例】　设 $X_1, X_2, \cdots, X_n$ 是取自正态总体 $N(\mu, \sigma^2)$ 的样本,σ 已知.在显著性水平 α 下我们来检验假设

$$H_0: \mu = \mu_0; \quad H_1: \mu > \mu_0.$$

取检验统计量

$$U = \frac{\overline{X} - \mu_0}{\sigma/\sqrt{n}} \sim N(0,1). \tag{8.1}$$

显著性水平 α 确定了检验的拒绝域

$$u \geqslant u_\alpha.$$

图 8.5(a) 画出的是 U 的抽样分布 $N(0,1)$,图中阴影部分是犯第一类错误的概率 α.

现在我们来计算犯第二类错误的概率,即当 H_0 不真而未能拒绝 H_0 的概率.

当 H_0 不真而 $\mu > \mu_0$ 为真时,设总体 μ 的值为 μ_1,此时有

$$U' = \frac{\overline{X} - \mu_1}{\sigma/\sqrt{n}} \sim N(0,1). \tag{8.2}$$

若统计量 U 的实测值 $u < u_\alpha$,我们做出不拒绝 H_0 的结论,此时发生第二类错误,其概率为

$$\beta = P(U < u_\alpha \mid \mu = \mu_1).$$

由于

$$U = \frac{\overline{X} - \mu_0}{\sigma/\sqrt{n}} = \frac{\overline{X} - \mu_1 + (\mu_1 - \mu_0)}{\sigma/\sqrt{n}} = \frac{\overline{X} - \mu_1}{\sigma/\sqrt{n}} + \frac{(\mu_1 - \mu_0)}{\sigma/\sqrt{n}}, \tag{8.3}$$

记

$$\lambda = \frac{(\mu_1 - \mu_0)}{\sigma/\sqrt{n}}, \tag{8.4}$$

则

$$P(U < u_\alpha \mid \mu = \mu_1) = P\left(\frac{\overline{X} - \mu_0}{\sigma/\sqrt{n}} < u_\alpha \mid \mu = \mu_1 \right)$$

$$= P\left(\frac{\overline{X} - \mu_1}{\sigma/\sqrt{n}} < u_\alpha - \frac{(\mu_1 - \mu_0)}{\sigma/\sqrt{n}} \middle| \mu = \mu_1\right) = \Phi(u_\alpha - \lambda)$$

是犯第二类错误的概率. 这里 Φ 表示标准正态分布的分布函数, 即

$$\Phi(u_\alpha - \lambda) = \beta. \tag{8.5}$$

由 (8.3), (8.2) 和 (8.4) 可得:

当 $\mu = \mu_1$ 时, $U - \lambda \sim N(0,1)$, 即 $U \sim N(\lambda,1)$.

图 8.5(b) 画出的是当 $\mu = \mu_1$ 时 U 的抽样分布 $N(\lambda,1)$, 图中阴影部分是犯第二类错误的概率 β. 由图不难看到, 当样本容量 n 固定时, 减小 α 将会使 β 增大, 增大 α 将会使 β 减小. 下面我们进一步来看 α、β 和样本容量 n 三者的关系.

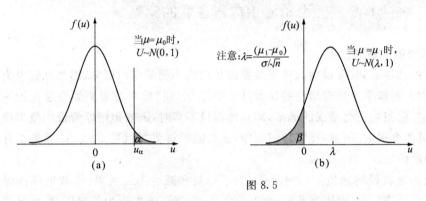

图 8.5

由 (8.5) 式及正态分布上侧分位数的定义, 可得 (见图 8.6)

$$u_\alpha - \lambda = u_{1-\beta} = -u_\beta.$$

即

$$u_\alpha - \frac{(\mu_1 - \mu_0)}{\sigma/\sqrt{n}} = -u_\beta,$$

$$u_\alpha + u_\beta = \frac{(\mu_1 - \mu_0)}{\sigma/\sqrt{n}}. \tag{8.6}$$

可见, 当 α, β 和 n 三个中有两个已知时, 即可计算得到另一个.

对于给定的显著性水平 α, 现在我们来看样本容量是如何影响犯第二类错误的概率 β.

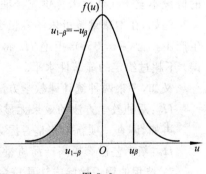

图 8.6

由 (8.6) 式可以看到, 在其他条件不变时, n 越大, u_β 越大, 即 β 越小. 也就是说, 通过增大样本容量可以减小 β. 给定 α, 只要 n 满足

$$n \geqslant \frac{(u_\alpha + u_\beta)^2 \sigma^2}{(\mu_1 - \mu_0)^2}, \tag{8.7}$$

就可以把犯第二类错误的概率 β 控制在预先给定的限度内.

在本例中, 若 $\sigma = 2, \mu_0 = 5, \mu_1 = 5.5$, 取显著性水平 $\alpha = 0.05$, 研究者能够接受的犯第二类

错误的概率 $\beta = 0.1$. 由(8.7)式可求得 $n > 34.5$,取 n 为 35 即可满足要求.

前面对问题的讨论中,当 H_0 不真而 $\mu > \mu_0$ 为真时,我们设总体 μ 的值为 μ_1. 记 $\mu_1 - \mu_0 = \delta$,不难看到,在其他条件不变时,δ 越大,样本容量 n 就越小.

这里我们以正态均值检验的一种单侧情形为例,比较详细地讨论了犯两类错误的概率与样本容量的关系以及样本容量的确定问题. 其他情形的讨论留给读者,结论是类似的.

在实际的假设检验问题中,样本容量 n 及两类错误概率的选取是值得注意的问题. 当样本容量 n 固定时,选择较小的显著性水平意味着将使发生第二类错误的风险增大. 使用者应根据实际问题的要求来选择 α、β 和 n.

§8.6　假设检验中应当注意的问题

1. 合理选取原假设和备选假设

在前面的内容中已经看到,假设检验首先控制的是犯第一类错误的概率,即当原假设为真时,错误地拒绝原假设的概率不超过给定的显著性水平 α,所以检验本身对原假设起保护的作用,不肯轻易拒绝它. 而犯第二类错误的概率,即当原假设不真时,未能拒绝原假设的概率通常无法控制,它有时可能会很大. 因此,在实际问题中,通常需要将要"保护"的断言,即将不肯轻易拒绝的断言作为原假设.

由于原假设与备选假设的地位不是对等的. 为了稳妥和减少不良后果,常常把那些保守的、历史的、经验的取为原假设,而把那些猜测的、有可能的、待证实的取为备选假设. 所提原假设常常是如"效应不存在","无变化","无显著差异". 这有点类似司法审判中的"无罪推定",原假设是被告无罪,备选假设是被告有罪. 在对某种效应判断有无时,原假设取为"无",使"无"的假设不至于在数据未提供充分证据的情况下被拒绝.

例如,在本章罐装可乐的容量合格检验的例中,原假设是生产正常($\mu = 355$),备选假设是生产不正常($\mu \neq 355$),拒绝 H_0 将得出生产不正常的结论. 拒绝 H_0 可能犯的错误(第一类错误)不超过给定的显著性水平.

又如,考察两种统计课教学方法的效果,所提假设是:

H_0:两种教学方法的效果无显著差异;H_1:两种教学方法的效果有显著差异.

再如,调查一项新工艺是否提高了产品质量,所提假设是:

H_0:新工艺没有提高产品质量;H_1:新工艺提高了产品质量.

2. 选用的假设检验方法要符合其应用条件.

由于研究变量的类型、问题的性质、条件、试验设计方法、样本大小等不同,所选用的显著性检验方法也不同,因而在选用检验方法时,应认真考虑其应用条件和适用范围.

3. 正确理解假设检验结论的统计意义

在假设检验中,提出原假设后,对观察数据与原假设的差异进行定量的分析. 如果此差异不能用随机性来解释,就认为差异显著而拒绝原假设,否则就认为差异还不够显著而不拒绝原假设. 在显著性检验中,我们是依据一个样本来做出结论的,所以只能拒绝原假设,而不能证明原假设是正确的.

假设检验中所说的"差异显著"指的是统计显著性. 统计显著性和实际显著性是两个不同的概念. 对于大的样本,就是小的差异也是可能是"统计显著"的,但这个差异可能是不重要的. 相反,如果样本太小,一个重要的差异可能是统计上不显著的. 一个结果在实际中显著与否只有在研究清楚了来龙去脉之后才能下结论.

4. 统计分析结论的应用,还要与经济效益等结合起来综合考虑

§8.7　拟合优度的 χ^2 检验

前面我们讨论了当总体分布形式已知时,关于其中未知参数的假设检验问题. 然而,可能遇到这样的情形,我们甚至没有把握肯定关于总体分布的一般形式,请看下面的例子.

【例 1】　从 1500 年到 1931 年的 432 年间,世界上每年爆发战争的次数是一个随机变量. 据统计,这 432 年中,共爆发了 299 次战争,具体数据如下:

战 争 次 数 X：　0　　1　　2　　3　　4
发生 X 次战争年数：223　142　48　15　4

在概率论中,大家对泊松分布产生的一般条件已有所了解. 容易想到,每年爆发战争的次数可以用一个泊松随机变量来近似描述. 也就是说,我们可以假设每年爆发战争次数的分布近似泊松分布. 现在的问题是:根据上面的数据这个假设能成立吗?

【例 2】　为研究某种种子的发芽情况,种了 1 000 穴做试验,每穴种下 4 粒种子,得到发芽情况的记录如下.

发芽粒数：　0　1　2　　3　　4
穴　　数：　3　4　73　330　590

我们能验证这种种子每穴发芽粒数服从二项分布吗?

【例 3】　某工厂制造一批骰子,声称它是均匀的. 也就是说,在投掷中,出现 1 点,2 点,…,6 点的概率都应是 1/6. 为检验骰子是否均匀,要把骰子实地投掷若干次,统计各点出现的频率与 1/6 的差距. 问题是:得到的数据能否说明"骰子均匀"的假设是可信的?

【例 4】　某炼铁厂在正常生产条件下生产了 116 炉铁水,测得其中铁水含碳量 X 的百分比如下,能否验证 X 服从正态分布?

4.59	4.44	4.53	4.53	4.65	4.72	4.57	4.39	4.62	4.57
4.62	4.57	4.53	4.57	4.66	4.40	4.40	4.61	4.55	4.60
4.58	4.59	4.50	4.60	4.57	4.57	4.56	4.47	4.52	4.55
4.73	4.67	4.72	4.77	4.52	4.44	4.42	4.59	4.57	4.57
4.64	4.67	4.59	4.67	4.60	4.58	4.48	4.60	4.60	4.52
4.48	4.61	4.61	4.28	4.57	4.78	4.51	4.70	4.68	4.62
4.43	4.57	4.54	4.52	4.50	4.50	4.48	4.66	4.40	4.53

4.30	4.43	4.54	4.50	4.47	4.47	4.43	4.42	4.39	4.33
4.50	4.51	4.55	4.51	4.49	4.65	4.63	4.60	4.58	4.64
4.57	4.42	4.49	4.55	4.52	4.36	4.50	4.37	4.54	4.54
4.42	4.48	4.53	4.60	4.57	4.60	4.60	4.44	4.57	4.54
4.56	4.41	4.52	4.50	4.68	4.50				

类似上述例子的问题在实际应用中经常出现. 解决这类问题的工具是英国统计学家 K·皮尔逊在 1900 年发表的一篇文章中引进的 χ^2 检验法, 它是一种非参数检验.

8.7.1　基本思想和步骤

χ^2 检验法是在总体 X 的分布未知时, 根据取自总体的样本 $X_1, X_2, \cdots, X_n$ 来检验关于总体分布的假设的一种方法.

原假设为

$$H_0: \text{总体 } X \text{ 的分布为 } F.$$

若总体 X 为离散型, 则原假设相当于

$$H_0: \text{总体 } X \text{ 的概率函数为 } P(X = x_i) = p_i (i = 1, 2, \cdots).$$

若总体 X 为连续型, 则原假设相当于

$$H_0: \text{总体 } X \text{ 的密度函数为 } f(x).$$

在用下述 χ^2 检验法检验假设 H_0 时, 若在 H_0 下分布类型已知, 但其参数未知, 这时需要先用最大似然估计法估计参数, 然后作检验.

分布拟合的 χ^2 检验法的基本思想和步骤如下:

(1) 将总体 X 的取值范围分成 k 个互不重叠的小区间, 记作 $A_1, A_2, \cdots, A_k$.

(2) 把落入第 i 个小区间 A_i 的样本值的个数记作 f_i, 称为实测频数. 所有实测频数之和 $f_1 + f_2 + \cdots + f_k$ 等于样本容量 n.

(3) 根据所假设的理论分布, 可以算出总体 X 的值落入每个 A_i 的概率 p_i, 于是 np_i 就是落入 A_i 的样本值的理论频数.

显然, 各个实测频数 f_i 与理论频数 np_i 之间的离差标志着经验分布与理论分布之间的差异的大小. 皮尔逊引进如下统计量来度量经验分布与理论分布之间的差异:

$$\chi^2 = \sum_{i=1}^{k} \frac{(f_i - np_i)^2}{np_i}. \tag{8.8}$$

其中 f_i 是随机变量, 而在理论分布已给定的情况下, np_i 是常量.

统计量 χ^2 的实际分布是很复杂的, 好在我们可以得到它的一个渐近分布. 该渐近分布由如下定理给出, 它是由英国统计学家皮尔逊证明的.

定理(皮尔逊定理)　若原假设中的理论分布 F 已经完全给定, 那么当 $n \to \infty$ 时, 统计量

$$\chi^2 = \sum_{i=1}^{k} \frac{(f_i - np_i)^2}{np_i}$$

的分布渐近 $(k-1)$ 个自由度的 χ^2 分布.

如果理论分布 F 中有 r 个未知参数需用相应的估计量来代替,那么,当 $n \to \infty$ 时,统计量 χ^2 的分布渐近 $(k-r-1)$ 个自由度的 χ^2 分布.

根据这个定理,对于给定的显著性水平 α,查 χ^2 分布分位数表可得临界值 χ_α^2,使得

$$\left(\chi^2 \geqslant \chi_\alpha^2\right) = \alpha,$$

拒绝域为

$$\chi^2 \geqslant \chi_\alpha^2.$$

如果根据所给的样本值 $X_1, X_2, \cdots, X_n$ 算得 χ^2 的值不小于 χ_α^2,则拒绝假设 H_0;否则认为差异还不够显著而不拒绝 H_0.

注:皮尔逊定理是在 n 无限增大时推导出来的,因而在使用时注意 n 要足够大,以及 np_i 不太小这两个条件.根据计算实践,要求 n 不小于 50,以及每一个 np_i 都不小于 5.否则应适当合并区间,使 np_i 满足这个要求.

8.7.2　应用举例

下面我们结合实例说明 χ^2 检验法的具体应用.

让我们回到本节开始的例 1,检验每年发生战争的次数 X 是否服从泊松分布.提出假设:

$$H_0: X \text{ 服从泊松分布.}$$

$$P(X = i) = e^{-\lambda}\lambda^i / i!, \quad i = 0, 1, 2, \cdots.$$

根据观察结果,得参数 λ 的最大似然估计为

$$\hat{\lambda} = \overline{X} = 0.69.$$

按参数为 0.69 的泊松分布,计算事件 $X = x_i$ 的概率 p_i,p_i 的估计是

$$\hat{p}_i = e^{-0.69} 0.69^i / i!, \quad i = 0, 1, 2, 3, 4.$$

将有关计算结果列在表 8.8 中.

将 $n\hat{p}_i \leqslant 5$ 的组予以合并,即将发生 3 次及 4 次战争的组归并为一组.因 H_0 所假设的理论分布中有一个未知参数,故自由度为 $4-1-1=2$.

对 $\alpha = 0.05$,查 χ^2 分布表,得 $\chi_{0.05}^2(2) = 5.991$.

由于 χ^2 的实测值 $= 2.43 < \chi_{0.05}^2(2)$,所以不能拒绝假设 H_0.

表 8.8

战争次数	实测频数 f_i	$\hat{p}_i$	$n\hat{p}_i$	$f_i - n\hat{p}_i$	$\dfrac{(f_i - n\hat{p}_i)^2}{n\hat{p}_i}$
0	223	0.502	216.7	6.3	0.183
1	142	0.346	149.5	-7.5	0.376
2	48	0.119	51.6	-3.6	0.251
3	15	0.028	12.0 $\Big\}$ 14.2	4.8	1.623
4	4	0.005	2.16		
$\sum$					2.43

对本节例 2、例 3 可类似进行检验,留作课下练习.

让我们再回到本节例 4 中.现在要检验的假设是:

$$H_0:铁水含碳量服从正态分布 N(\mu,\sigma^2),$$

这里参数 μ,σ^2 均未知,可分别用它们的最大似然估计值来代替.

$$\hat{\mu} = \overline{X} = 4.544, \quad \hat{\sigma}^2 = \frac{1}{116}\sum_{i=1}^{116}(X_i - \overline{X})^2 = 0.097^2.$$

于是要检验的假设是:

$$H_0:铁水含碳量 X 服从正态分布 N(4.544,0.097^2).$$

根据样本分布情况,将整个实轴分为 $k=12$ 个不相交的区间.根据所假设的理论分布,可以算出总体 X 的值落入第 i 个区间的概率 $\hat{p}_i = P(X \in A_i)$,$n\hat{p}_i$ 以及 $\dfrac{(f_i - n\hat{p}_i)^2}{n\hat{p}_i}$(见表 8.9).

表 8.9

A_i	f_i	$\hat{p}_i$	$n\hat{p}_i$	$\dfrac{(f_i - n\hat{p}_i)^2}{n\hat{p}_i}$
$-\infty \sim 4.325$	2	0.012 2	$\left.\begin{array}{l}1.415\\3.434\end{array}\right\}4.849$	0.004 7
$4.325 \sim 4.375$	3	0.029 6		
$4.375 \sim 4.425$	8	0.069 4	8.050	0.000 3
$4.425 \sim 4.475$	11	0.130 8	15.173	1.147 7
$4.475 \sim 4.525$	23	0.182 7	21.193	0.154 1
$4.525 \sim 4.575$	29	0.204 6	23.734	1.168 4
$4.575 \sim 4.625$	21	0.173 0	20.068	0.043 3
$4.625 \sim 4.675$	10	0.110 8	12.853	0.633 3
$4.675 \sim 4.725$	5	0.056 8	$\left.\begin{array}{l}6.589\\2.514\,9\\0.766\,8\\0.221\,6\end{array}\right\}10.092$	0.118 2
$4.725 \sim 4.775$	2	0.021 68		
$4.775 \sim 4.825$	1	0.006 61		
$4.825 \sim +\infty$	1	0.001 91		
$\sum$			116.012	3.27

将 $n\hat{p}_i < 5$ 的组予以适当合并,使得每组均有 $n\hat{p}_i \geqslant 5$,并组后 $k=8$.

由表 8.9 得到,统计量 $\chi^2 = \sum\limits_{i=1}^{k} \dfrac{(f_i - n\hat{p}_i)^2}{n\hat{p}_i}$ 的值为 $\chi^2 = 3.27$.因为区间数 $k=8$,利用观测值估计的参数个数 $r=2$,所以自由度为 $(8-2-1)=5$.

对 $\alpha = 0.05$,查 χ^2 分布分位数表得 $\chi^2_{0.05}(5) = 11.071$.

因为 χ^2 的值 $< \chi^2_{0.05}(5)$,故不能拒绝 H_0.

最后,我们以遗传学上的一项伟大发现为例,说明统计方法在研究自然界和人类社会的规律性方面,起着积极的、主动的作用.

1865 年,奥地利生物学家孟德尔发表了一篇文章,文中提出了基因的学说,从而奠定了现代遗传学的基础.让我们来介绍他这项伟大发现的过程.

孟德尔是用豌豆做试验,这种豆的果实有黄、绿两种颜色.孟德尔分别培养了一个黄色的纯系和一个绿色的纯系,其子一代所结的豆子分别全部是黄色的和全部是绿色的.然后他将这两个纯系进行杂交,发现这种黄－绿杂交品种所结的豆子全部是黄色的,与黄色纯系无不同.但在将这种杂交体再进行自身杂交而产生第二代时,发现某些这种"第二代杂交种子"呈黄色,某些呈绿色,其数目的比例大致接近 3：1(见图 8.7).

孟德尔把他的试验重复了多次,每次都得到类似的结果.这个表面上的规律性启发了孟德尔去发展一种理论,以解释这个现象.他假定存在一种现在称之为基因的实体以控制豆子的颜色.这实体有两个状态 y(黄)和 g(绿),共组成四种配合:yy,yg,gy,gg(称为基因型).前三种配合使豆子呈黄色,而第四种配合使豆子呈绿色(在遗传学上称 y 为显性的而称 g 为隐性的).根据这个学说,孟德尔就容易给他的实验结果以圆满的解释.

黄色纯系和绿色纯系的基因型分别是 yy 和 gg.杂交第一代种子的基因型只有一种可能性,即 yg.而根据 y 为显性的假设,具有这种基因型的豆子呈黄色,在外观上与 yy 无异.但若对 yg 再进行自身杂交,则呈现四种可能性:yy,yg,gy,gg,前三种是黄色而后一种是绿色.这解释了杂交第二代豆子中黄绿之比近似为 3：1 的观察结果(见图 8.8).

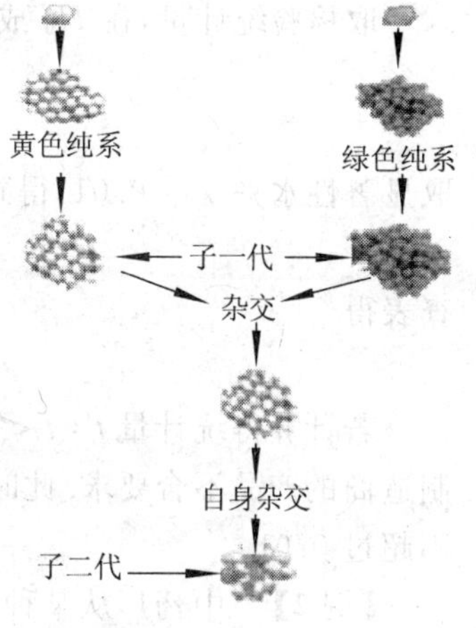

配套光盘中的"孟德尔豌豆试验"对此进行了模拟.请进行其中的试验,并进行检验.

孟德尔理论的伟大意义并不在于它给这个特殊的观察结果提供了理论解释,而是在于用经过发展后的这个理论可以解释生物体的很多遗传现象.到 20 世纪 50 年代,基因的存在已经在分子的水平上获得了证实.

在从分子的水平上观察到基因的存在因而完全证实这个理论之前,人们曾经用统计方法对按照这个理论推出的大量结论进行过检验.检验的结果都证实了这个理论与观察结果符合.这本身就是统计方法在科学上的一项重要应用.

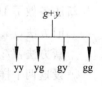

图 8.7

图 8.8

注意到上面介绍的拟合优度的检验,是分组(分区间)处理样本数据的,检验结果依赖于区间的划分.实际检验的是某多项分布对数据的拟合优度,可能损失信息.此外,它要求大样本.因此人们还建立了其他的分布检验方法,如柯尔莫哥洛夫检验等,有兴趣的同学可参看有关参考书.

注:利用样本数据对总体分布进行假设检验,计算量一般较大,要借助统计软件包来实现.

§8.8 综合应用举例

【例 1】 质量监督局定期对制造商产品标签上的说明进行检验.某瓶装香油的标签上标

明其净重至少为 450g. 我们对此进行检验.

(1) 应如何确定原假设和备选假设?

(2) 假定随机选取 36 瓶香油,测得这 36 瓶净重的平均值小于 450g,你会有什么想法?什么情况下你会提出投诉?你冒着多大的风险?

解 (1) 对于制造商的产品说明,否定它要有足够的证据,也就是说,我们不能轻易否定. 设该瓶装香油净重的平均值为 μg,我们提出下面原假设和备选假设:

$$H_0:\mu = 450; H_1:\mu < 450.$$

(2) 假定随机选取 36 瓶香油,测得这 36 瓶净重的平均值小于 450g,我们会对制造商的产品说明产生怀疑. 但平均值小于 450g 并不一定就说明制造商的产品不合要求. 下面我们进行假设检验.

取检验统计量,在 H_0 成立下求出其分布,

$$t = \frac{\overline{X} - 450}{S/\sqrt{n}} \sim t(n-1).$$

取显著性水平 $\alpha = 0.01$,得到该检验问题的拒绝域

$$W = (t < -t_\alpha(35)).$$

查表得

$$t_{0.01}(35) = 2.437\ 7.$$

若计算得统计量 $t:t < -2.437\ 7$,则我们认为结果是高度显著的,即以 99% 的把握认为制造商的产品不合要求. 此时若提出投诉,所冒的风险是犯第一类错误,犯第一类错误的概率不超过 0.01.

【例 2】 中药厂从某种药材中提取某种有效成分,为了进一步提高得率(得率是药材中提取的有效成分的量与进行提取的药材的量的比),改革提炼法. 现在对同一质量的药材,用旧法与新法各做了 10 次试验,其得率分别为:

旧方法,75.5,77.3,76.2,78.1,74.3,72.4,77.4,76.7,76.0,77.4;

新方法,77.3,79.1,79.1,81.0,80.2,79.1,82.1,80.1,77.3,79.1.

设这两个样本分别来自正态总体 $N(\mu_1,\sigma_1^2)$ 和 $N(\mu_2,\sigma_2^2)$,且相互独立. 问新法的得率 μ_2 是否比旧法的得率 μ_1 高?(取 $\alpha = 0.05$)

解 记旧、新两种方法的得率分别为 X_1,X_2,已知 $X_1 \sim N(\mu_1,\sigma_1^2)$,$X_2 \sim N(\mu_2,\sigma_2^2)$. 先在假设 μ_1,μ_2 未知下对两总体方差是否相等进行检验. 提出假设:

$$H_0:\sigma_1^2 = \sigma_2^2; H_1:\sigma_1^2 \neq \sigma_2^2.$$

取检验统计量

$$F = \frac{S_1^2}{S_2^2} \sim F(9,9).$$

拒绝域为

$$W = (F > F_{0.025}(9,9) \text{ 或 } F < F_{0.975}(9,9))$$

$$= (F > 4.03 \text{ 或 } F < 0.25),$$

代入数据计算得

$$F = \frac{2.94}{2.24} = 1.31,$$

故不能拒绝假设 H_0.

接下来我们检验假设：

$$H_0 : \mu_1 = \mu_2 ; H_1 : \mu_1 < \mu_2.$$

取检验统计量

$$t = \frac{\overline{X}_1 - \overline{X}_2}{\sqrt{\dfrac{S_1^2 + S_2^2}{n}}} \sim t(2n - 2). \tag{8.9}$$

取显著性水平 $\alpha = 0.01$, 得到该检验问题的拒绝域

$$W = (t < -t_{0.05}(18)) = (t < -1.734).$$

将 $n = 10, \overline{X}_1 = 76.13, \overline{X}_2 = 79.44, S_1^2 = 2.94, S_2^2 = 2.24$ 代入 (8.9) 式中, 得

$$t = -4.6 < -1.734,$$

因而拒绝 H_0, 即在显著性水平 $\alpha = 0.05$ 下, 认为新的提炼方法的得率比旧法高, 因而可考虑采用新方法.

我们来计算 p 值, $p = P(t < -4.6) = 0.000\,11$. 可见, 拒绝 H_0 的证据很强. 这里, 我们再次看到, 使用 p 值的好处.

基本练习题八

1. 请回答：

(1) 在假设检验中, 做出是否拒绝 H_0 的结论时使用了一种什么推理方法？

(2) 在假设检验中, 当做出不拒绝 H_0 的决定时, 是否意味着原假设一定对？

2. 设假设检验中犯第一类错误的概率是 α, 犯第二类错误的概率是 β, 进行检验的样本容量为 n, 试问：

(1) 是否 $\alpha + \beta$ 一定等于 1？

(2) 样本容量给定后, 犯两类错误的概率就能同时被控制得很小？

(3) 怎样在保持 α 不变的条件下, 尽可能减小 β？

3. 有一位医学教授声称"吃鸡蛋不会引起胆固醇过多症". 他的理由是, 因为他每天吃一个鸡蛋, 而今血压不高, 血中的胆固醇正常. 这一论证可信吗？为什么？

以下题目中, 你可以根据拒绝域, 也可以用 p 值来作出结论.

4. 某种零件的尺寸 X 服从正态分布 $N(\mu, \sigma^2)$, $\sigma^2 = 1.21$. 随机抽取 6 件, 得尺寸数据 (mm)：

32.56, 29.66, 31.64, 30.00, 31.87, 31.03.

当显著性水平 $\alpha = 0.01$ 时,能否认为这批零件的平均尺寸为 32.50mm? 若 σ^2 未知呢?

5. 某县从全县小学六年级学生的语文考卷中随机抽取 400 份,统计得平均分为 67.6. 根据历年资料标准差是 14.4. 是否可以说,该县小学六年级学生的语文平均分是 65 分?(显著性水平 $\alpha = 0.05$).

6. 如果你在商店买了一袋标有 500g 重的奶粉,回家一称只有 480g,明显份量不足. 于是你找到监督部门. 当然他们会觉得一袋份量不够可能是随机的. 于是监督部门就去商店称了 50 袋同样品牌的奶粉,得到均值(平均重量)是 497g,标准差是 12g,问这能否说明厂家生产的这批奶粉平均起来不够份量呢?(显著性水平 $\alpha = 0.05$)

7. 某种导线要求电阻标准差不超过 0.005Ω. 今在生产的一批导线中取样品 9 根,测得样本标准差 $S = 0.007\Omega$. 设总体为正态分布,在 $\alpha = 0.05$ 下,能否认为这批导线的标准差显著地偏大?

8. 某心理学家认为一般汽车司机的视反应时间的平均值为 175ms,有人随机抽取 36 名汽车司机作为研究样本进行了测定,结果平均值为 180ms,标准差为 25ms. 能否根据测试结果否定该心理学家的结论?($\alpha = 0.05$)

9. 某部门对当前市场的价格情况进行调查. 以鸡蛋为例,所抽查的全省 20 个集市上,售价分别为(单位:元 /500g)

3.05, 3.31, 3.34, 3.82, 3.30, 3.16, 3.84, 3.10, 3.90, 3.18,

3.88, 3.22, 3.28, 3.34, 3.62, 3.28, 3.30, 3.22, 3.54, 3.30.

已知往年的平均售价一直稳定在 3.25 元 /500g 左右,能否认为全省当前的鸡蛋售价明显高于往年?($\alpha = 0.05$)

10. 甲省 20 岁男人 153 人,体重平均为 57.41kg,均方差为 5.77kg;乙省同龄男子 686 人,体重平均为 55.95kg,均方差为 5.17kg. 试问两省 20 岁男子平均体重有无显著性差异?($\alpha = 0.01$)

11. 为检验电厂工人的平均月工资是否低于钢厂工人的平均月工资,从两类工厂随机抽取若干工人作工资调查,结果如下:

电厂:74, 65, 72, 69 (元);

钢厂:75, 78, 74, 76, 72 (元).

假设电厂和钢厂工人工资分别服从正态分布 $N(\mu_1, \sigma^2)$ 和 $N(\mu_2, \sigma^2)$,但 σ^2 未知. 试在 $\alpha = 0.05$ 下进行检验.

12. 为比较两台自动机床的精度,分别取容量为 10 和 8 的两个样本,测量某个指标的尺寸,得到下列结果:

车床甲:1.08, 1.10, 1.12, 1.14, 1.15, 1.25, 1.36, 1.38, 1.40, 1.42;

车床乙:1.11, 1.12, 1.18, 1.22, 1.33, 1.35, 1.36, 1.38.

假定测量值服从正态分布. 在 $\alpha = 0.1$ 下,问这两台机床是否有同样的精度?

13. 给10个患者分别服用 A、B 两种安眠药,得到延长睡眠时间的数据如下:

A:$0.7, -1.6, -0.2, -1.2, -0.1, 3.4, 3.7, 0.8, 0, 2.0$;

B:$1.9, 0.8, 1.1, 0.1, -0.1, 5.5, 4.4, 1.6, 4.6, 3.4$.

假设服用两种安眠药延长睡眠时间之差服从正态分布,在 $\alpha = 0.05$ 下,检验这两种安眠药的疗效有无显著差异.

提示:这是基于成对数据的检验.请注意它与两总体均值差的检验问题的区别.若以 Y 记两种安眠药延长睡眠时间之差,$Y \sim N(\mu, \sigma^2)$.此问题可归结为假设检验问题:

$$H_0:\mu = 0 \; ; \; H_1:\mu \neq 0.$$

14. 为了比较用来做鞋子后跟的两种材料的质量,选取了15个男子(他们的生活条件各不相同),每人穿一双新鞋,其中一只是以材料 A 做后跟,另一只以材料 B 做后跟,其厚度均为10mm.过了一个月后再测量厚度,得到数据如下:

男子	1	2	3	4	5	6	7	8	9	10	11	12	13	14	15
材料 A	6.6	7.0	8.3	8.2	5.2	9.3	7.9	8.5	7.8	7.5	6.1	8.9	6.1	9.4	9.1
材料 B	7.4	5.4	8.8	8.0	6.8	9.1	6.3	7.5	7.0	6.5	4.4	7.7	4.2	9.4	9.1

设两种材料做的后跟厚度之差服从正态分布,问是否可认为以材料 A 做的后跟比材料 B 的耐穿?($\alpha = 0.05$)

15. 一种耐火砖的次品率为0.17.现采用一种新的配料,发现400块砖中有次品砖56块,可否认为新的配料方案降低了次品率?($\alpha = 0.05$)

16. 一位研究者声称至少有80% 的观众对电视上的商业广告感到厌烦.现随机询问了120名观众,其中有70人同意此观点.在显著性水平 $\alpha = 0.05$ 下,你是否同意该研究者的观点?

17. 在某城市中随机调查了1 000个家庭,发现有618家有彩色电视机.在显著性水平 $\alpha = 0.05$ 下,能否同意"该城市有2/3 的家庭拥有彩色电视机"的说法?写出检验的主要步骤.(用二项分布的正态近似,转化为正态分布处理.)

18. 某市全体职工中,平常订阅某种报纸的占40%.最近从订阅率来看似乎出现了减少的现象.随机抽取200户职工家庭进行调查,有76户职工订阅该报纸,问报纸的订阅率是否显著降低?

19. 参数的假设检验和区间估计有什么关系?

20. 从听收音机的人群中随机抽取33人,记录下它们每周收听的时间,以 h 为单位的数据如下:

$9, \; 8, \; 7, \; 4, \; 8, \; 6, \; 8, \; 8, \; 7, \; 10, \; 8, \; 10, \; 6, \; 7, \; 7, \; 8, \; 9,$

$6, \; 5, \; 8, \; 5, \; 6, \; 8, \; 7, \; 8, \; 5, \; 5, \; 8, \; 7, \; 6, \; 6, \; 4, \; 5.$

在显著性水平 $\alpha = 0.05$ 下,用下列两种方式检验假设:

$$H_0:\mu = 5; H_1:\mu \neq 5.$$

(1) 计算检验统计量的值,并与 $\alpha = 0.05$ 时的临界值进行比较;

(2) 求 μ 的置信水平为 $1-\alpha=0.95$ 的置信区间,并观察 5 是否在此区间内;

(3) 你的结论是什么?

21. 为什么统计上的结论一定要注意其实质?

22. 考虑如下的假设检验:

$$H_0:\mu=15;H_1:\mu\neq 15.$$

从正态总体中抽取容量为 25 的样本,其样本均值为 14.2,样本标准差为 5.

(1) 取显著性水平 $\alpha=0.02$,给出拒绝域;

(2) 计算检验统计量的值;

(3) p 值是多少?

(4) 你能得出怎样的结论?

23. 为什么说利用 p 值我们可以了解做出拒绝或不能拒绝原假设的充分程度?试举一例说明.

24. 对 8.7 节例 2 提出的问题进行检验.

25. 在某公路桥上,50min 之间,观察每 15s 内通过的汽车辆数,得到的次数分布如下:

通过的汽车辆数 x	0	1	2	3	4	$\geqslant 5$
次数	92	69	27	11	1	0

试检验这个分布是否为泊松分布.$(\alpha=0.05)$

26. 某商场自开办有奖销售以来的 13 期中奖号码中,各数码出现的频数如下表所示:

数码	0	1	2	3	4	5	6	7	8	9	总计
频数	21	28	37	36	31	45	30	37	33	52	350

问该商场的摇奖结果是否公平?取 $\alpha=0.05$ 和 $\alpha=0.01$,结论一样吗?

提高题八

1. 设 $X_1,X_2,\cdots,X_n$ 是取自正态总体 $N(\mu,\sigma^2)$ 的样本,σ 已知.在显著性水平 α 下检验假设:

$$H_0:\mu=\mu_0;H_1:\mu=\mu_1<\mu_0.$$

若要求犯第二类错误的概率不小于 β,样本容量最小为多少?

2. (续 1) 考虑如下的假设检验:

$$H_0:\mu=10;H_1:\mu<10.$$

样本容量为 120,$\sigma=5$,$\alpha=0.05$.如果总体均值的真实值为 9,可计算得犯第二类错误的概率 β 为 0.291 2.假定研究者想将 β 减少到 0.1,你建议选多大的样本容量?

3. 设 $X_1,X_2,\cdots,X_n$ 是取自正态总体 $N(\mu,10^2)$ 的样本,考虑如下的假设检验:

$$H_0:\mu=20;H_1:\mu>20.$$

取 $\alpha = 0.05$，假设实际总体均值是 22，研究者能够接受的犯第二类错误的概率为 0.05，应选取多大的样本？

4. 某罐头厂的机器设计为每罐装 485g 苹果酱，据以往经验知 $\sigma^2 = 150$. 检验人员每天要打开 25 个罐头，称其重量. 如果 25 听罐头的平均数不在 480 与 490 之间，该罐装程序即自行关停，机器予以维修.

(1) 这里检验的是什么假设？

(2) 若机器正常，犯第一类错误的概率是多少？

(3) 如果实际上 $\mu = 478$，犯第二类错误的概率是多少？

5. 设 $X_1, X_2, \cdots, X_{25}$ 是取自正态总体 $N(\mu, 1)$ 的样本，在显著性水平 $\alpha = 0.05$ 下检验假设：

$$H_0 : \mu = 0; \quad H_1 : \mu > 0.$$

(1) 求出检验的拒绝域；

(2) 若由样本计算得 $\overline{X} = 0.4$，你得出什么结论？可能犯哪一类错误？犯错误的概率是多少？

(3) 若由样本计算得 $\overline{X} = 0.3$，你得出什么结论？可能犯哪一类错误？若 $\mu = 0.2$，犯错误的概率是多少？

第 9 章

回归分析初步

本章介绍一元线性回归的基本思想、原理和方法,回归方程的建立,用最小二乘法估计回归系数 a,b,回归方程的显著性检验,利用回归方程进行预测以及能化为线性回归的曲线回归.

§9.1 引 言

从浩瀚无垠的宇宙到微小的分子、原子,从无机界到有机界,从自然界到人类社会,无一事物不处在与其他事物的联系之中. 事物之间不仅存在着相互联系,而且还具有一定的内部规律. 让我们来看一下有联系的变量之间的关系.

例如,矩形的面积 S 和矩形的两条边长 a 和 b 有关系

$$S = a \cdot b.$$

又如著名的欧姆定律指出,电压 V,电阻 R 与电流 I 之间有关系

$$V = I \cdot R.$$

以上两例的共同点在于,三个量中任意两个已知,其余一个就可以完全确定. 也就是说,变量之间存在着确定性的关系,并且可以用数学表达式来表示这种关系.

然而,在大量的实际问题中,变量之间虽有某种关系,但这种关系很难找到一种精确的表示方法来描述. 例如,人的身高与体重之间有一定的关系. 知道一个人的身高可以大致估计出他的体重,但并不能算出体重的精确值. 其原因在于人有较大的个体差异,因而身高和体重的关系,是既密切但又不能完全确定的函数关系. 类似的变量间的关系在大自然和社会中屡见不鲜. 例如,水稻的穗长与穗重的关系,某班学生最后一次考试分数与第一次考试分数的关系,温度、降雨量与农作物产量间的关系,人的年龄与血压的关系,最大积雪深度与灌溉面积间的关系,家庭收入与支出的关系,等等.

这种大量存在的变量间既互相联系但又不是完全确定的关系,称为**相关关系**. 从数量的角度去研究这种关系,是数理统计的一个任务. 它包括通过观察和试验数据去判断变量之间有无

关系,对其关系大小作出数量上的估计,对互有关系的变量通过其一去推断和预测其他,等等.回归分析就是研究相关关系的一种重要的数理统计方法.

回归这一术语是 1886 年英国生物学家高尔顿在研究遗传现象时引进的.他发现,虽然高个子的先代会有高个子的后代,但后代的增高并不与先代的增高等量,他称这一现象为"向平常高度的回归".尔后,他的朋友麦尔逊等人搜集了上千个家庭成员的身高数据,分析出成年儿子的身高 y 和父亲的身高 x 大致为如下关系:$y = 0.516x + 33.73$(英寸)

这意味着,若父亲身高超过父辈平均身高 6 英寸,那么其儿子的身高大约只超过同辈成年男子平均身高 3 英寸,可见有向平均值返回的趋势.诚然,如今对回归这一概念的理解并不是高尔顿的原意,但这一名词却一直沿用下来,成为统计学中最常用的概念之一.

回归分析研究两个及两个以上变量时,根据变量的地位,作用不同分为自变量和因变量.

在回归分析中,当自变量只有 1 个时,称为**一元回归**;当自变量的个数大于 1 时,称为**多元回归**.因变量和自变量间大体上有**线性关系**,称为**线性回归**,否则,称为**非线性回归**.

本章主要讨论一元线性回归.它是处理两个变量之间关系的最简单的模型.它虽然比较简单,但我们从中可以了解到回归分析的基本思想、方法和应用.

§9.2　一元线性回归

设随机变量 y 与变量 x 之间存在着某种相关关系,其中 x 是能够控制或可以精确测量的变量,如人的年龄、身高、施肥量、积雪深度等.换言之,我们可给出 x 的 n 个值 $x_1,x_2,\cdots,x_n$.为了今后研究方便,我们把 x 当作普通变量,而不把它看作随机变量.

需要说明一点,今后从符号上我们不严格区分随机变量和它取的值,从上下文叙述中自然可以分辨,这样可以避免符号上的麻烦.

对于 x 的一组不完全相同的值 $x_1,x_2,\cdots,x_n$ 作独立观察,得到随机变量 y 相应的观察值 $y_1,y_2,\cdots,y_n$,构成 n 对数据,用这 n 对数据可作出一个**散点图**,直观地描述两变量之间的关系.方法是:取自变量 x 为横轴,因变量 y 为纵轴,在平面直角坐标系上标出这 n 个点,就构成了一幅散点图.下面有三幅散点图(见图 9.1 ~ 图 9.3).

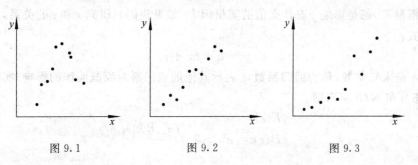

图 9.1　　　　　　　图 9.2　　　　　　　图 9.3

根据散点图,考虑以下几个问题:

（1）两变量之间的关系是否密切，或者说我们能否由 x 来估计 y；

（2）两变量之间的关系是呈一条直线还是呈某种曲线；

（3）是否存在某个点偏离过大；

（4）是否存在其他规律.

如果图形如图 9.2，其趋势呈一直线，则可采用线性方程. 其他两图则采用非线性方程. 我们主要讨论前者.

9.2.1　回归方程的建立

让我们用一个例子来说明如何建立一元线性回归方程.

【例】　为了估计山上积雪融化后对下游灌溉的影响，在山上建立了一个观测站，测量了最大积雪深度 x 与当年灌溉面积 y，得到连续 10 年的数据，如表 9.1.

为了研究这些数据中所蕴含的规律性，我们由 10 对数据作出散点图（见图 9.4）.

表 9.1

年序	最大积雪深度 x/m	灌溉面积 y/hm²
1	5.1	1 907
2	3.5	1 287
3	7.1	2 693
4	6.2	2 373
5	8.8	3 260
6	7.8	3 000
7	4.5	1 947
8	5.6	2 273
9	8.0	3 313
10	6.4	2 493

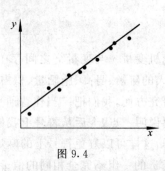

图 9.4

从图 9.4 看到，数据点大致落在一条直线附近，这告诉我们变量 x 和 y 之间大致可看作线性关系. 从图中还看到，这些点又不完全在一条直线上，这表明 x 和 y 的关系并没有确切到给定 x 就可以唯一确定 y 的程度. 事实上，还有许多其他因素对 y 产生影响，如当年的平均气温，当年的降雨量等，都是影响 y 取什么值的随机因素. 如果我们只研究 x 和 y 的关系，可以假定有如下结构式：

$$y = a + bx + \varepsilon.$$

其中 a 和 b 是未知常数，称为**回归系数**，ε 表示其他随机因素对灌溉面积的影响. 实际中常假定 ε 服从正态分布 $N(0, \sigma^2)$，即

$$\begin{cases} E(\varepsilon) = 0 \\ D(\varepsilon) = \sigma^2 > 0 \end{cases} \quad (\sigma^2 \text{ 未知}).$$

通常称

$$y = a + bx + \varepsilon, \quad \varepsilon \sim N(0, \sigma^2) \tag{9.1}$$

为一元线性回归模型.

由 (9.1) 式,我们不难算得 y 的数学期望

$$E(y) = a + bx.$$

该式表示当 x 已知时,可以精确地算出 $E(y)$. 由于 ε 是不可控制的随机因素,通常就用 $E(y)$ 作为 y 的估计,记作 $\hat{y}$,这样我们得到

$$\hat{y} = a + bx. \tag{9.2}$$

称此方程为 y 关于 x 的**回归方程**.

现对模型 (9.1) 式中的变量 x, y 进行了 n 次独立观察,得样本

$$(x_1, y_1), \cdots, (x_n, y_n). \tag{9.3}$$

据 (9.1) 式,这样本的构造可由方程

$$y_i = a + bx_i + \varepsilon_i, \quad i = 1, 2, \cdots, n \tag{9.4}$$

来描述,这里 ε_i 是第 i 次观察时随机误差所取的值,它是不能观察的. 由于各次观察独立,有

$$\begin{cases} E(\varepsilon_i) = 0 \\ D(\varepsilon_i) = \sigma^2 > 0 \end{cases} \quad (i = 1, 2, \cdots, n) \tag{9.5}$$

(9.4) 式和 (9.5) 式结合,给出了样本 (9.3) 式的概率性质. 它是对理论模型进行统计分析推断的依据. 也常称 (9.4) + (9.5) 式为**一元线性回归模型**.

回归分析的任务是利用 n 组独立观察数据 $(x_1, y_1), \cdots, (x_n, y_n)$ 来估计 a 和 b,以估计值 $\hat{a}$ 和 $\hat{b}$ 分别代替 (9.2) 式中的 a 和 b,得回归方程

$$\hat{y} = \hat{a} + \hat{b}x. \tag{9.6}$$

由于此方程的建立有赖于通过观察或试验积累的数据,所以有时又称其为**经验回归方程**或**经验公式**.

9.2.2　用最小二乘法估计 a, b

我们用最小二乘法来求 a, b 的估计值,这是一个著名的有广泛应用的方法.

先举一个例子说明最小二乘法的思想.

假设为估计某物体的重量,对它进行了 n 次称量,因称量有误差,故 n 次称量结果 x_1, $x_2, \cdots, x_n$ 有差异. 现在用数 $\hat{x}$ 去估计物重,则它与上述 n 次称量结果的偏差的平方和是

$$\sum_{i=1}^{n} (x_i - \hat{x})^2.$$

最小二乘法认为,一个好的估计 $\hat{x}$ 应使这个平方和尽可能地小,于是就提出了下面的估计原则:寻找 $\hat{x}$,使上述平方和达到最小,以这个 $\hat{x}$ 作为物重的估计值. 这就是**最小二乘法**,用这种方法作出的估计叫**最小二乘估计**.

现在的情况是,对 (x, y) 作了 n 次观察或试验,得到 n 对数据. 我们想找一条直线 $\hat{y} = a + b\hat{x}$,尽可能好地拟合这些数据.

由回归方程,当 x 取值 x_i 时,$\hat{y}_i$ 应取值 $a + bx_i$. 而实际观察到的为 y_i,这样,就形成了偏差

（见图 9.5）

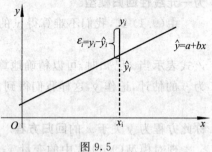

图 9.5

$$\varepsilon_i = y_i - (a + bx_i).$$

这个偏差相当于上述简单例子中的 $x_i - \hat{x}$，于是依照类似的考虑提出目标量 Q，

$$Q = \sum_{i=1}^{n} [y_i - (a + bx_i)]^2. \qquad (9.7)$$

它是所有实测值 y_i 与回归值 $\hat{y}_i$ 的偏差平方和. 我们可设法求出 a, b 的估计值 $\hat{a}, \hat{b}$，使偏差平方和 Q 达到最小，由此得到的回归直线 $\hat{y} = \hat{a} + \hat{b}x$ 是在所有直线中偏差平方和 Q 最小的一条.

通常，可采用微积分中求极值的办法，求出使 Q 达到最小的 $\hat{a}, \hat{b}$，即解方程

$$\begin{cases} \dfrac{\partial Q}{\partial a} = 0 \\ \dfrac{\partial Q}{\partial b} = 0 \end{cases},$$

得

$$\begin{cases} \hat{a} = \bar{y} - \hat{b}\bar{x} \\ \hat{b} = \dfrac{L_{xy}}{L_{xx}} \end{cases}. \qquad (9.8)$$

其中

$$\bar{x} = \frac{1}{n} \sum_{i=1}^{n} x_i, \quad \bar{y} = \frac{1}{n} \sum_{i=1}^{n} y_i,$$

$$L_{xx} = \sum_{i=1}^{n} (x_i - \bar{x})^2, \quad L_{xy} = \sum_{i=1}^{n} (x_i - \bar{x})(y_i - \bar{y}).$$

从而得到回归方程

$$\hat{y} = \hat{a} + \hat{b}x.$$

按照上述准则，我们可求出前面例子中灌溉面积 y 对最大积雪深度 x 的回归方程是

$$\hat{y} = 76.2 + 377.5x.$$

可以看出，最大积雪深度每增加一个单位，灌溉面积平均增加 377.5 个单位.

可以证明，我们用最小二乘法求出的估计 $\hat{a}, \hat{b}$（见（9.8）式）分别是 a, b 的无偏估计，它们都是 $y_1, \cdots, y_n$ 的线性函数，而且在所有 $y_1, \cdots, y_n$ 的线性函数中，最小二乘估计的方差最小.

求出回归方程，问题尚未结束. 由于 $\hat{y} = \hat{a} + \hat{b}x$ 是从观察得到的回归方程，它会随观察结果的不同改变，并且它只反映了由 x 的变化引起的 y 的变化，而没有包含误差项. 因此在获得这样的回归方程后，通常要问这样的问题：

（1）回归方程是否有意义？即自变量 x 的变化是否真的对因变量 y 有影响？因此，有必要对回归效果作出检验；

（2）如果方程真有意义，用它预测 y 时，预测值与真值的偏差能否估计？

下面我们来讨论这两个问题.

9.2.3　回归方程的显著性检验

对任意两个变量的一组观察值 $(x_i, y_i)(i = 1, 2, \cdots, n)$，都可以用最小二乘法形式上求得 y 对 x 的回归方程. 如果 y 与 x 没有线性相关关系,这种形式的回归方程就没有意义,因此需要考查 y 与 x 间是否确有线性相关关系,这就是回归效果的检验问题.

我们注意到 $\hat{y} = a + \hat{b}x$ 只反映了 x 对 y 的影响,所以回归值 $\hat{y}_i$ 就是 y_i 中只受 x_i 影响的那一部分. 而 $y_i - \hat{y}_i$ 则是除去 x_i 的影响后,受其他种种因素影响的部分,故将 $y_i - \hat{y}_i$ 称为**残差**.

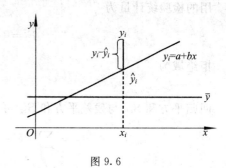

图 9.6

于是,观测值 y_i 可以分解为两部分: $\hat{y}_i$ 和 $y_i - \hat{y}_i$,

$$y_i = \hat{y}_i + (y_i - \hat{y}_i).$$

并且 $y_i - \bar{y}$ 也可分解为两部分(见图 9.6),

$$y_i - \bar{y} = (\hat{y}_i - \bar{y}) + (y_i - \hat{y}_i).$$

因此, $y_1, y_2, \cdots, y_n$ 的总离差平方和为

$$S_{总}^2 = \sum_{i=1}^n (y_i - \bar{y})^2 \tag{9.9}$$

可以证明

$$\sum_{i=1}^n (y_i - \bar{y})^2 = \sum_{i=1}^n (\hat{y}_i - \bar{y})^2 + \sum_{i=1}^n (y_i - \hat{y}_i)^2. \tag{9.10}$$

其中 $\sum_{i=1}^n (\hat{y}_i - \bar{y})^2$ 是回归值 $\hat{y}_i$ 与其平均值 $\bar{y}$ 的离差平方和,称为回归平方和; $\sum_{i=1}^n (y_i - \hat{y}_i)^2$ 是观测值与回归值之间的离差平方和,称为或**残差平方和**或**误差平方和**.

可见, $S_{总}^2$ 可以分解为两部分:回归平方和与残差平方和:

$$S_{总}^2 = S_{回}^2 + S_{残}^2.$$

其中

$$S_{回}^2 = \sum_{i=1}^n (\hat{y}_i - \bar{y})^2, \quad S_{残}^2 = \sum_{i=1}^n (y_i - \hat{y}_i)^2.$$

$S_{回}^2$ 反映了由于自变量 x 的变化引起的因变量 y 的差异,体现了 x 对 y 的影响;而 $S_{残}^2$ 反映了种种其他因素对 y 的影响,这些因素没有反映在自变量中,它们可作为随机因素看待.

由上述可知, $S_{回}^2 / S_{残}^2$ 为 x 的影响部分与随机因素影响部分的相对比值. 若它不是显著地大,表明我们所选的 x 并不是一个重要的因素,它的作用和随机因素的作用相当,于是由数据得到的回归方程就没有什么意义. 如果它显著地大,表明 x 的作用是显著地比随机因素大,这样,方程就有意义. 可以证明,当 $y = a + bx + \varepsilon$ 的关系式中 $b = 0$ 时,有

$$E(S_{回}^2) = \sigma^2, \quad E(S_{残}^2) = (n - 2)\sigma^2, \tag{9.11}$$

$$F = \frac{S_{回}^2}{S_{残}^2 / (n - 2)}.$$

服从自由度为 $(1, n-2)$ 的 F 分布,因此用

$$F = \frac{S_\text{回}^2}{S_\text{残}^2 / (n-2)} = (n-2) \frac{S_\text{回}^2}{S_\text{残}^2}. \tag{9.12}$$

来检验 b 的绝对值是否显著大于 0(或者说检验回归方程 $\hat{y} = \hat{a} + \hat{b}x$ 是否有意义).

给定显著性水平 α,通过查 F 分布分位数表,求出拒绝域,便可判断回归方程是否有意义.

由上面的讨论可知,要问回归方程是否有意义,就是要检验假设 $H_0: b = 0$;$H_1: b \neq 0$,使用的检验统计量为

$$F = (n-2) \frac{S_\text{回}^2}{S_\text{残}^2} \sim F(1, n-2).$$

拒绝域为

$$F \geqslant F_\alpha(1, n-2).$$

回归平方和 $S_\text{回}^2$ 与残差平方和 $S_\text{残}^2$ 可以用更简单的公式计算:

$$S_\text{回}^2 = \sum_{i=1}^{n} (\hat{y}_i - \bar{y})^2 = \sum_{i=1}^{n} (\hat{a} + \hat{b}x_i - \hat{a} - \hat{b}\bar{x})^2$$

$$= \hat{b}^2 \sum_{i=1}^{n} (x_i - \bar{x})^2 = \hat{b}^2 L_{xx} = \hat{b} L_{xy}. \tag{9.13}$$

$$S_\text{残}^2 = S_\text{总}^2 - S_\text{回}^2 = L_{yy} - \hat{b} L_{xy}. \tag{9.14}$$

其中 $L_{xy} = \sum_{i=1}^{n} (x_i - \bar{x})(y_i - \bar{y})$,$L_{xx} = \sum_{i=1}^{n} (x_i - \bar{x})^2$,$L_{yy} = \sum_{i=1}^{n} (y_i - \bar{y})^2$.

现在对例 1 中建立的回归方程进行检验,可计算得:

$$S_\text{回}^2 = \hat{b} L_{xy} = 3\,571\,697, \quad S_\text{总}^2 = 3\,701\,740, S_\text{残}^2 = 130\,043;$$

$$F = (n-2) \frac{S_\text{回}^2}{S_\text{残}^2} = 219.7.$$

对 $\alpha = 0.01$,由 F 表查得 $F_{0.01}(1, 8) = 11.26$,由于 $F > F_{0.01}(1, 8)$,故回归方程有意义.

同样,也可以计算出 p 值,$p = P(F > 219.7) = 0.000\,000\,4$,可见回归方程极其显著.

我们还可以采用 t 检验法和相关系数检验法来判断回归方程的效果如何. 对于一元线性回归,几种检验是等价的. 这里我们简要加以叙述.

假设检验问题为:$H_0: b = 0$;$H_1: b \neq 0$,

t 检验法:

当 H_0 成立时,检验统计量

$$t = \frac{\hat{b}}{\sqrt{D(\hat{b})}} = \frac{\hat{b} \sqrt{l_{xx}}}{\hat{\sigma}} \sim t(n-2),$$

其中 $\sqrt{D(\hat{b})}$ 是 $\hat{b}$ 的标准差,$L_{xx} = \sum_{i=1}^{n} (x_i - \bar{x})^2$,

给定显著性水平 α,拒绝域为

$$W = \{|t| > t_{\alpha/2}(n-2)\}.$$

对于一元线性回归, t 检验和 F 检验是等价的.

相关系数检验法:

由前述 F 检验知, $F = (n-2) \dfrac{S_{\text{回}}^2}{S_{\text{残}}^2} \sim F(1, n-2)$.

由 (9.13) 和 (9.14) 式,

$$(n-2) \frac{S_{\text{回}}^2}{S_{\text{残}}^2} = (n-2) \frac{\hat{b} L_{xy}}{L_{yy} - \hat{b} L_{xy}}. \tag{9.15}$$

再将 $\hat{b} = \dfrac{L_{xy}}{L_{xx}}$ (见 (9.8) 式) 代入 (9.15) 式, 得

$$F = (n-2) \frac{S_{\text{回}}^2}{S_{\text{残}}^2} = (n-2) \frac{\frac{L_{xy}^2}{L_{xx}}}{L_{yy} - \frac{L_{xy}^2}{L_{xx}}} = (n-2) \frac{\frac{L_{xy}^2}{L_{xx} L_{yy}}}{1 - \frac{L_{xy}^2}{L_{xx} L_{yy}}} = (n-2) \frac{r^2}{1-r^2},$$

其中

$$r = \frac{\sum\limits_{i=1}^{n} (x_i - \bar{x})(y_i - \bar{y})}{\sqrt{\sum\limits_{i=1}^{n} (x_i - \bar{x})^2 \sum\limits_{i=1}^{n} (y_i - \bar{y})^2}} = \frac{L_{xy}}{L_{xx} L_{yy}},$$

为样本 $(x_1, x_2, \cdots, x_n)$ 和 $(y_1, y_2, \cdots, y_n)$ 的相关系数

由此得

$$|r| = \sqrt{\frac{F}{F + n - 2}} = \sqrt{\frac{1}{1 + \frac{n-2}{F}}}.$$

对给定的显著性水平 α,

因为 $(n-2) \dfrac{r^2}{1-r^2} > F_\alpha(1, n-2)$ 等价于

$$|r| > \sqrt{\frac{1}{1 + \frac{n-2}{F_\alpha(1, n-2)}}} = r_\alpha(n-2).$$

检验的拒绝域是

$$W = \{|r| > r_\alpha(n-2)\}. \tag{9.16}$$

对给定的 x 值, 由回归方程 $\hat{y} = \hat{a} + \hat{b}x$ 就可得 $\hat{y}$ 的值. 例如由灌溉面积 y 对最大积雪深度 x 的回归方程

$$\hat{y} = 76.2 + 377.5x$$

当已知最大积雪深度为 9.2m 时, 就可以预测灌溉面积, 将 $x = 9.2$ 代入回归方程中, 得 $\hat{y} = 3\,549 \text{hm}^2$.

实际的 y 与预测的 $\hat{y}$ 不一定相等, 重要的是它们的偏差有多大.

事实上我们无法确切定出 $y - \hat{y}$ 的值, 若能知道 $y - \hat{y}$, 则由 $y = \hat{y} + (y - \hat{y})$, 就可以知道 y 的准确值, 不需要预测了. 因此只能估计 $y - \hat{y}$ 的范围. 通常可假定 $y - \hat{y} \sim N(0, \sigma^2)$, 这样

通过对 σ^2 的估计,就知道 $y-\hat{y}$ 的取值范围. 已知有

$$E(S_{残}^2) = (n-2)\sigma^2, \quad 即 \quad E[S_{残}^2/(n-2)] = \sigma^2.$$

所以

$$\hat{\sigma}^2 = S_{残}^2/(n-2).$$

根据建立回归方程时算得的 $S_{残}^2$,可以算得 $\hat{\sigma}^2$,

于是可以用 $\sqrt{\hat{\sigma}^2}$ 去估计标准差,记它为 $\hat{\sigma}$,即

$$\hat{\sigma} = \sqrt{S_{残}^2/(n-2)} = \sqrt{\sum_{i=1}^n (y_i - \hat{y})^2/(n-2)}. \tag{9.17}$$

它表示观察值 $y_1,\cdots,y_n$ 偏离回归直线的平均误差.

可以证明,对给定的 $x = x_0$,$\hat{y} = \hat{y}_0$ 的置信水平为 $1-\alpha$ 的预测区间为

$$[\hat{y}_0 - \delta_n, \hat{y}_0 + \delta_n]. \tag{9.18}$$

其中,$\delta_n = \hat{\sigma} \cdot t_{\alpha/2}(n-2) \sqrt{1 + \dfrac{1}{n} + \dfrac{(\bar{x}-x_0)^2}{L_{xx}}}.$ \hfill (9.19)

可见,当样本观察值和置信水平给定时,预测区间的长度 $2\delta_n$ 仍然随 x_0 而变,x_0 越远离 $\bar{x}$,预测精度就越差. 当 x_0 不在原观察值范围内时,预测精度可能变得很差,这时的预测通常没有多大意义.

利用回归方程 $\hat{y} = \hat{a} + \hat{b}x$ 预测 y,可归结为:对给定的 x,以一定的置信水平预测对应的 y 的观察值的取值范围,即所谓预测区间.

比如,某一年测得最大积雪深度为 $x_0 = 9.2\text{m}$,计算得 $\hat{y}_0 = 3549\text{hm}^2$,根据(9.19)式,可求得

$$\delta_n = 127.4966 \cdot t_{0.025}(8) \cdot \sqrt{1 + \frac{1}{10} + \frac{(6.3-9.2)^2}{25.06}} \approx 352.$$

于是 $\hat{y}_0 - \delta_n = 3549 - 352 = 3197$;

$\hat{y}_0 + \delta_n = 3549 + 352 = 3901.$

所以,当已知当年最大积雪深度为 9.2m 时,以 95% 的置信水平预测灌溉面积在 3197hm^2 与 3901hm^2 之间.

当 x_0 一般地取为 x 时,相应于(9.18)式的置信区间为

$$[\hat{y} - \delta_n(x), \hat{y} + \delta_n(x)].$$

其中 $\hat{y} = \hat{a} + \hat{b}x$,

$$\delta_n(x) = t_{\alpha/2}(n-2)\hat{\sigma} \sqrt{1 + \frac{1}{n} + \frac{(\bar{x}-x)^2}{L_{xx}}}.$$

$y_1(x) = \hat{y} - \delta_n(x)$ 和 $y_2(x) = \hat{y} + \delta_n(x)$ 这两条曲线形成一个含回归直线 $\hat{y} = \hat{a} + \hat{b}x$ 的带域,且在 $x = \bar{x}$ 处最窄,如图 9.7 所示.

当 n 较大时,t 分布可以用正态分布近似,进一步,若 x 离 $\bar{x}$ 不太远时,(9.19)式中的根式

下方的值可近似取 1，δ_n 可近似取为

$$\delta_n \approx \hat{\sigma} u_{a/2}$$

这样便得到 y 的置信水平为 $1 - \alpha$ 的近似预测区间为

$$[\hat{y} - \hat{\sigma} u_{a/2}, \hat{y} + \hat{\sigma} u_{a/2}] \qquad (9.20)$$

其中 $u_{a/2}$ 是标准正态分布的上 $a/2$ 分位数.

根据(9.20)式，当已知当年最大积雪深度为 9.2 米时，以 95% 的置信水平预测灌溉面积在 3299hm² 与 3799hm² 之间(此时，$u_{a/2} = 1.96$).

此近似区间与精确预测区间相差较大，主要是因为 n 较小的原因.

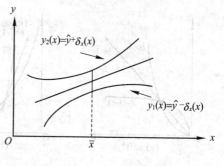

图 9.7 预测区间示意图

§9.3 可转化为线性回归的曲线回归

9.3.1 化非线性回归为线性回归

在实际应用当中，我们不仅会遇到两个变量之间成线性相关的问题，而且还会遇到它们成非线性相关的问题. 对于后一个问题的解决办法与前者类似，即选择一个数学表达式来大致反映 x, y 之间的变化规律. 为此目的，可独立地进行试验得一批数据，画出散点图，从散点图上点的分布形状及特点选择一条合适曲线来拟合这批数据. 这条曲线虽然是非线性的，但在很多情况下可以通过变量代换把它线性化，这样就把一个非线性问题转化为线性问题而得以解决. 为了能够按散点图选择合适的曲线，表 9.2 提供一些曲线类型和变换，将有助于在选择曲线类型时启迪思路.

表 9.2 一些曲线类型和变换

曲 线	变 换	变换后的线性方程
幂函数 $y = ax^b$	$u = \ln x, v = \ln y$	$v = \ln a + bu$
双曲函数 $y = \dfrac{x}{ax + b}$	$u = \dfrac{1}{x}, v = \dfrac{1}{y}$	$v = a + bu$
指数函数 $y = ae^{bx}$	$u = x, v = \ln y$	$v = \ln a + bu$
对数函数 $y = a + b\ln x$	$u = \ln x, v = y$	$v = a + bu$
指数函数 $y = ae^{b/x}$	$u = 1/x, v = \ln y$	$v = \ln a + bu$
S 型曲线 $y = \dfrac{1}{a + be^{-x}}$	$u = e^{-x}, v = \dfrac{1}{y}$	$v = a + bu$

上述曲线的大致图形分别见图 9.8 ～ 图 9.13 所示.

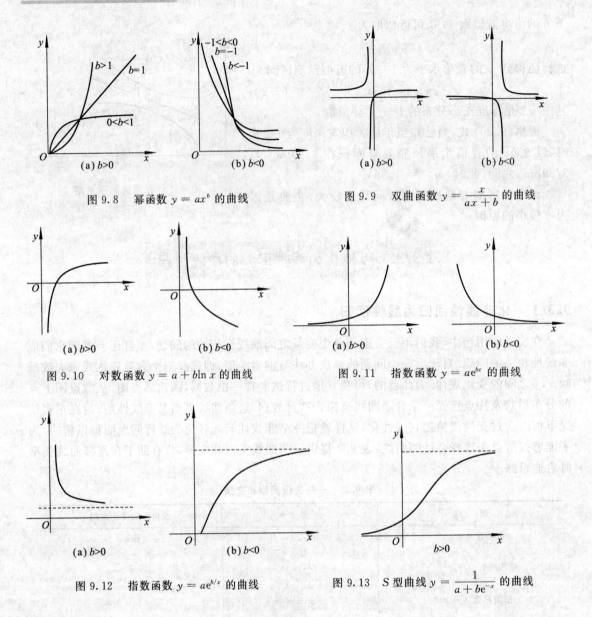

图 9.8　幂函数 $y = ax^b$ 的曲线

图 9.9　双曲函数 $y = \dfrac{x}{ax + b}$ 的曲线

图 9.10　对数函数 $y = a + b\ln x$ 的曲线

图 9.11　指数函数 $y = ae^{bx}$ 的曲线

图 9.12　指数函数 $y = ae^{b/x}$ 的曲线

图 9.13　S 型曲线 $y = \dfrac{1}{a + be^{-x}}$ 的曲线

9.3.2　举例

　　【例】　炼钢厂出钢时所用盛钢水的钢包,在使用过程中由于钢液及炉渣对包衬耐火材料的侵蚀,使其容量不断增大.经过试验钢包的容积(由于容积不便测量,故以钢包盛满时的钢水重量来表示)与相应的使用次数(也称包龄)的数据如表 9.3 所示.我们希望找到容积 y 与使用次数 x 之间的关系.

表 9.3　钢包的容积与使用次数的数据

使用次数 x	2	3	4	5	7	8	11	14	15	16	18	19
容积 y	106.42	108.20	109.58	110.00	109.93	110.49	110.59	110.60	110.90	110.76	111.00	111.20

解　首先画出使用次数 x 与容积 y 的散点图(见图 9.14).

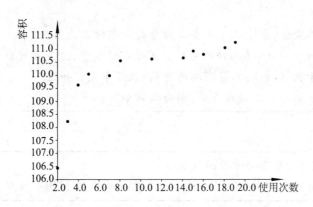

图 9.14　使用次数 x 与容积 y 的散点图

由散点图可见,最初容积增加很快,以后逐渐减慢趋于稳定. 根据这个特点,我们选用双曲线

$$y = \frac{x}{ax + b}, \tag{9.21}$$

来表示容积 y 与次数 x 的关系. 令

$$u = \frac{1}{x}, \quad v = \frac{1}{y},$$

则(9.21)式化为

$$v = a + bu.$$

再加上随机误差,就得一元线性回归模型

$$v = a + bu + \varepsilon. \tag{9.22}$$

按线性回归的方法,可求得 a, b 的最小二乘估计为

$$\hat{a} = 0.008\,966, \quad \hat{b} = 0.0\,008\,302, \tag{9.23}$$

$$\hat{v} = 0.008\,966 + 0.0\,008\,302u.$$

即

$$\hat{y} = \frac{x}{0.0\,008\,302 + 0.008\,966x}. \tag{9.24}$$

这就是容积 y 与次数 x 之间的定量关系式.

基本练习题九

1. 试举出有相关关系的变量的几个例子.

2. 回归分析讨论的问题,数据应有怎样的结构?线性回归和非线性回归的共同点和区别是什么?

3. 什么是最小二乘法?最小二乘法在回归分析中起什么作用?

4. 对于回归方程 $y = a + \hat{b}x$, 讨论它的显著性有什么意义?是否可以不讨论?

5. 回归方程用于预测,怎样衡量预测的好坏?能否事先就知道?

6. 合成纤维的强度与拉伸倍数有关,测得数据如下:

拉伸倍数 x	2.0	2.5	3.0	4.0	5.0
强度 y, kg/mm²	1.5	2.5	3.0	3.5	5.5

求 y 关于 x 的回归方程,并检验方程的显著性.

7. 北京市协议离婚的对数(见《北京青年报》1992 年 6 月 28 日)如下:

年份	1986	1987	1988	1989	1990	1991
对数	2 474	3 218	4 188	5 121	5 740	6 467

问离婚的对数是呈线性增长趋势吗?求相应的回归方程,并预测 1992 年的离婚对数.

第 10 章

方差分析初步

本章介绍方差分析的概念,通过实例介绍单因素方差分析的基本思想、数学模型、方法和步骤.

§10.1 引 言

第 8 章我们介绍了假设检验的基本思想、原理和方法.我们用正态分布或 t 分布来检验两个正态总体的均值是否有显著差异.如果要检验三个或三个以上正态总体均值是否有显著差异,就要使用方差分析.

方差分析是分析实验数据的一种重要的统计方法.该方法是英国著名统计学家费歇尔在 20 世纪 20 年代创立的.那时他在英国一个农业试验站工作,需要进行许多田间试验.为分析试验结果,他发明了方差分析法,并把它应用于农业实验上.现在方差分析方法已成为在许多领域普遍使用的统计工具.广泛应用于科学实验、医学、化工、管理学、教育学等各个领域.

在科学实验和生产实践中,影响一事物的因素往往是很多的.例如,农作物的亩产量与所用种子品种、播种量、施肥量、农药等因素有关.化工生产中,原料成分、剂量、催化剂、反应温度等都对产品的质量产生影响.电池的寿命与生产工厂、生产工艺、原材料、工人操作技术和工厂管理水平等因素有关.为了了解各因素对事物影响的具体情况,需要进行试验,以区分这些因素中哪些是重要的,哪些是次要的或不重要的.方差分析就是根据试验得到的数据,分析各个有关因素对该事物影响是否显著的一种有效方法.

在试验中,我们将要考察的指标称为试验指标,影响试验指标的条件称为因素.因素所处的状态称为水平.如果在试验中只有一个因素在改变,称为单因素试验,如果多于一个因素在改变,称为多因素试验.以下我们主要介绍单因素方差分析.

§10.2 单因素方差分析

10.2.1 问题的提出

下面从一个实例出发说明方差分析的基本思想.

【例1】 某灯泡厂用四种不同的配料方案制成的灯丝生产四批灯泡,在每一批中取若干个进行寿命试验,得到如下数据(单位:h):

配料方案	寿 命
A_1	1600,1610,1650,1680,1700,1720,1800
A_2	1580,1640,1645,1700,1750
A_3	1460,1550,1600,1626,1640,1660,1740,1820
A_4	1510,1520,1534,1570,1600,1680

问灯丝的不同配料方案对灯泡寿命有无显著性影响?

在此,我们关心的试验指标是寿命,而把"配料"作为对它可能影响的一个"因素".4 种不同配料方案是因素的 4 种水平.这是单因素四水平试验.

由表中数据可以看出:

1. 在同样的配料下做若干次寿命试验,得到的寿命有所不同.同样的配料,试验条件大体相同,数据的波动是由于其他随机因素的干扰所引起的.这表明,同一配料的使用寿命是一个随机变量.

2. 四组数据的每一组平均值分别为 1680,1663,1637,1559,它们之间是有差别的.这个差别,一方面可能是由随机误差而来;另一方面,则可能是由于不同配料下的寿命确有显著差异(不同配料,灯泡寿命的均值不同).到底是哪一方面的原因?一下子还不好回答.

下面我们通过单因素方差分析来回答这个问题.

首先建立单因素方差分析的数学模型.

10.2.2 数学模型

一般地,设试验只有一种因素 A 在变化,其他因素都不变.因素 A 有 m 个水平,在水平 A_i 下进行 n_i 次独立观测,得到试验指标如表 10.1 所示.

其中 x_{ij} 表示在因素 A 的第 i 个水平下的第 j 次试验的结果.

表 10.1 单因素方差分析数据

水平	观测记录	总体
A_1	$x_{11}, \cdots, x_{1n_1}$	$N(\mu_1, \sigma^2)$
A_2	$x_{21}, \cdots, x_{2n_2}$	$N(\mu_2, \sigma^2)$
$\vdots$	$\vdots \quad \vdots$	$\vdots$
A_m	$x_{m1}, \cdots, x_{mn_m}$	$N(\mu_m, \sigma^2)$

这里假定第 i 个水平下的试验指标 X_i 服从正态分布 $N(\mu_i, \sigma^2)$，$i = 1, 2, \cdots, m$，其中 μ_i 是第 i 个总体的均值，而方差 σ^2 则反映了随机误差的大小。μ_i, σ^2 均未知。

将水平 A_i 下的试验结果看作是来自正态总体 $N(\mu_i, \sigma^2)$ 的样本，考虑如下模型：

$$\begin{cases} x_{ij} = \mu_i + \varepsilon_{ij}, i = 1, 2, \cdots, m, j = 1, 2, \cdots, n_i \\ \varepsilon_{ij} \sim N(0, \sigma^2) \text{且各 } \varepsilon_{ij} \text{ 相互独立} \end{cases}. \tag{10.1}$$

比较因素 A 的 m 个水平有无显著差异归结为比较这 m 个总体的均值，即检验假设

$$H_0 : \mu_1 = \mu_2 = \cdots = \mu_m; H_1 : \mu_1, \mu_2, \cdots, \mu_m \text{ 不全相同}. \tag{10.2}$$

为了更好地描述数据，常将 (10.1) 中的 μ_i 改写成另一种形式。

设试验的总次数为 n，则 $n = \sum\limits_{i=1}^{m} n_i$，

记　$\mu = \dfrac{1}{n} \sum\limits_{i=1}^{m} n_i \mu_i, \quad \alpha_i = \mu_i - \mu,$

这里 μ 是各个水平下的总体均值 $\mu_1, \mu_2, \cdots, \mu_m$ 的加权平均值，称为总均值，α_i 为因素 A 的第 i 个水平对指标的主效应，简称 A_i 的效应。可以验证

$$\sum_{i=1}^{m} n_i \alpha_i = \sum_{i=1}^{m} n_i (\mu_i - \mu) = n\mu - n\mu = 0.$$

于是 μ_i 可以改写为

$$\mu_i = \mu + \alpha_i, i = 1, 2, \cdots, m.$$

这样模型 (10.1) 又可以等价写成

$$\begin{cases} x_{ij} = \mu + \alpha_i + \varepsilon_{ij}, \ i = 1, 2, 3; j = 1, 2, 3, 4 \\ \varepsilon_{ij} \sim N(0, \sigma^2) \text{且各 } \varepsilon_{ij} \text{ 相互独立} \\ \sum\limits_{i=1}^{m} n_i \alpha_i = 0 \end{cases}. \tag{10.3}$$

因此假设 (10.2) 等价于

$$H_0 : \alpha_1 = \alpha_2 = \alpha_3 = 0; H_1 : \alpha_1, \alpha_2, \alpha_3 \text{ 不全为 } 0. \tag{10.4}$$

10.2.3　方差分析的过程

在给出用方差分析解决相关实际问题的过程前，先介绍偏差平方和及其自由度的概念。

1. 偏差平方和及其自由度

在统计学中，把 k 个数据 $x_1, \cdots, x_k$ 分别对其均值 $\overline{x} = \dfrac{1}{n} \sum\limits_{i=1}^{k} x_i$ 的偏差平方和

$$Q = \sum_{i=1}^{k} (x_i - \overline{x})^2$$

称为 k 个数据的偏差平方和。它反映了若干个数据的集中或分散程度，是用来度量若干个数据间差异大小的一个重要统计量。

在构成偏差平方和 Q 的 k 个偏差 $x_1 - \bar{x}, \cdots, x_k - \bar{x}$ 之间,有一个恒等式

$$\sum_{i=1}^{k}(x_i - \bar{x}) = 0,$$

这说明在平方和 Q 中独立的偏差只有 $k-1$ 个. 在统计学中,把平方和中独立偏差的个数称为该平方和的自由度,自由度是偏差平方和的一个重要参数.

2. 平方和分解

方差分析的核心就是方差可分解. 这里的方差是通过计算总偏差平方和再除以自由度得到的. 在检验各水平下试验指标的均值是否有显著性差异时,实际上是通过比较方差来作出判断的.

现在我们按照前面例 1 中提出的思路来对假设(10.2)或(10.3)进行检验. 表 10.1 中的全部观察记录一般是各不相同的,为什么会有差异? 从模型(10.1)看,不外乎两种原因:

一是随机误差的存在,二是各 μ_i 间可能有差异.

这一分析启发我们,能否找一个衡量全部 x_{ij} 变异的量,这个量自然应取为

$$SS_T = \sum_{i=1}^{m}\sum_{j=1}^{n_i}(x_{ij} - \bar{x})^2, \tag{10.5}$$

其中 $\bar{x} = \dfrac{1}{n}\sum_{i=1}^{m}\sum_{j=1}^{n_i}x_{ij}, n = \sum_{i=1}^{m}n_i.$

称 SS_T 称为**总偏差平方和**,简称**总平方和**. SS_T 越大,表明 x_{ij} 之间的差异越大.

然后,设法将 SS_T 分解为两部分,一部分表示随机因素的影响,记为 SS_e;一部分表示因素 A 的各水平的总体均值 $\mu_1, \mu_2, \cdots, \mu_m$ 的不同带来的影响,记为 SS_A.

先分析随机误差的影响.

水平 A_i 之下的 n_i 个数据 $x_{i1}, \cdots, x_{in_i}$,是从同一个总体 $N(\mu_i, \sigma^2)$ 中选取的,它们之间的差异,与诸 μ_i 不等无关,只来源于随机误差. 反映 $x_{i1}, \cdots, x_{in_i}$ 差异程度的量是

$$\sum_{j=1}^{n_i}(x_{ij} - \bar{x}_i)^2,$$

其中

$$\bar{x}_i = \frac{1}{n_i}\sum_{j=1}^{m}x_{ij}, i = 1, 2, \cdots, m.$$

$\bar{x}_i$ 是水平 A_i 观察值的算术平均,它可以作为 μ_i 的估计. 将 $\sum\limits_{j=1}^{n_i}(x_{ij} - \bar{x}_i)^2$ 对 i 相加,得

$$SS_e = \sum_{i=1}^{m}\sum_{j=1}^{n_i}(x_{ij} - \bar{x}_i)^2, \tag{10.6}$$

SS_e 可用于衡量随机误差的影响. 称 SS_e 为误差平方和或组内平方和.

SS_A 就是 SS_T 与 SS_e 之差.

可以证明： $SS_A = SS_T - SS_e = \sum_{i=1}^{m} \sum_{j=1}^{n_i} (\bar{x}_i - \bar{x})^2 = \sum_{i=1}^{m} n_i (\bar{x}_i - \bar{x})^2$ (10.7)

由于 $\bar{x}_i$ 是 μ_i 的估计,各 μ_i 间的差异越大,各 $\bar{x}_i$ 间的差异也就倾向于大,SS_A 之值也会倾向于大. 可见,SS_A 可用于衡量各 μ_i 间的差异程度. 称 SS_A 为因素 A 的平方和或组间偏差平方和. 注意这里的 $\bar{x}_i - \bar{x}$ 除了反映随机误差外,还反映了第 i 个水平的效应 $\alpha_i = \mu_i - \mu$.

这里我们对(10.7)式做简要证明：

事实上,由分解式

$$x_{ij} - \bar{x} = (x_{ij} - \bar{x}_i) + (\bar{x}_i - \bar{x})$$

两边平方

$$(x_{ij} - \bar{x})^2 = (x_{ij} - \bar{x}_i)^2 + (\bar{x}_i - \bar{x})^2 + 2(x_{ij} - \bar{x}_i)(\bar{x}_i - \bar{x}).$$

先固定 i 对 j 求和,注意到 $(\bar{x}_i - \bar{x}) \sum_{j=1}^{n_i} (x_{ij} - \bar{x}_i) = (\bar{x}_i - \bar{x}) n_i (\bar{x}_i - \bar{x}_i) = 0$,然后对 $i = 1,$ $2,\cdots,m$ 求和即得

$$\sum_{i=1}^{m} \sum_{j=1}^{n_i} (x_{ij} - \bar{x})^2 = \sum_{i=1}^{m} \sum_{j=1}^{n_i} (x_{ij} - \bar{x}_i)^2 + \sum_{i=1}^{m} n_i (\bar{x}_i - \bar{x})^2$$

也即 $$SS_T = SS_e + SS_A.$$ (10.8)

分解式(10.8)就称为本模型(10.1)的方差分析. 其中的 SS_T 实际上是全部观察数据 $\{x_{ij}\}$ 的样本方差(没有除以自由度),把这样一个"总方差"分解为由因素 A 和随机误差形成的"部分方差".

这里,总平方和 SS_T 的自由度 $f_T = n - 1, n = \sum_{i=1}^{m} n_i$,误差平方和 SS_e 的自由度是 $f_e = \sum_{i=1}^{m} (n_i - 1) = n - m$,因素 A 的平方和 SS_A 的自由度 $f_A = m - 1$. SS_e 和 SS_A 的自由度之和 $f_e + f_A = n - m + m - 1 = n - 1$,恰好是 SS_T 的自由度.

3. 检验方法

偏差平方和的大小与数据个数(或自由度)有关,一般来说,数据越多,其偏差平方和越大. 为了便于在偏差平方和之间进行比较,统计上引入了均方和的概念.

均方和定义为

$$MS = Q/f_Q.$$

即平均每个自由度上有多少平方和,它较好地度量了一组数据的离散程度.

为了对假设(10.2)或(10.4)进行检验,需要比较 SS_A 和 SS_e 的相对大小. 由前述,用它们各自的均方 $MS_A = SS_A/f_A$ 和 $MS_e = SS_e/f_e$ 进行比较更为合理. 故我们用

$$F = \frac{MS_A}{MS_e} = \frac{SS_A/f_A}{SS_e/f_e} = \frac{SS_A/(m-1)}{SS_e/(n-m)},$$ (10.9)

作为检验统计量.

可以证明,在模型假定下,当 H_0 成立时,有

$$F = \frac{MS_A}{MS_e} \sim F(m-1, n-m). \tag{10.10}$$

拒绝域为

$$W = \{F > F_\alpha(m-1, n-m)\}.$$

对给定的显著性水平 α,如果计算得统计量 F 的观察值落入拒绝域,则拒绝 H_0,否则不能拒绝 H_0.

也可以计算检验的 p 值,用统计软件可求得

$$p \text{ 值} = P(F > F \text{ 的观察值} \mid H_0 \text{ 为真}).$$

若给定显著性水平 α, $\begin{cases} \text{若 } p \text{ 值} \leqslant \alpha \text{ 则拒绝 } H_0 \\ \text{若 } p \text{ 值} > \alpha \text{ 则不能拒绝 } H_0 \end{cases}$.

可见,单因素方差分析将所有观察值之间的变异(全部观察值总偏差平方和)和自由度分解为两个部分,一部分为随机误差,另一部分可由某个因素 A 的作用加以解释,通过比较因素 A 的均方和与误差均方和的相对大小,借助 F 分布做出统计推断.

可将上述方差分析过程总结在表 10.2 中.

表 10.2　单因素方差分析表

方差来源	平方和	自由度	均方和	F 统计量	显著性
因素 A(组间)	SS_A	$m-1$	MS_A	$\dfrac{MS_A}{MS_e}$	
误差(组内)	SS_e	$n-m$	MS_e		
总和	SS_T	$n-1$			

其中显著性一栏中给出检验的 p 值.

下面我们回到例 1,给出问题的解答如下:

(1)提出假设:

$H_0 : \mu_1 = \mu_2 = \mu_3 = \mu_4$;$H_1 : \mu_1, \mu_2, \mu_3, \mu_4$ 不全相同.

其中 μ_i 为用第 i 种配料方案制成的灯丝生产的灯泡寿命总体均值.

(2)由试验数据计算方差分析表的各项(一般可由统计软件完成),结果如表 10.3 所示.

表 10.3　例 1 的方差分析表

	平方和	自由度	均方和	F	p 值
因素	44046.6538	3	14682.2179	2.1435	0.1237
误差	150694.0000	22	6849.7273		
总和	194740.6538	25			

检验的 p 值是 0.1237,若显著性水平 α 为 0.05,我们不能拒绝 H_0.

我们再看一个例子.

【例 2】　某银行经理为了考查三位出纳的业务情况(主要指标是每天接待的顾客数),从而对他们实行相应的奖惩措施.经理随机检查了六个工作日,得到这三位出纳接待顾客数目如下:

时间	出纳 A	出纳 B	出纳 C
第一天	45	55	54
第二天	56	54	61
第三天	47	53	54
第四天	51	59	58
第五天	50	58	52
第六天	45	56	51

问这三位出纳接待顾客数有无显著差异(显著性水平 $\alpha=0.01$).假设三位出纳每天接待的顾客数服从正态分布,且方差相等.

解　在此,我们的目的是比较三位出纳每天平均接待的顾客数是否相等,设 μ_1,μ_2,μ_3 分别为三位出纳 A、B、C 每天接待的平均顾客数.

提出假设:

$$H_0:\mu_1=\mu_2=\mu_3;\quad H_1:\mu_1,\mu_2,\mu_3 \text{ 不全相同}.$$

由试验数据计算得到方差分析表的各项如表 10.4 所示。

表 10.4　例 2 的方差分析表

方差来源	平方和	自由度	均方和	F	p 值
因素	166.7778	2	83.3889	6.6240	0.0087
误差	188.8333	15	12.5889		
总和	355.6111	17			

检验的 p 值是 0.0087,显著性水平 α 为 $0.01>0.0087$,故拒绝假设 H_0.认为三位出纳每天平均接待的顾客数有显著差异.

10.2.4　参数估计

在检验结果为显著时,我们可进一步求出总均值 μ,各主效应 α_i 和误差方差 σ^2 的估计.

1. 点估计

由模型(10.3)知,诸 x_{ij} 相互独立,且 $x_{ij}\sim N(\mu+\alpha_i,\sigma^2)$,似然函数为

$$L(\mu,\alpha_1,\cdots,\alpha_m,\sigma^2)=\prod_{i=1}^{m}\prod_{j=1}^{n_i}\left\{\frac{1}{\sqrt{2\pi\sigma^2}}\exp\left[-\frac{(x_{ij}-\mu-\alpha_i)^2}{2\sigma^2}\right]\right\};\qquad(10.11)$$

对数似然函数为

$$\ln L(\mu,\alpha_1,\cdots,\alpha_m,\sigma^2) = -\frac{n}{2}\ln(2\pi\sigma^2) - \frac{1}{2\sigma^2}\sum_{i=1}^{m}\sum_{j=1}^{n_i}(x_{ij}-\mu-\alpha_i)^2; \quad (10.12)$$

求偏导，得似然方程为：

$$\frac{\partial\ln L}{\partial\mu} = \frac{1}{2\sigma^2}\sum_{i=1}^{m}\sum_{j=1}^{n_i}(x_{ij}-\mu-\alpha_i)^2 = 0;$$

$$\frac{\partial\ln L}{\partial\alpha} = \frac{1}{2\sigma^2}\sum_{i=1}^{m}\sum_{j=1}^{n_i}(x_{ij}-\mu-\alpha_i)^2 = 0, i=1,\cdots,m; \quad (10.13)$$

$$\frac{\partial\ln L}{\partial\alpha^2} = -\frac{n}{2\sigma^2} + \frac{1}{2\sigma^4}\sum_{i=1}^{m}\sum_{j=1}^{n_i}(x_{ij}-\mu-\alpha_i)^2 = 0.$$

考虑到约束条件 $\sum_{i=1}^{m}n_i\alpha_i = 0$，可求得模型(10.3)中各参数的最大似然估计为

$$\hat{\mu} = \bar{x},$$
$$\hat{\alpha}_i = \bar{x}_i - \bar{x}, \quad (10.14)$$
$$\hat{\sigma}^2_{MLE} = \frac{1}{n}\sum_{i=1}^{m}\sum_{j=1}^{n_i}(x_{ij}-\bar{x}_i)^2 = \frac{SS_e}{n}$$

由最大似然估计的不变性，各水平均值 μ_i 的最大似然估计为

$$\hat{\mu}_i = \bar{x}_i. \quad (10.15)$$

由于 $\hat{\sigma}^2_{MLE}$ 不是 σ^2 的无偏估计，实用中常采用如下的误差方差的无偏估计

$$\hat{\sigma}^2 = MS_e, \quad (10.16)$$

即误差方差的无偏估计是误差的均方和.

2. 置信区间

由模型(10.1)，诸 x_{ij} 相互独立，$x_{ij}\sim N(\mu_i,\sigma^2)$，故
$$\bar{x}_i \sim N(\mu_i,\sigma^2/n_i).$$

由样本方差的定义以及 χ^2 分布的可加性，并注意到 $\sum_{i=1}^{m}(n_i-1) = n-m$，有

$$\frac{SS_e}{\sigma^2} = \frac{\sum_{i=1}^{m}\sum_{j=1}^{n_i}(x_{ij}-\bar{x}_i)^2}{\sigma^2} = \sum_{i=1}^{m}\frac{(n_i-1)S_i^2}{\sigma^2} \sim \chi^2(n-m).$$

再由第6章定理2，知 $\bar{x}_i$ 与 $\frac{SS_e}{\sigma^2}$ 独立，于是由第六章定理3：

$$\frac{\sqrt{n_i}(\bar{x}_i-\mu_i)}{\sqrt{SS_e/n-m}} \sim t(n-m).$$

由此给出水平 A_i 的均值 μ_i 的置信水平为 $1-\alpha$ 的置信区间为

$$[\bar{x}_i - \hat{\sigma}\cdot t_{\alpha/2}(n-m)/\sqrt{n_i}, \bar{x}_i + \hat{\sigma}\cdot t_{\alpha/2}(n-m)/\sqrt{n_i}]. \quad (10.17)$$

其中 $\hat{\sigma}^2$ 由(10.16)式给出.

例 3　(续例 2)在例 2 中我们已经得到三位出纳每天平均接待的顾客数有显著差异. 现在我们给出每位出纳每天平均接待顾客数的估计.

由(10.15)式可得

$$\hat{\mu}_1 = \overline{x}_1 = 49;$$
$$\hat{\mu}_2 = \overline{x}_2 = 55.8;$$
$$\hat{\mu}_3 = \overline{x}_3 = 55.$$

由(10.16)式可得

$$\hat{\sigma}^2 = MS_e = 12.5889, 于是\ \hat{\sigma} = 3.548.$$

本例中, $n = 18, m = 3, n_1 = n_2 = n_3 = 6$, 取 $1 - \alpha = 0.95, t_{\alpha/2}(n-m) = t_{0.025}(13) = 2.16$, 于是由(10.17)式可计算得三位出纳每天平均接待顾客数 μ_1, μ_2, μ_3 的 95% 置信区间分别为：

$$\mu_1: [45.87, 52.13];$$
$$\mu_2: [52.67, 58.93];$$
$$\mu_3: [51.87, 58.13].$$

10.2.5　几点注意和说明

本章我们通过单因素方差分析介绍了方差分析的基本思想, 需要注意的是, 要进行方差分析, 应当具备以下三个条件(这也是模型的假定)：

(1)可加性：每个水平的(处理)效应与误差效应(随机误差)是可加的, 即

$$x_{ij} = \mu + \alpha_i + \varepsilon_{ij}.$$

α_i 为水平(处理) A_i 的效应, ε_{ij} 为随机误差. 由于有这一假定, 不同的效应才能被分解, 也才能最终判断水平(处理)效应是否比误差效应更显著.

(2)独立正态性：试验误差应当服从正态分布, 而且相互独立.

(3)方差齐性：不同水平(处理)的误差方差相同.

一般来说, 在进行方差分析前, 应做方差齐性检验. 常用的有 Levene 检验、Bartlett 检验等. 误差的正态性检验本质上就是数据的正态性检验. 许多统计软件设置有方差齐性检验和正态性检验的功能. 对于有些不满足条件的试验, 可以先进行数据变换再进行方差分析.

此外, 当前述 F 检验的结论是拒绝 H_0, 说明因素 A 的 m 个水平效应有显著差异, 或者说, m 个均值间有显著差异, 但这并不意味着所有均值间都存在显著差异, 这时我们还需要对每一对 μ_i 和 $\mu_j (i \neq j)$ 做一对一的比较, 即多重比较. 有多种均值多重比较方法, 在一些统计软件中可以进行选择.

上述部分内容以及多因素方差分析等内容, 超出本教材的范围, 不能在此介绍了. 感兴趣的同学可参看有关参考书.

提高题十

1. 方差分析是用于研究哪种数据的统计方法？请举一个可应用单因素方差分析的实际问题.

2. 单因素方差分析的基本假定是什么？

3. 什么是偏差平方和？什么是平方和的自由度？

4. 什么是总偏差平方和？它可以分解为哪两部分？这种分解与方差分析有什么关系？

5. 某养鸡场为检验三种不同饲料对鸡增重是否有差异，从鸡场中选择 18 只相似的小鸡，随机等分为 3 组，每组各喂一种饲料，20 天后测得增重的数据(单位:克)如表 10.5 所示.

表 10.5　三种不同饲料下鸡增加的重量(单位:克)

饲料	增　　重
A_1	47,42,45,49,50,45
A_2	49,38,40,39,50,41
A_3	33,34,40,38,47,36

方差分析的结果(见表 10.6).

表 10.6

方差来源	平方和	自由度	均方和	F	p 值
因素(组间)	210.1111	2	105.0556	5.0481	0.0211
误差(组内)	312.1667	15	20.8111		
全部	522.2778	17			

(1)针对本问题,说明进行方差分析应具备的条件;

(2)给出所检验的假设;

(3)从这个方差分析表,当显著性水平取 0.05 时,你能做出什么结论？当显著性水平取 0.01 时,你能做出什么结论？

(4)若得到的结论是三种不同饲料下鸡的平均增重有显著差异,你还应该做些什么分析？

附 录

附录 A 常见概率分布

表 A.1 离散型分布

分布名称	参数	概率函数或密度函数	期望	方差
0—1 分布	$0<p<1$	$P\{X=k\}=p^k(1-p)^{1-k}$ $k=0,1$	p	$p(1-p)$
二项分布 $B(n,p)$	n 为正整数 $0<p<1$	$P\{X=k\}=C_n^k p^k(1-p)^{n-k}$ $k=0,1,2,\cdots,n$	np	$np(1-p)$
超几何分布 $H(n,M,N)$	N,M,n	$P(X=m)=\dfrac{C_M^m C_{N-M}^{n-m}}{C_N^n}$ $m=1,2,\cdots,n$	$\dfrac{nM}{N}$	$\dfrac{nM}{N}\left(1-\dfrac{M}{N}\right)\left(\dfrac{N-n}{N-1}\right)$
泊松分布 $P(\lambda)$	$\lambda>0$	$P\{X=k\}=e^{-\lambda}\dfrac{\lambda^k}{k!}$ $k=0,1,2,\cdots$	λ	λ
几何分布 $G(p)$	$0<p<1$	$P\{X=k\}=pq^{k-1}$ $k=1,2,\cdots$	$\dfrac{1}{p}$	$\dfrac{1-p}{p^2}$
负二项分布 $B^-(r,p)$	r 为正整数 $0<p<1$	$C_{k-1}^{r-1}p^r(1-p)^{k-r}$ $k=r,r+1,r+2,\cdots$	$\dfrac{r}{p}$	$\dfrac{r(1-p)}{p^2}$

表 A.2 连续型分布

分布名称	参数	密度函数	期望	方差
均匀分布 $U(a,b)$	a,b	$f(x)=\begin{cases}\dfrac{1}{b-a} & a<x<b \\ 0 & \text{其他}\end{cases}$	$\dfrac{a+b}{2}$	$\dfrac{(b-a)^2}{12}$
指数分布 $E(\lambda)$	$\lambda>0$	$f(x)=\begin{cases}\lambda e^{-\lambda x} & x\geqslant 0 \\ 0 & x<0\end{cases}$	$\dfrac{1}{\lambda}$	$\dfrac{1}{\lambda^2}$
正态分布 $N(\mu,\sigma^2)$	μ 任意, $\sigma>0$	$f(x)=\dfrac{1}{\sqrt{2\pi}\sigma}e^{-\frac{(x-u)^2}{2\sigma^2}}$ $-\infty<x<\infty$	μ	σ^2
柯西分布 $C(\mu,\alpha)$	μ 任意,$\alpha>0$	$\dfrac{\alpha}{\pi}\dfrac{1}{(\alpha^2+(x-\mu)^2)}$ $-\infty<x<\infty$	不存在	不存在
χ^2 分布 $\chi^2(n)$	自由度 n 为正整数	$f(x)=\dfrac{1}{2^{n/2}\Gamma(n/2)}x^{\frac{n}{2}-1}e^{-\frac{x}{2}},\quad x>0$	n	$2n$
t 分布 $t(n)$	自由度 n 为正整数	$f(x)=\dfrac{\Gamma[(n+1)/2]}{\Gamma(n/2)\sqrt{n\pi}}\left(1+\dfrac{x^2}{n}\right)^{-\frac{n+1}{2}},\quad x>0$	0	$n/(n-2)$, (对 $n>2$)
F 分布 $F(n_1,n_2)$	自由度 n_1,n_2 均为正整数	$f(x)=\begin{cases}\dfrac{\Gamma\left(\dfrac{n_1+n_2}{2}\right)}{\Gamma\left(\dfrac{n_1}{2}\right)\Gamma\left(\dfrac{n_2}{2}\right)}\left(\dfrac{n_1}{n_2}\right)\left(\dfrac{n_1}{n_2}x\right)^{\frac{n_1}{2}-1}\left(1+\dfrac{n_1}{n_2}x\right)^{-\frac{n_1+n_2}{2}} \\ 0\end{cases}$	$\dfrac{n_2}{n_2-2}$ $(n_2>2)$	$\dfrac{2n_2^2(n_1+n_2-2)}{n_1(n_2-2)^2(n_2-4)}$ $(n_2>4)$

附录 B 常见分布值表

表 B.1 标准正态分布函数值表

$$\Phi(z) = \int_{-\infty}^{z} \frac{1}{2\pi} e^{-\frac{x^2}{2}} dx = P(Z \leqslant z)$$

z	0	1	2	3	4	5	6	7	8	9
0.0	0.5000	0.5040	0.5080	0.5120	0.5160	0.5199	0.5239	0.5279	0.5319	0.5359
0.1	0.5398	0.5438	0.5478	0.5517	0.5557	0.5596	0.5636	0.5675	0.5714	0.5753
0.2	0.5793	0.5832	0.5871	0.5910	0.5948	0.5987	0.6026	0.6064	0.6103	0.6141
0.3	0.6179	0.6217	0.6255	0.6293	0.6331	0.6368	0.6404	0.6443	0.6480	0.6517
0.4	0.6554	0.6591	0.6628	0.6664	0.6700	0.6736	0.6772	0.6808	0.6844	0.6879
0.5	0.6915	0.6950	0.6985	0.7019	0.7054	0.7088	0.7123	0.7157	0.7190	0.7224
0.6	0.7257	0.7291	0.7324	0.7357	0.7389	0.7422	0.7454	0.7486	0.7517	0.7549
0.7	0.7580	0.7611	0.7642	0.7673	0.7703	0.7734	0.7764	0.7794	0.7823	0.7852
0.8	0.7881	0.7910	0.7939	0.7967	0.7995	0.8023	0.8051	0.8078	0.8106	0.8133
0.9	0.8159	0.8186	0.8212	0.8238	0.8264	0.8289	0.8315	0.8340	0.8365	0.8389
1.0	0.8413	0.8438	0.8461	0.8485	0.8508	0.8531	0.8554	0.5877	0.8599	0.8621
1.1	0.8643	0.8665	0.8686	0.8708	0.8729	0.8749	0.8770	0.8790	0.8810	0.8830
1.2	0.8849	0.8869	0.8888	0.8907	0.8925	0.8944	0.8962	0.8980	0.8997	0.9015
1.3	0.9032	0.9049	0.9066	0.9082	0.9099	0.9115	0.9131	0.9147	0.9162	0.9177
1.4	0.9192	0.9207	0.9222	0.9236	0.9251	0.9265	0.9278	0.9292	0.9306	0.9319
1.5	0.9332	0.9345	0.9357	0.9370	0.9382	0.9394	0.9406	0.9418	0.9430	0.9441
1.6	0.9452	0.9463	0.9474	0.9484	0.9495	0.9505	0.9515	0.9525	0.9535	0.9545
1.7	0.9554	0.9564	0.9573	0.9582	0.9591	0.9599	0.9608	0.9616	0.9625	0.9633
1.8	0.9641	0.9648	0.9656	0.9664	0.9671	0.9678	0.9686	0.9693	0.9700	0.9706
1.9	0.9713	0.9719	0.9726	0.9732	0.9738	0.9744	0.9750	0.9756	0.9762	0.9767
2.0	0.9772	0.9778	0.9783	0.9788	0.9793	0.9798	0.9803	0.9808	0.9812	0.9817
2.1	0.9821	0.9826	0.9830	0.9834	0.9838	0.9842	0.9846	0.9850	0.9854	0.9857
2.2	0.9861	0.9864	0.9868	0.9871	0.9874	0.9878	0.9881	0.9884	0.9887	0.9890
2.3	0.9893	0.9896	0.9898	0.9901	0.9904	0.9906	0.9909	0.9911	0.9913	0.9916
2.4	0.9918	0.9920	0.9922	0.9925	0.9927	0.9929	0.9931	0.9932	0.9934	0.9936
2.5	0.9938	0.9940	0.9941	0.9943	0.9945	0.9946	0.9948	0.9949	0.9951	0.9952
2.6	0.9953	0.9955	0.9956	0.9957	0.9959	0.9960	0.9961	0.9962	0.9963	0.9964
2.7	0.9965	0.9966	0.9967	0.9968	0.9969	0.9970	0.9971	0.9972	0.9973	0.9974
2.8	0.9974	0.9975	0.9976	0.9977	0.9977	0.9978	0.9979	0.9979	0.9980	0.9981
2.9	0.9981	0.9982	0.9982	0.9983	0.9984	0.9984	0.9985	0.9985	0.9986	0.9986
3.0	0.9987	0.9990	0.9993	0.9995	0.9997	0.9998	0.9998	0.9999	0.9999	1.0000

注:表中末行系函数值 $\Phi(3.0), \Phi(3.1), \cdots, \Phi(3.9)$.

表 B.2 泊松分布表

$$1 - F(x-1) = \sum_{r=x}^{\infty} \frac{e^{-\lambda}\lambda^4}{r!}$$

x	λ=0.2	λ=0.3	λ=0.4	λ=0.5	λ=0.6
0	1.0000000	1.0000000	1.0000000	1.0000000	1.0000000
1	0.1812692	0.2591818	0.3296800	0.393469	0.451188
2	0.0175231	0.0369363	0.0615519	0.090204	0.121901
3	0.0011485	0.0035995	0.0079263	0.014388	0.023115
4	0.0000568	0.0002658	0.0007763	0.001752	0.003358
5	0.0000023	0.0000158	0.000612	0.000172	0.000394
6	0.0000001	0.0000008	0.0000040	0.000014	0.000039
7			0.0000002	0.000001	0.000003

x	λ=0.7	λ=0.8	λ=0.9	λ=1.0	λ=1.2
0	1.0000000	1.0000000	1.0000000	1.0000000	1.0000000
1	0.503415	0.550671	0.593430	0.632121	0.698806
2	0.155805	0.191208	0.227518	0.264241	0.337373
3	0.034142	0.047423	0.062857	0.080301	0.120513
4	0.005753	0.009080	0.013459	0.018988	0.033769
5	0.000786	0.001411	0.002344	0.003660	0.007746
6	0.000090	0.000184	0.000343	0.000594	0.001500
7	0.000009	0.000021	0.000043	0.000083	0.000251
8	0.000001	0.000002	0.000005	0.000010	0.000037
9				0.000001	0.000005
10					0.000006

x	λ=1.4	λ=1.6	λ=1.8		
0	1.000000	1.000000	1.000000		
1	0.753403	0.798103	0.834701		
2	0.408167	0.475069	0.537163		
3	0.166520	0.216642	0.269379		
4	0.053725	0.078813	0.108708		
5	0.014253	0.023862	0.036407		
6	0.003201	0.006040	0.010378		
7	0.000622	0.001336	0.002569		
8	0.000107	0.000260	0.000562		
9	0.000016	0.000045	0.000110		
10	0.000002	0.000007	0.000019		
11		0.000001	0.000003		

续表

x	$\lambda=2.5$	$\lambda=3.0$	$\lambda=3.5$	$\lambda=4.0$	$\lambda=4.5$	$\lambda=5.0$
0	1.0000000	1.0000000	1.0000000	1.0000000	1.0000000	1.0000000
1	0.917915	0.950213	0.969803	0.981684	0.988891	0.993261
2	0.712703	0.800852	0.864112	0.908422	0.938901	0.959572
3	0.456187	0.576810	0.679153	0.761897	0.826422	0.875348
4	0.242424	0.352768	0.463367	0.566530	0.657704	0.734974
5	0.108822	0.184737	0.274555	0.371163	0.467896	0.559507
6	0.042021	0.083918	0.142386	0.214870	0.297070	0.384039
7	0.014187	0.033509	0.065288	0.110674	0.168949	0.237817
8	0.004247	0.011905	0.026793	0.051134	0.086586	0.133372
9	0.001140	0.003803	0.009874	0.021363	0.040257	0.068094
10	0.000277	0.001102	0.003315	0.008132	0.017093	0.031828
11	0.000062	0.000292	0.001019	0.002840	0.006669	0.013695
12	0.000013	0.000071	0.000289	0.000915	0.002404	0.005453
13	0.000002	0.000016	0.000076	0.000274	0.000805	0.002019
14		0.000003	0.000019	0.000076	0.000252	0.000698
15		0.000001	0.000004	0.000020	0.000074	0.000226
16			0.000001	0.000005	0.000020	0.000069
17				0.000001	0.000005	0.000020
18					0.000001	0.000005
19						0.000001

表 B.3 t 分布分位数表

$$P\{t(n) > t_\alpha(n) = \alpha$$

n	$\alpha=0.25$	$\alpha=0.10$	$\alpha=0.05$	$\alpha=0.025$	$\alpha=0.01$	$\alpha=0.005$
1	1.0000	3.0777	6.3138	12.7062	31.8270	63.6574
2	0.8165	1.8856	2.9200	4.3072	6.9646	9.9248
3	0.7649	1.6377	2.3534	3.1824	4.5407	5.8409
4	0.7407	1.5332	2.1318	2.7764	3.7469	4.6041
5	0.7267	1.4759	2.0150	2.5706	3.3649	4.0322
6	0.7176	1.4398	1.9432	2.4469	3.1427	3.7074
7	0.7111	1.4149	1.8946	2.3646	2.9980	3.4995
8	0.7064	1.3968	1.8595	2.3060	2.8965	3.3554
9	0.7027	1.3830	1.8331	2.2622	2.8241	3.2498
10	0.6998	1.3722	1.8125	2.2281	2.7638	3.1693
11	0.6974	1.3634	1.7959	2.2010	2.7181	3.1058
12	0.6955	1.3562	1.7823	2.1788	2.6810	3.0545
13	0.6938	1.3502	1.7709	2.1604	2.6503	3.0123
14	0.6924	1.3450	1.7613	2.1448	2.6245	2.9768
15	0.6912	1.3406	1.7531	2.1315	2.6025	2.9467
16	0.6901	1.3368	1.7459	2.1199	2.5835	2.9208
17	0.6892	1.3334	1.7396	2.1098	2.5669	2.8982
18	0.6884	1.3304	1.7341	2.1009	2.5524	2.8784
19	0.6876	1.3277	1.7291	2.0930	2.5395	2.8609
20	0.6870	1.3253	1.7247	2.0860	2.5280	2.8453
21	0.6864	1.3232	1.7207	2.0796	2.5177	2.8314
22	0.6858	1.3212	1.7171	2.0739	2.5083	2.8188
23	0.6853	1.3195	1.7139	2.0687	2.4999	2.8073
24	0.6848	1.3178	1.7109	2.0639	2.4922	2.7969
25	0.6844	1.3163	1.7081	2.0595	2.4851	2.7874
26	0.6840	1.3150	1.7056	2.0555	2.4786	2.7787
27	0.6837	1.3137	1.7033	2.0518	2.4727	2.7707
28	0.6834	1.3125	1.7011	2.0484	2.4671	2.7633
29	0.6830	1.3114	1.6991	2.0452	2.4620	2.7564
30	0.6828	1.3104	1.6973	2.0423	2.4573	2.7500
31	0.6825	1.3095	1.6955	2.0395	2.4528	2.7440
32	0.6822	1.3086	1.6939	2.0369	2.4487	2.7385
33	0.6820	1.3077	1.6924	2.0345	2.4448	2.7333
34	0.6818	1.3070	1.6909	2.0322	2.4411	2.7824
35	0.6816	1.3062	1.6896	2.0301	2.4377	2.7238
36	0.6814	1.3055	1.6883	2.0281	2.4345	2.7195
37	0.6812	1.3049	1.6871	2.0262	2.4314	2.7154
38	0.6810	1.3042	1.6860	2.0244	2.4286	2.7116
39	0.6808	1.3036	1.6849	2.0227	31.4258	2.7079
40	0.6807	1.3031	1.6839	2.0211	2.4233	2.7045
41	0.6805	1.3025	1.6829	2.0195	2.4208	2.7012
42	0.6804	1.3020	1.6820	2.0181	2.4185	2.6981
43	0.6802	1.3016	1.6811	2.0167	2.4163	2.6951
44	0.6801	1.3011	1.6802	2.0154	2.4141	2.6923
45	0.6800	1.3006	1.6794	2.0141	2.4121	2.6896

表 B.4 χ^2 分布分位数表

$$P\{\chi^2(n) > \chi_\alpha^2(n)\} = \alpha$$

n	$\alpha=0.995$	$\alpha=0.99$	$\alpha=0.975$	$\alpha=0.95$	$\alpha=0.90$	$\alpha=0.75$
1	—	—	0.001	0.004	0.016	0.102
2	0.010	0.020	0.052	0.103	0.211	0.575
3	0.072	0.115	0.216	0.352	0.584	1.213
4	0.207	0.297	0.484	0.711	1.064	1.923
5	0.412	0.554	0.831	1.145	1.610	2.675
6	0.676	0.872	1.237	1.635	2.204	3.455
7	0.989	1.239	1.690	2.167	2.833	4.255
8	1.344	1.646	2.180	2.733	3.490	5.071
9	1.735	2.088	2.700	3.325	4.168	5.899
10	2.156	2.558	3.247	3.940	4.865	6.737
11	2.603	3.053	3.816	4.575	5.578	7.584
12	3.074	3.571	4.404	5.226	6.304	8.438
13	3.565	4.107	5.009	5.892	7.042	9.299
14	4.075	4.660	5.629	6.571	7.790	10.165
15	4.601	5.229	6.262	7.261	8.547	11.037
16	5.142	5.812	6.908	7.962	9.312	11.912
17	5.697	6.408	7.564	8.672	10.085	12.792
18	6.265	7.015	8.231	9.390	10.865	13.675
19	6.844	7.633	8.907	10.117	11.651	14.562
20	7.434	8.260	9.591	10.851	12.443	15.452
21	8.034	8.897	10.283	11.591	13.240	16.344
22	8.634	9.542	10.982	12.338	14.042	17.240
23	9.260	10.196	11.689	13.091	14.848	18.137
24	9.886	10.856	12.401	13.848	15.659	19.037
25	10.520	11.524	13.120	14.611	16.473	19.939
26	11.160	12.198	13.844	15.379	17.292	20.843
27	11.808	12.879	14.573	16.151	18.114	21.749
28	12.416	13.565	15.308	16.928	18.939	22.657
29	13.121	14.257	16.047	17.708	19.768	23.576
30	13.787	14.954	16.791	18.493	20.599	24.478
31	14.458	15.655	17.593	19.281	21.434	25.390
32	15.134	16.362	18.291	20.072	22.271	26.304
33	15.815	17.074	19.047	20.867	23.110	27.219
34	16.501	17.789	19.806	21.664	23.952	28.136
35	17.192	18.509	20.569	22.465	24.797	29.054
36	17.887	19.233	21.336	23.269	25.643	29.973
37	18.586	19.960	22.106	24.075	26.492	30.893
38	19.289	20.691	22.878	24.884	27.343	31.815
39	19.996	21.426	23.654	25.695	28.196	32.737
40	20.707	22.164	24.433	26.509	29.051	33.660
41	21.421	22.906	25.215	27.326	29.907	34.585
42	22.138	23.650	25.999	28.144	30.765	35.510
43	22.859	24.398	26.785	28.965	31.625	36.436
44	23.584	25.148	27.575	29.787	32.487	37.363
45	24.311	25.901	28.366	30.612	33.350	38.291

$$P\{\chi^2(n) > \chi^2_a(n)\} = \alpha$$

n	$\alpha=0.25$	$\alpha=0.10$	$\alpha=0.05$	$\alpha=0.025$	$\alpha=0.01$	$\alpha=0.005$
1	1.323	2.706	3.841	5.024	6.635	7.879
2	2.773	4.605	5.991	7.378	9.210	10.579
3	4.108	6.251	7.815	9.348	11.345	12.838
4	5.385	7.779	9.488	11.143	13.277	14.860
5	6.626	9.236	11.071	12.833	15.086	16.750
6	7.841	10.645	12.592	14.449	16.812	18.584
7	9.037	12.017	14.067	16.013	18.475	20.278
8	10.219	13.362	15.507	17.535	20.090	21.955
9	11.389	14.684	16.919	19.023	21.666	23.589
10	12.549	15.987	18.307	20.483	23.209	25.188
11	13.701	17.275	19.675	21.920	24.725	26.757
12	14.845	18.549	21.026	23.337	26.217	28.299
13	15.984	19.812	22.363	24.736	27.688	29.819
14	17.117	21.064	23.685	26.119	29.141	31.319
15	18.245	22.307	24.996	27.488	30.578	32.801
16	19.369	23.542	24.296	28.845	32.000	34.267
17	20.489	24.769	27.587	30.191	33.409	35.718
18	21.605	25.989	28.869	31.526	34.805	37.156
19	22.718	27.204	30.144	32.852	36.191	38.582
20	23.828	28.412	31.410	34.170	37.566	39.997
21	24.935	29.615	32.671	35.479	38.932	41.401
22	26.039	30.813	33.924	36.781	40.289	42.796
23	27.141	32.007	35.172	38.076	41.638	44.181
24	28.241	33.196	36.415	39.364	42.980	45.559
25	29.339	34.382	37.652	40.646	44.314	46.928
26	30.435	35.563	38.885	41.923	45.642	48.290
27	31.528	36.741	40.113	43.194	46.963	49.645
28	32.620	37.916	41.337	44.461	48.278	50.993
29	33.711	39.087	42.557	45.722	49.588	52.336
30	34.800	40.265	43.773	46.979	50.892	53.672
31	35.887	41.422	44.985	48.232	52.191	55.003
32	36.973	42.585	46.194	49.480	53.486	56.328
33	38.058	43.745	47.400	50.725	54.776	57.648
34	39.141	44.903	48.602	51.966	56.061	58.964
35	40.223	46.059	49.802	53.203	57.342	60.275
36	41.304	47.212	50.998	54.437	58.619	61.581
37	42.383	48.363	52.192	55.668	59.892	62.883
38	43.462	49.513	53.384	56.806	61.162	64.181
39	44.539	50.660	54.527	58.120	62.428	65.476
40	45.616	51.805	55.758	59.342	63.691	66.766
41	46.692	52.949	56.942	60.561	64.950	68.053
42	47.766	54.090	58.124	61.777	66.206	69.336
43	48.840	55.230	59.304	62.990	67.459	70.616
44	49.913	56.369	60.481	64.201	68.710	71.893
45	50.985	57.505	61.656	65.410	69.957	73.166

表 B.5 F 分布分位数表

$$P\{F(n_1,n_2) > F\alpha(n_1,n_2)\} = \alpha$$

$$\alpha = 0.10$$

n_2 \ n_1	1	2	3	4	5	6	7	8	9	10	12	15	20	24	30	40	60	120	∞
1	39.86	49.50	53.59	55.83	57.24	58.20	58.91	59.44	59.86	60.19	60.71	61.22	61.74	62.00	62.26	62.53	62.79	63.06	63.33
2	8.53	9.00	9.16	9.24	9.29	9.33	9.35	9.37	9.38	9.39	9.41	9.42	9.44	9.45	9.46	9.47	9.47	9.48	9.49
3	5.54	5.46	5.39	5.34	5.31	5.28	5.27	5.25	5.24	5.23	5.22	5.20	5.18	5.18	5.17	5.16	5.15	5.14	5.13
4	4.54	4.32	4.19	4.11	4.05	4.01	3.98	3.95	3.94	3.92	3.90	3.87	3.84	3.83	3.82	3.80	3.79	3.78	3.76
5	4.06	3.78	3.62	3.52	3.45	3.40	3.37	3.34	3.32	3.30	3.27	3.24	3.21	3.19	3.17	3.16	3.14	3.12	3.10
6	3.78	3.46	3.29	3.18	3.11	3.05	3.01	2.98	2.96	2.94	2.90	2.87	2.84	2.82	2.80	2.78	2.76	2.74	2.72
7	3.59	3.26	3.07	2.96	2.88	2.83	2.78	2.75	2.72	2.70	2.67	2.63	2.59	2.58	2.56	2.54	2.51	2.49	2.47
8	3.46	3.11	2.92	2.81	2.73	2.67	2.62	2.59	2.56	2.54	2.50	2.46	2.42	2.40	2.38	2.36	2.34	2.32	2.29
9	3.36	3.01	2.81	2.69	2.61	2.55	2.51	2.47	2.44	2.42	2.38	2.34	2.30	2.28	2.25	2.23	2.21	2.18	2.16
10	3.29	2.92	2.73	2.61	2.52	2.46	2.41	2.38	2.35	2.32	2.28	2.24	2.20	2.18	2.16	2.13	2.11	2.08	2.06
11	3.23	2.86	2.66	2.54	2.45	2.39	2.34	2.30	2.27	2.25	2.21	2.17	2.12	2.10	2.08	2.05	2.03	2.00	1.97
12	3.18	2.81	2.61	2.48	2.39	2.33	2.28	2.24	2.21	2.19	2.15	2.10	2.06	2.04	2.01	1.99	1.96	1.93	1.90
13	3.14	2.76	2.56	2.43	2.35	2.28	2.23	2.20	2.16	2.14	2.10	2.05	2.01	1.98	1.96	1.93	1.90	1.88	1.85
14	3.10	2.73	2.52	2.39	2.31	2.24	2.19	2.15	2.12	2.10	2.05	2.01	1.96	1.94	1.91	1.89	1.86	1.83	1.80
15	3.07	2.70	2.49	2.36	2.27	2.21	2.16	2.12	2.09	2.06	2.02	1.97	1.92	1.90	1.87	1.85	1.82	1.79	1.76
16	3.05	2.67	2.46	2.33	2.24	2.18	2.13	2.09	2.06	2.03	1.99	1.94	1.89	1.87	1.84	1.81	1.78	1.75	1.72
17	3.03	2.64	2.44	2.31	2.22	2.15	2.10	2.06	2.03	2.00	1.96	1.91	1.86	1.84	1.81	1.78	1.75	1.72	1.69
18	3.01	2.62	2.42	2.29	2.20	2.13	2.08	2.04	2.00	1.98	1.93	1.89	1.84	1.81	1.78	1.75	1.72	1.69	1.66
19	2.99	2.61	2.40	2.27	2.18	2.11	2.06	2.02	1.98	1.96	1.91	1.86	1.81	1.79	1.76	1.73	1.70	1.67	1.63
20	2.97	2.59	2.38	2.25	2.16	2.09	2.04	2.00	1.96	1.94	1.89	1.84	1.79	1.77	1.74	1.71	1.68	1.64	1.61
21	2.96	2.57	2.36	2.23	2.14	2.08	2.02	1.98	1.95	1.92	1.87	1.83	1.78	1.75	1.72	1.69	1.66	1.62	1.59
22	2.95	2.56	2.35	2.22	2.13	2.06	2.01	1.97	1.93	1.90	1.86	1.81	1.76	1.73	1.70	1.67	1.64	1.60	1.57
23	2.94	2.55	2.34	2.21	2.11	2.05	1.99	1.95	1.92	1.89	1.84	1.80	1.74	1.72	1.69	1.66	1.62	1.59	1.55
24	2.93	2.54	2.33	2.19	2.10	2.04	1.98	1.94	1.91	1.88	1.83	1.78	1.73	1.70	1.67	1.64	1.61	1.57	1.53
25	2.92	2.53	2.32	2.18	2.09	2.02	1.97	1.93	1.89	1.87	1.82	1.77	1.72	1.69	1.66	1.63	1.59	1.56	1.52
26	2.91	2.52	2.31	2.17	2.08	2.01	1.96	1.92	1.88	1.86	1.81	1.76	1.71	1.68	1.65	1.61	1.58	1.54	1.50
27	2.90	2.51	2.30	2.17	2.07	2.00	1.95	1.91	1.87	1.85	1.80	1.75	1.70	1.67	1.64	1.60	1.57	1.53	1.49
28	2.89	2.50	2.29	2.16	2.06	2.00	1.94	1.90	1.87	1.84	1.79	1.74	1.69	1.66	1.63	1.59	1.56	1.52	1.48
29	2.89	2.50	2.28	2.15	2.06	1.99	1.93	1.89	1.86	1.83	1.78	1.73	1.68	1.65	1.62	1.58	1.55	1.51	1.47
30	2.88	2.49	2.28	2.14	2.05	1.98	1.93	1.88	1.85	1.82	1.77	1.72	1.67	1.64	1.61	1.57	1.54	1.50	1.46
40	2.84	2.44	2.23	2.09	2.00	1.93	1.87	1.83	1.79	1.76	1.71	1.66	1.61	1.57	1.54	1.51	1.47	1.42	1.38
60	2.79	2.39	2.18	2.04	1.95	1.87	1.82	1.77	1.74	1.71	1.66	1.60	1.54	1.51	1.48	1.44	1.40	1.35	1.29
120	2.75	2.35	2.13	1.99	1.90	1.82	1.77	1.72	1.68	1.65	1.60	1.55	1.48	1.45	1.41	1.37	1.32	1.26	1.19
∞	2.71	2.30	2.08	1.94	1.85	1.77	1.72	1.67	1.63	1.60	1.55	1.49	1.42	1.38	1.34	1.30	1.24	1.17	1.00

$\alpha=0.05$ 　　　　　　　　　　　　续表

n_1 / n_2	1	2	3	4	5	6	7	8	9	10	12	15	20	24	30	40	60	120	∞
1	161.4	199.5	215.7	224.6	230.2	234.0	236.8	238.9	240.5	241.9	243.9	245.9	248.0	249.1	250.1	251.1	252.2	253.3	254.3
2	18.51	19.00	19.16	19.25	19.30	19.33	19.35	19.37	19.38	19.40	19.41	19.43	19.45	19.45	19.46	19.47	19.48	19.49	19.50
3	10.13	9.55	9.28	9.12	9.01	8.94	8.89	8.85	8.81	8.79	8.74	8.70	8.66	8.64	8.62	8.59	8.57	8.55	8.53
4	7.71	6.94	6.59	6.39	6.26	6.16	6.09	6.04	6.00	5.96	5.91	5.86	5.80	5.77	5.75	5.72	5.69	5.66	5.63
5	6.61	5.79	5.41	5.19	5.05	4.95	4.88	4.82	4.77	4.74	4.68	4.62	4.56	4.53	4.50	4.46	4.43	4.40	4.36
6	5.99	5.14	4.76	4.53	4.39	4.28	4.21	4.15	4.10	4.06	4.00	3.94	3.87	3.84	3.81	3.77	3.74	3.70	3.67
7	5.59	4.47	4.35	4.12	3.97	3.87	3.79	3.73	3.68	3.64	3.57	3.51	3.44	3.41	3.38	3.34	3.30	3.27	3.23
8	5.32	4.46	4.07	3.84	3.69	3.58	3.50	3.44	3.39	3.35	3.28	3.22	3.15	3.12	3.08	3.04	3.01	2.97	2.93
9	5.12	4.26	3.86	3.63	3.48	3.37	3.29	3.23	3.18	3.14	3.07	3.01	2.94	2.90	2.86	2.83	2.79	2.75	2.71
10	4.96	4.10	3.71	3.48	3.33	3.22	3.14	3.07	3.02	2.98	2.91	2.85	2.77	2.74	2.70	2.66	2.62	2.58	2.54
11	4.84	3.98	3.59	3.36	3.20	3.09	3.01	2.95	2.90	2.85	2.79	2.72	2.65	2.61	2.57	2.53	2.49	2.45	2.40
12	4.75	3.89	3.49	3.26	3.11	3.00	2.91	2.85	2.80	2.75	2.69	2.62	2.54	2.51	2.47	2.43	2.38	2.34	2.30
13	4.67	3.81	3.41	3.18	3.03	2.92	2.83	2.77	2.71	2.67	2.60	2.53	2.46	2.42	2.38	2.34	2.30	2.25	2.21
14	4.60	3.74	3.34	3.11	2.96	2.85	2.76	2.70	2.65	2.60	2.53	2.46	2.39	2.35	2.31	2.27	2.22	2.18	2.13
15	4.54	3.68	3.29	3.06	2.90	2.79	2.71	2.64	2.59	2.54	2.48	2.40	2.33	2.29	2.25	2.20	2.16	2.11	2.07
16	4.49	3.63	3.24	3.01	2.85	2.74	2.66	2.59	2.54	2.49	2.42	2.35	2.28	2.24	2.19	2.15	2.11	2.06	2.01
17	4.45	3.59	3.20	2.96	2.81	2.70	2.61	2.55	2.49	2.45	2.38	2.31	2.23	2.19	2.15	2.10	2.06	2.01	1.96
18	4.41	3.55	3.16	2.93	2.77	2.66	2.58	2.51	2.46	2.41	2.34	2.27	2.19	2.15	2.11	2.06	2.02	1.97	1.92
19	4.38	3.52	3.13	2.90	2.74	2.63	2.54	2.48	2.42	2.38	2.31	2.23	2.16	2.11	2.07	2.03	1.98	1.93	1.88
20	4.35	3.49	3.10	2.87	2.71	2.60	2.51	2.45	2.39	2.35	2.28	2.20	2.12	2.08	2.04	1.99	1.95	1.90	1.84
21	4.32	3.47	3.07	2.84	2.68	2.57	2.49	2.42	2.37	2.32	2.25	2.18	2.10	2.05	2.01	1.96	1.92	1.87	1.81
22	4.30	3.44	3.05	2.82	2.66	2.55	2.46	2.40	2.34	2.30	2.23	2.15	2.07	2.03	1.98	1.94	1.89	1.84	1.78
23	4.28	3.42	3.03	2.80	2.64	2.53	2.44	2.37	2.32	2.27	2.20	2.13	2.05	2.01	1.96	1.91	1.86	1.81	1.76
24	4.26	3.40	3.01	2.78	2.62	2.51	2.42	2.36	2.30	2.25	2.18	2.11	2.03	1.98	1.94	1.89	1.84	1.79	1.73
25	4.24	3.39	2.99	2.76	2.60	2.49	2.40	2.34	2.28	2.24	2.16	2.09	2.01	1.96	1.92	1.87	1.82	1.77	1.71
26	4.23	3.37	2.98	2.74	2.59	2.47	2.39	2.32	2.27	2.22	2.15	2.07	1.99	1.95	1.90	1.85	1.80	1.75	1.69
27	4.21	3.35	2.96	2.73	2.57	2.46	2.37	2.31	2.25	2.20	2.13	2.06	1.97	1.93	1.88	1.84	1.79	1.73	1.67
28	4.20	3.34	2.95	2.71	2.56	2.45	2.36	2.29	2.24	2.19	2.12	2.04	1.96	1.91	1.87	1.82	1.77	1.71	1.65
29	4.18	3.33	2.93	2.70	2.55	2.43	2.35	2.28	2.22	2.18	2.10	2.03	1.94	1.90	1.85	1.81	1.75	1.70	1.64
30	4.17	3.32	2.92	2.69	2.53	2.42	2.33	2.27	2.21	2.16	2.09	2.01	1.93	1.89	1.84	1.79	1.74	1.68	1.62
40	4.08	3.23	2.84	2.61	2.45	2.34	2.25	2.18	2.12	2.08	2.00	1.92	1.84	1.79	1.74	1.69	1.64	1.58	1.51
60	4.00	3.15	2.76	2.53	2.37	2.25	2.17	2.10	2.04	1.99	1.92	1.84	1.75	1.70	1.65	1.59	1.53	1.47	1.39
120	3.92	3.07	2.68	2.45	2.29	2.17	2.09	2.02	1.96	1.91	1.83	1.75	1.66	1.61	1.55	1.50	1.43	1.35	1.25
∞	3.84	3.00	2.60	2.37	2.21	2.10	2.01	1.94	1.88	1.83	1.75	1.67	1.57	1.52	1.46	1.39	1.32	1.22	1.00

$\alpha=0.025$

n_2 \ n_1	1	2	3	4	5	6	7	8	9	10	12	15	20	24	30	40	60	120	∞
1	647.8	799.5	864.2	899.6	921.8	937.1	948.2	956.7	963.3	968.6	976.7	984.9	993.1	997.2	1001	1006	1010	1014	1018
2	38.51	39.00	39.17	39.25	39.30	39.33	39.36	39.37	39.39	39.40	39.41	39.43	39.45	39.45	39.46	39.47	39.48	39.49	39.50
3	17.44	16.06	15.44	15.10	14.88	14.73	14.62	14.54	14.47	14.42	14.34	14.25	14.17	14.12	14.08	14.04	13.99	13.95	13.90
4	12.22	10.65	9.98	9.60	9.36	9.20	9.07	8.98	8.90	8.84	8.75	8.66	8.56	8.51	8.46	8.41	8.36	8.31	8.26
5	10.01	8.43	7.76	7.39	7.15	6.98	6.85	6.76	6.68	6.62	6.52	6.43	6.33	6.28	6.23	6.18	6.12	6.07	6.02
6	8.81	7.26	6.60	6.23	5.99	5.28	5.70	5.60	5.52	5.46	5.37	5.27	5.17	5.12	5.07	5.01	4.96	4.90	4.85
7	8.07	6.54	5.89	5.52	5.29	5.12	4.99	4.90	4.82	4.76	4.67	4.57	4.47	4.42	4.36	4.31	4.25	4.20	4.14
8	7.57	6.06	5.42	5.05	4.82	4.65	4.53	4.43	4.36	4.30	4.20	4.10	4.00	3.95	3.89	3.84	3.78	3.73	3.67
9	7.21	5.71	5.08	4.72	4.48	4.23	4.20	4.10	4.03	3.96	3.87	3.77	3.67	3.61	3.56	3.51	3.45	3.39	3.33
10	6.94	5.46	4.83	4.47	4.24	4.07	3.95	3.85	3.78	3.72	3.62	3.52	3.42	3.37	3.31	3.26	3.20	3.14	3.08
11	6.72	5.26	4.63	4.28	4.04	3.88	3.76	3.66	3.59	3.53	3.43	3.33	3.23	3.17	3.12	3.06	3.00	2.94	2.88
12	6.55	5.10	4.47	4.12	3.89	3.73	3.61	3.51	3.44	3.37	3.28	3.18	3.07	3.02	2.96	2.91	2.85	2.79	2.72
13	6.41	4.97	4.35	4.00	3.77	3.60	3.48	3.39	3.31	3.25	3.15	3.05	2.95	2.89	2.84	2.78	2.72	2.66	2.60
14	6.30	4.86	4.24	3.89	3.66	3.50	3.38	3.29	3.21	3.15	3.05	2.95	2.84	2.79	2.73	2.67	2.61	2.55	2.49
15	6.20	4.77	4.15	3.80	3.58	3.41	3.29	3.20	3.12	3.06	2.96	2.86	2.76	2.70	2.64	2.59	2.52	2.46	2.40
16	6.12	4.69	4.08	3.73	3.50	3.34	3.22	3.12	3.05	2.99	2.89	2.79	2.68	2.63	2.57	2.51	2.45	2.38	2.32
17	6.04	4.62	4.01	3.66	3.44	3.28	3.16	3.06	2.98	2.92	2.82	2.72	2.62	2.56	2.50	2.44	2.38	2.32	2.25
18	5.98	4.56	3.95	3.61	3.38	3.22	3.10	3.01	2.93	2.87	2.77	2.67	2.56	2.50	2.44	2.38	2.32	2.26	2.19
19	5.92	4.15	3.90	3.56	3.33	3.17	3.05	2.96	2.88	2.82	2.72	2.62	2.51	2.45	2.39	2.33	2.27	2.20	2.13
20	5.87	4.46	3.86	3.51	3.29	3.13	3.01	2.91	2.84	2.77	2.68	2.57	2.46	2.41	2.35	2.29	2.22	2.16	2.09
21	5.83	4.42	3.82	3.48	3.25	3.09	2.97	2.87	2.80	2.73	2.64	2.53	2.42	2.37	2.31	2.25	2.18	2.11	2.04
22	5.79	4.38	3.78	3.44	3.22	3.05	2.93	2.84	2.76	2.70	2.60	2.50	2.39	2.33	2.27	2.21	2.14	2.08	2.00
23	5.75	4.35	3.75	3.41	3.18	3.02	2.90	2.81	2.73	2.67	2.57	2.47	2.36	2.30	2.24	2.18	2.11	2.04	1.97
24	5.72	4.32	3.72	3.38	3.15	2.99	2.87	2.78	2.70	2.64	2.54	2.44	2.33	2.27	2.21	2.15	2.08	2.01	1.94
25	5.69	4.29	3.69	3.35	3.13	2.97	2.85	2.75	2.68	2.61	2.51	2.41	2.30	2.24	2.18	2.12	2.05	1.98	1.91
26	5.66	4.27	3.67	3.33	3.10	2.94	2.82	2.73	2.65	2.59	2.49	2.39	2.28	2.22	2.16	2.09	2.03	1.95	1.88
27	5.63	4.24	3.65	3.31	3.08	2.92	2.80	2.71	2.63	2.57	2.47	2.36	2.25	2.19	2.13	2.07	2.00	1.93	1.85
28	5.61	4.22	3.63	3.29	3.06	2.90	2.78	2.69	2.61	2.55	2.45	2.34	2.23	2.17	2.11	2.05	1.98	1.91	1.83
29	5.59	4.20	3.61	3.27	3.04	2.88	2.76	2.67	2.59	2.53	2.43	2.32	2.21	2.15	2.09	2.03	1.96	1.89	1.81
30	5.57	4.18	3.59	3.25	3.03	2.87	2.75	2.65	2.57	2.51	2.41	2.31	2.20	2.14	2.07	2.01	1.94	1.87	1.79
40	5.42	4.05	3.46	3.13	2.90	2.74	2.62	2.53	2.45	2.39	2.29	2.18	2.07	2.01	1.94	1.88	1.80	1.72	1.64
60	5.29	3.93	3.34	3.01	2.79	2.63	2.51	2.41	2.33	2.27	2.17	2.06	1.94	1.88	1.82	1.74	1.67	1.58	1.48
120	5.51	3.80	3.23	2.89	2.67	2.52	2.39	2.30	2.22	2.16	2.05	1.94	1.82	1.76	1.69	1.61	1.53	1.43	1.31
∞	5.02	3.69	3.12	2.97	2.57	2.41	2.29	2.19	2.11	2.05	1.94	1.83	1.71	1.64	1.57	1.48	1.39	1.27	1.00

$\alpha = 0.01$ 续表

n_2 \ n_1	1	2	3	4	5	6	7	8	9	10	12	15	20	24	30	40	60	120	∞
1	4052	4999.5	5403	5625	5764	5859	5928	5982	6022	6056	6106	6157	6209	6235	6261	6287	6313	6339	6366
2	98.50	99.00	99.17	99.25	99.30	99.33	99.36	99.37	99.39	99.40	99.42	99.43	99.45	99.46	99.47	99.47	99.48	99.49	99.50
3	34.12	30.82	29.46	28.71	28.24	27.91	27.67	27.49	27.35	27.23	27.05	26.87	26.69	26.60	26.50	26.41	26.32	26.22	26.13
4	21.20	18.00	16.69	15.98	15.52	15.21	14.98	14.80	14.66	14.55	14.37	14.20	14.02	13.93	13.84	13.75	13.65	13.56	13.46
5	16.26	13.27	12.06	11.39	10.97	10.67	10.46	10.29	10.16	10.05	9.89	9.72	9.55	9.47	9.38	9.29	9.20	9.11	9.02
6	13.75	10.92	9.78	9.15	8.75	8.47	8.26	8.10	7.98	7.87	7.72	7.56	7.40	7.13	7.23	7.14	7.06	6.97	6.88
7	12.25	9.55	8.45	7.85	7.46	7.19	6.99	6.84	6.72	6.62	6.47	6.31	6.16	6.07	5.99	5.91	5.82	5.74	5.65
8	11.26	8.65	7.59	7.01	6.63	6.37	6.18	6.03	5.91	5.81	5.67	5.52	5.36	5.28	5.20	5.12	5.03	4.95	4.86
9	10.56	8.02	6.99	6.42	6.06	5.80	5.61	5.47	5.35	5.26	5.11	4.96	4.81	4.73	4.65	4.57	4.48	4.40	4.31
10	10.04	7.56	6.55	5.99	5.64	5.39	5.20	5.06	4.94	4.85	4.71	4.56	4.41	4.33	4.25	4.17	4.08	4.00	3.91
11	9.65	7.21	6.22	5.67	5.32	5.07	4.89	4.74	4.63	4.54	4.40	4.25	4.10	4.02	3.94	3.86	3.78	3.69	3.60
12	9.33	6.93	5.95	5.41	5.06	4.28	4.64	4.50	4.39	4.30	4.16	4.01	3.86	3.78	3.70	3.62	3.54	3.45	3.36
13	9.07	6.70	5.74	5.21	4.86	4.62	4.44	4.30	4.19	4.10	3.96	3.82	3.66	3.59	3.51	3.43	3.34	3.25	3.17
14	8.86	6.51	5.56	5.04	4.69	4.46	4.28	4.14	4.03	3.94	3.80	3.66	3.51	3.43	3.35	3.27	3.18	3.09	3.00
15	8.68	6.36	5.42	4.89	4.56	4.32	4.14	4.00	3.89	3.80	3.67	3.52	3.37	3.29	3.21	3.13	3.05	2.96	2.87
16	8.53	6.23	5.29	4.77	4.44	4.20	4.03	3.89	3.78	3.69	3.55	3.41	3.26	3.18	3.10	3.02	2.93	2.84	2.75
17	8.40	6.11	5.18	4.67	4.34	4.10	3.93	3.79	3.68	3.59	3.46	3.31	3.16	3.08	3.00	2.92	2.83	2.75	2.65
18	8.29	6.01	5.09	4.58	4.25	4.01	3.84	3.71	3.60	3.51	3.37	3.23	3.08	3.00	2.92	2.84	2.75	2.66	2.57
19	8.18	5.93	5.01	4.50	4.17	3.94	3.77	3.63	3.52	3.43	3.30	3.15	3.00	2.92	2.84	2.76	2.67	2.58	2.49
20	8.10	5.85	4.94	4.43	4.10	3.87	3.70	3.56	3.46	3.37	3.23	3.09	2.94	2.86	2.78	2.69	2.61	2.52	2.42
21	8.02	5.78	4.87	4.37	4.04	3.81	3.64	3.51	3.40	3.31	3.17	3.03	2.88	2.80	2.72	2.64	2.55	2.46	2.36
22	7.95	5.72	4.82	4.31	3.99	3.76	3.59	3.45	3.35	3.26	3.12	2.98	2.83	2.75	2.67	2.58	2.50	2.40	2.31
23	7.88	5.66	4.76	4.26	3.94	3.71	3.54	3.41	3.30	3.21	3.07	2.93	2.78	2.70	2.62	2.54	2.45	2.35	2.26
24	7.82	5.61	4.72	4.22	3.90	3.67	3.50	3.36	3.26	3.17	3.03	2.89	2.74	2.66	2.58	2.49	2.40	2.31	2.21
25	7.77	5.57	4.68	4.18	3.85	3.63	3.46	3.32	3.22	3.13	2.99	2.85	2.70	2.62	2.54	2.45	2.36	2.27	2.17
26	7.72	5.53	4.64	4.14	3.82	3.59	3.42	3.29	3.18	3.09	2.96	2.81	2.66	2.58	2.50	2.42	2.33	2.23	2.13
27	7.68	5.49	4.60	4.11	3.78	3.56	3.39	3.26	3.15	3.06	2.93	2.78	2.63	2.55	2.47	2.38	2.29	2.20	2.10
28	7.64	5.45	4.57	4.07	3.75	3.53	3.36	3.23	3.12	3.03	2.90	2.75	2.60	2.52	2.44	2.35	2.26	2.17	2.06
29	7.60	5.42	4.54	4.04	3.73	3.50	3.33	3.20	3.09	3.00	2.87	2.73	2.57	2.49	2.41	2.33	2.23	2.14	2.03
30	7.56	5.39	4.51	4.02	3.70	3.47	3.30	3.17	3.07	2.98	2.84	2.70	2.55	2.47	2.39	2.30	2.21	2.11	2.01
40	7.31	5.18	4.31	3.83	3.51	3.29	3.12	2.99	2.89	2.80	2.66	2.52	2.37	2.29	2.20	2.11	2.02	1.92	1.80
60	7.08	4.98	4.13	3.65	3.34	3.12	2.95	2.82	2.72	2.63	2.50	2.35	2.20	2.12	2.03	1.94	1.84	1.73	1.60
120	6.85	4.79	3.95	3.84	3.17	2.96	2.79	2.66	2.56	2.47	2.34	2.19	2.03	1.95	1.86	1.76	1.66	1.58	1.38
∞	6.63	4.61	3.78	3.32	3.02	2.80	2.64	2.51	2.41	2.32	2.18	2.04	1.88	1.79	1.70	1.59	1.47	1.32	1.00

$\alpha=0.005$ 续表

n_2 \\ n_1	1	2	3	4	5	6	7	8	9	10	12	15	20	24	30	40	60	120	∞
1	16211	20000	21615	22500	23056	23437	23715	23925	24091	24224	24226	24630	24836	24940	25004	25148	25258	25359	25465
2	198.5	199.0	199.2	199.2	199.3	199.3	199.4	199.5	199.4	199.4	199.4	199.4	199.4	199.5	199.5	199.5	199.5	199.5	199.5
3	55.55	49.80	47.47	46.19	45.39	44.84	44.43	44.13	43.88	43.69	43.39	43.08	42.78	42.62	42.47	42.31	42.15	41.99	41.83
4	31.33	26.28	24.26	23.15	22.46	21.97	21.62	21.35	21.14	20.97	20.70	20.44	20.17	20.03	19.89	19.75	19.61	19.47	19.32
5	22.78	18.31	16.53	15.56	14.94	14.51	14.20	13.96	13.77	13.62	13.38	13.15	12.90	12.78	12.66	12.53	12.40	12.27	12.14
6	18.63	14.54	12.92	12.03	11.46	11.07	10.79	10.57	10.39	10.25	10.03	9.81	9.59	9.47	9.36	9.24	9.12	9.00	8.88
7	16.24	12.40	10.88	10.05	9.52	9.16	8.89	8.68	8.51	8.38	8.18	7.97	7.75	7.65	7.53	7.42	7.31	7.19	7.08
8	14.69	11.04	9.60	8.81	8.30	7.95	7.69	7.50	7.34	7.21	7.01	6.81	6.61	6.50	6.40	6.29	6.18	6.06	5.95
9	13.61	10.11	8.72	7.96	7.47	7.13	6.88	6.69	6.54	6.42	6.23	6.03	5.83	5.73	5.62	5.52	5.41	5.30	5.19
10	12.83	9.43	8.08	7.34	6.87	6.54	6.30	6.12	5.97	5.85	5.66	5.47	5.27	5.17	5.05	4.97	4.86	4.75	4.64
11	12.23	8.91	7.60	6.88	6.42	6.10	5.86	5.68	5.54	5.42	5.24	5.05	4.86	4.76	4.65	4.55	4.44	4.34	4.23
12	11.75	8.51	7.23	6.52	6.07	5.76	5.52	5.35	5.20	5.09	4.91	4.72	4.53	4.43	4.33	4.23	4.12	4.01	3.90
13	11.37	8.19	6.93	6.23	5.79	5.48	5.25	5.08	4.94	4.82	4.64	4.46	4.27	4.17	4.07	3.97	3.87	3.76	3.65
14	11.06	7.92	6.68	6.00	5.56	5.26	5.03	4.86	4.72	4.60	4.43	4.25	4.06	3.96	3.86	3.76	3.66	3.55	3.44
15	10.80	7.70	6.48	5.80	5.37	5.07	4.85	4.67	4.54	4.42	4.25	4.07	3.88	3.79	3.69	3.58	3.48	3.37	3.26
16	10.58	7.51	6.30	5.64	5.12	4.91	4.69	4.52	4.38	4.27	4.10	3.92	3.73	3.64	3.54	3.44	3.33	3.22	3.11
17	10.38	7.35	6.16	5.50	5.07	4.78	4.56	4.39	4.25	4.14	3.97	3.79	3.61	3.51	3.41	3.31	3.21	3.10	2.98
18	10.22	7.21	6.03	5.37	4.96	4.66	4.44	4.28	4.17	4.03	3.86	3.68	3.50	3.40	3.30	3.20	3.10	2.99	2.87
19	10.07	7.09	5.92	5.27	4.85	4.56	4.34	4.18	4.04	3.93	3.76	3.59	3.40	3.31	3.21	3.11	3.00	2.89	2.78
20	9.94	6.99	5.82	5.17	4.76	4.47	4.26	4.09	3.90	3.85	3.68	3.50	3.32	3.22	3.12	3.02	2.92	2.81	2.69
21	9.83	6.89	5.73	5.09	4.68	4.39	4.18	4.01	3.88	3.77	3.60	3.43	3.24	3.15	3.05	2.95	2.84	2.73	2.61
22	9.73	6.81	5.65	5.02	4.61	4.32	4.11	3.94	3.81	3.70	3.54	3.36	3.18	3.08	2.98	2.88	2.77	2.66	2.55
23	9.63	6.73	5.58	4.95	4.54	4.26	4.05	3.88	3.75	3.64	3.47	3.30	3.12	3.02	2.92	2.82	2.71	2.60	2.48
24	9.55	6.66	5.52	4.89	4.49	4.20	3.99	3.83	3.69	3.59	3.42	3.25	3.06	2.97	2.87	2.77	2.66	2.55	2.43
25	9.48	6.60	5.46	4.84	4.43	4.15	3.94	3.78	3.64	3.54	3.37	3.20	3.01	2.92	2.82	2.72	2.61	2.50	2.38
26	9.41	6.54	5.41	4.79	4.38	4.10	3.89	3.73	3.60	3.49	3.33	3.15	2.97	2.87	2.77	2.67	2.56	2.45	2.33
27	9.34	6.49	5.36	4.74	4.34	4.06	3.85	3.69	3.56	3.45	3.28	3.11	2.93	2.83	2.73	2.63	2.52	2.41	2.29
28	9.28	6.44	5.32	4.70	4.30	4.02	3.81	3.65	3.52	3.41	3.25	3.07	2.89	2.79	2.69	2.59	2.48	2.37	2.25
29	9.23	6.40	5.28	4.66	4.26	3.98	3.77	3.61	3.48	3.38	3.21	3.04	2.86	2.76	2.66	2.56	2.45	2.33	2.21
30	9.18	6.35	5.24	4.62	4.23	3.95	3.74	3.58	3.45	3.34	3.18	3.01	2.82	2.73	2.63	2.52	2.42	2.30	2.18
40	8.83	6.07	4.98	4.37	3.99	3.71	3.51	3.35	3.22	3.12	2.95	2.78	2.60	2.50	2.40	2.30	2.18	2.00	1.93
60	8.49	5.79	4.73	4.14	3.76	3.49	3.29	3.13	3.01	2.90	2.74	2.57	2.39	2.29	2.19	2.08	1.96	1.83	1.69
120	8.18	5.54	4.50	3.92	3.55	3.28	3.09	2.93	2.81	2.71	2.54	2.37	2.19	2.09	1.98	1.87	1.75	1.61	1.43
∞	7.88	5.30	4.28	3.72	3.35	3.09	2.90	2.74	2.62	2.52	2.36	2.19	2.00	1.90	1.79	1.67	1.53	1.36	1.00

$\alpha=0.001$

n_1 / n_2	1	2	3	4	5	6	7	8	9	10	12	15	20	24	30	40	60	120	∞
1	4053†	5000†	5404†	5625†	5764†	5859†	5929†	5981†	6023†	6056†	6107†	6158†	6209†	6235†	6261†	6287†	6313†	6340†	6366
2	998.5	999.0	999.2	999.2	999.3	999.3	999.4	999.4	999.4	999.4	999.4	99.4	999.4	999.4	999.5	999.5	999.5	999.5	999.5
3	167.0	148.5	141.1	137.1	134.6	132.8	131.6	130.6	129.9	129.2	128.3	127.4	126.4	125.9	125.4	125.0	124.5	124.0	123.5
4	74.14	61.25	56.18	53.44	51.71	50.53	49.66	49.00	48.47	48.05	47.41	46.76	46.10	45.77	45.43	45.09	44.75	44.40	44.05
5	47.18	37.12	33.20	31.09	29.75	28.84	28.16	27.64	27.24	26.92	26.42	25.91	25.39	25.14	24.87	24.60	24.33	24.06	23.97
6	35.51	27.00	23.70	21.92	20.18	20.03	19.46	19.03	18.69	18.41	17.99	17.56	17.12	16.89	16.67	16.44	16.21	15.99	15.77
7	29.25	21.69	18.77	17.19	16.21	15.52	15.02	14.63	14.33	14.08	13.71	13.32	12.93	12.73	12.53	12.33	12.12	11.91	11.70
8	25.42	18.49	15.83	14.39	13.49	12.86	12.40	12.04	11.77	11.54	11.19	10.84	10.48	10.30	10.11	9.92	9.73	9.53	9.33
9	22.86	16.39	13.90	12.56	11.71	11.13	10.70	10.37	10.11	9.89	9.57	9.24	8.90	8.72	8.55	8.37	8.19	8.00	7.81
10	21.04	14.91	12.55	11.28	10.48	9.92	9.52	9.20	8.96	8.75	8.45	8.13	7.80	7.64	7.47	7.30	7.12	6.94	6.76
11	19.69	13.81	11.56	10.35	9.58	9.05	8.66	8.35	8.12	7.92	7.63	7.32	7.01	6.85	6.68	6.52	6.35	6.17	6.00
12	18.64	12.97	10.80	9.63	8.89	8.38	8.00	7.71	7.48	7.29	7.00	6.71	6.40	6.25	6.09	5.93	5.76	5.59	5.42
13	17.81	12.31	10.21	9.07	8.35	7.86	7.49	7.21	6.98	6.80	6.52	6.23	5.93	5.78	5.63	5.47	5.30	5.14	4.97
14	17.14	11.78	9.73	8.62	7.92	7.43	7.08	6.80	6.58	6.40	6.13	5.85	5.56	5.41	5.25	5.10	4.94	4.77	4.60
15	16.59	11.34	9.34	8.25	7.57	7.09	6.74	6.47	6.26	6.08	5.81	5.54	5.25	5.10	4.95	4.80	4.64	4.47	4.31
16	16.12	10.97	9.00	7.94	7.27	6.81	6.46	6.19	5.98	5.81	5.55	5.27	4.99	4.85	4.70	4.54	4.39	4.23	4.09
17	15.72	10.66	8.73	7.68	7.02	7.56	6.22	5.96	5.75	5.58	5.32	5.05	4.78	4.63	4.48	4.33	4.18	4.02	3.85
18	15.38	10.93	8.49	7.46	6.81	6.35	6.02	5.76	5.56	5.39	5.13	4.87	4.59	4.45	4.30	4.15	4.00	3.84	3.67
19	15.08	10.16	8.28	7.26	6.62	6.18	5.85	5.59	5.39	5.22	4.97	4.70	4.43	4.29	4.14	3.99	3.84	3.68	3.51
20	14.82	9.95	8.10	7.10	6.46	6.02	5.69	5.44	5.24	5.08	4.82	4.56	4.29	4.15	4.00	3.86	3.70	3.54	3.38
21	14.59	9.77	7.94	6.95	6.32	5.88	5.56	5.13	5.11	4.95	4.70	4.44	4.17	4.03	3.88	3.74	3.58	3.42	3.26
22	14.38	9.61	7.80	6.81	6.19	5.76	5.44	5.19	4.99	4.83	4.58	4.33	4.06	3.92	3.78	3.63	3.48	3.32	3.15
23	14.19	9.47	7.67	6.69	6.08	5.65	5.33	5.09	4.89	4.73	4.48	4.23	3.96	3.82	3.68	3.53	3.38	3.22	3.05
24	14.03	9.34	7.55	6.59	5.98	5.55	5.23	4.99	4.80	4.64	4.39	4.14	3.87	3.74	3.59	3.45	3.29	3.14	2.97
25	13.88	9.22	7.45	6.49	5.88	5.46	5.15	4.91	4.71	4.56	4.31	4.06	3.79	3.66	3.52	3.37	3.22	3.06	2.89
26	13.74	9.12	7.36	6.41	5.80	5.38	5.07	4.83	4.64	4.48	4.24	3.99	3.72	3.59	3.44	3.30	3.15	2.99	2.82
27	13.61	9.02	7.27	6.33	5.73	5.31	5.00	4.76	4.57	4.41	4.17	3.92	3.66	3.52	3.38	3.23	3.08	2.92	2.75
28	13.50	8.93	7.19	6.25	5.66	5.24	4.93	4.69	4.50	4.35	4.11	3.86	3.60	3.46	3.32	3.18	3.02	2.86	2.69
29	13.39	8.85	7.12	6.19	5.59	5.18	4.87	4.64	4.45	4.29	4.05	3.80	3.54	3.41	3.27	3.12	2.97	2.81	2.64
30	13.29	8.77	7.05	6.12	5.53	5.12	4.82	4.58	4.39	4.24	4.00	3.75	3.49	3.36	3.22	3.07	2.92	2.76	2.59
40	12.61	8.25	6.60	5.70	5.13	4.73	4.44	4.21	4.02	3.87	3.64	3.40	3.15	3.01	2.87	2.73	2.57	2.41	2.23
60	11.97	7.76	6.17	5.31	4.76	4.37	4.09	3.87	3.69	3.54	3.31	3.08	2.83	2.69	2.55	2.41	2.25	2.08	1.89
120	11.38	7.32	5.79	4.95	4.42	4.04	3.77	3.55	3.38	3.24	3.02	2.78	2.53	2.40	2.26	2.11	1.95	1.76	1.54
∞	10.83	6.91	5.42	4.62	4.10	3.74	3.47	3.27	3.10	2.96	2.74	2.51	2.27	2.13	1.99	1.84	1.66	1.45	1.00

† 表示要将所列数乘以 100

参 考 答 案

基本练习题一

1. (1) $S = \{0,1,2,\cdots,n\}$；(2) $S = \{1,2,3,\cdots\}$；

   (3) $S = \{00,100,0100,1100,1010,0110,0101,$
     $1110,0111,1011,1101,1111\}$

     其中,0——次品,1——正品；

   (4) $S = \{(x,y):x^2+y^2<1\}$；

   (5) $S = \{(x,y,z):x+y+z=1,x>0,$
     $y>0,z>0\}$.

2. 设 e_1,e_2,e_3,e_4 分别表示四个结局,则

   (1) $S = \{e_1,e_2,e_3,e_4\}$；

   (2) $\{e_1\}$, $\{e_2\}$, $\{e_3\}$, $\{e_4\}$, $\{e_1,e_2\}$, $\{e_1,e_3\}$, $\{e_1,$
     $e_4\}$, $\{e_2,e_3\}$, $\{e_2,e_4\}$, $\{e_3,e_4\}$, $\{e_1,e_2,e_3\}$,
     $\{e_1,e_2,e_4\}$, $\{e_1,e_3,e_4\}$, $\{e_2,e_3,e_4\}$, S, $\varnothing$, 共
     16 个事件.

3. (1) $A\bar{B}\bar{C}$ 或 $A-B-C$；(2) $AB\bar{C}$ 或 $AB-C$；

   (3) $A+B+C$；   (4) ABC；

   (5) $AB+BC+AC$ 或 $AB\bar{C}+\bar{A}BC+A\bar{B}C+ABC$；

   (6) $\bar{A}\bar{B}\bar{C}$ 或 $\overline{A+B+C}$；

   (7) $\bar{A}BC+A\bar{B}C+AB\bar{C}+\bar{A}\bar{B}C$ 或 $\bar{A}\bar{B}+\bar{A}\bar{C}+\bar{B}\bar{C}$；

   (8) $AB\bar{C}+\bar{A}BC+A\bar{B}C+\bar{A}\bar{B}C+\bar{A}B\bar{C}+A\bar{B}\bar{C}+$
     $\bar{A}\bar{B}\bar{C}$ 或 $\overline{ABC}$.

4. (1) $\bar{A}B = \{x \mid 1/4 \leqslant x \leqslant 1/2\} \cup \{x \mid 1 < x < 3/2\}$；

   (2) $\bar{A}+B = S$；   (3) $\overline{\bar{A}B} = A+B = B$；

   (4) $\overline{\bar{A}B} = \bar{A}+\bar{B} = \bar{A}$；

   (5) $\overline{A+B} = \bar{A}\bar{B} = \{x \mid 0 \leqslant x < 1/4\} \cup \{x \mid 3/2 \leqslant x \leqslant 2\}$.

5. 2/45.

6. 一家四个孩子最可能的性别情况是两男两女.

7. 6/11.   8. 12/25;12/25;1/25.

9. 用摸球模型.   10. 17/25.   11. $1-(p+q)$.

13. (1) 当 A 和 B 满足 $A \subset B$ 时, $P(AB)$ 取到最大值

$\max P(AB) = 0.6$.

   (2) 当 $P(A+B)$ 最大即为 1 时, $P(AB)$ 取到最小
     值, $\min P(AB) = 0.3$.

14. 2/9.   15. 11/12.   16. 0.6   17. 3/8.

18. 87/94.   19. 1/3.

20. (1) 28/45；(2) 1/45；(3) 16/45；(4) 1/5.

21. 3/10；3/5.   22. 1/4.   23. 1/3.   24. 0.328.

25. (1) A 和 B 不独立；(2) A 和 B 独立.

26. 0.496   27. $2p^3-p^6$.   28. 5.   29. 0.3439.

30. 1/250.   31. (1) 73/75；(2) 1/4.

32. 5/31, 6/31, 20/31.   33. 196/197.

34. 0.307 7. 假设这个城市的人口中黑人和白人的
     犯罪比例与人口比例相近.

提高题一

1. 已知打破 4 个餐具的情况下,假定纯随机,小红打
  破 3 个餐具的概率为 0.047,小于 0.05,故可以说她
  笨.

2. (1) 0.274 7.   (2) 0.065 9.   3. 1/4.

4. 1/1 960.   5. 0.458.   6. (1) 0.146；(2) 0.238.

7. (1) 0.94.   (2) 0.85.   8. 4

基本练习题二

1. $P(X \leqslant 666)$.

2. $F(x) = \begin{cases} 0 & \text{当 } x < 0 \\ x/a & \text{当 } 0 \leqslant x \leqslant a \\ 1 & \text{当 } x > a \end{cases}$.

3. 0.87；0.72；0.7.

4. (1) $a = (e-1)/e^3$； (2) $a = e^{-\lambda}$.

5. $X \sim \begin{pmatrix} 3 & 4 & 5 \\ 0.1 & 0.3 & 0.6 \end{pmatrix}$

   或 $P(X=k) = C_{k-1}^2/C_5^3$, $k = 3,4,5$.

6. (1) $P(X=k) = 0.02 \cdot (0.98)^{k-1}$, $k = 1,2,\cdots$；

   (2) 直观意义是：若已化验了 n 个人,没有获得合格
     的 AB 型血,则又化验 m 个人仍找不到 AB 型血
     的概率与已知的信息(前 n 个人不是合格的 AB

型血)无关.

7. (1)0.045;(2)0.052.　8. 8.

9. $\begin{pmatrix} -1 & 0 & 1 \\ 1/4 & 1/2 & 1/4 \end{pmatrix}$.

10. 1/3.　11. 19/27.　12. 0.000 98;0.76.

13. (1) 1/70;

(2) 猜对的概率仅万分之三,此概率太小,在一次试验中几乎不可能发生,故认为他确有区分能力.

14. 能,其余不能,根据概率密度的性质.

15. $C = \ln(2/3)$.

16. (1)$c = 1/2$;

(2) $F(x) = \begin{cases} \dfrac{1}{2}\mathrm{e}^x & 当 x < 0 \\ 1 - \dfrac{1}{2}\mathrm{e}^{-x} & 当 x \geqslant 0 \end{cases}$;

(3) $(1 - \mathrm{e}^{-1})/2$.

17. $a = 0, b = 1, c = -1, d = 1$.

18. (1) 0.4;

(2) $f(x) = \begin{cases} 2x & 当 0 \leqslant x \leqslant 1 \\ 0 & 其他 \end{cases}$.

19. 2/3.　20. 20/27.

21. (1) e^{-1};(2) $\mathrm{e}^{-0.5}$.　22. 0.601 9.

23. $F(x) = \begin{cases} 0 & 当 x < 0 \\ \dfrac{x^2}{2} & 当 0 \leqslant x < 1 \\ 2x - \dfrac{x^2}{2} - 1 & 当 1 \leqslant x < 2 \\ 1 & 当 x \geqslant 2 \end{cases}$.

24. 232/243.

25. X 的分布函数 $F(x) = \begin{cases} 0 & 当 x < 0 \\ x^2/4 & 当 0 \leqslant x < 2 \\ 1 & 当 x \geqslant 2 \end{cases}$;

X 的密度函数 $f(x) = \begin{cases} x/2 & 当 0 < x < 2 \\ 0 & 其他 \end{cases}$.

26. 0.2.　27. (1) 0.727;　(2) 0.058.

28. 0.994;假设10年之内,每年的降雨量具有同样的概率分布.

29. (1) 0.59;　(2) 129.8.　30. 31.25.

31. 142.　32. 0.88.

33. (1) 0.894 4;　(2) 0.137 6.

34. (1) $f_Y(y) = \begin{cases} 1 & 当 0 < y < 1 \\ 0 & 其他 \end{cases}$;

(2) $f_Y(y) = \begin{cases} 1/y^2 & 当 y > 1 \\ 0 & 其他 \end{cases}$;

(3) $f_Y(y) = \begin{cases} y^{-\frac{2}{3}}/3 & 当 0 < y < 1 \\ 0 & 其他 \end{cases}$.

35. $f_Y(y) = f_X(y) + f_X(-y), y > 0$.

36. $f_Y(y) = \dfrac{3(1-y)^2}{\pi[1 + (1-y)^6]}$.

提高题二

1. 3/8.　2. $\mathrm{C}_{2n-r}^n (0.5)^{2n-r}$.　3. 0.888 6.

4. Y 服从参数为 $\lambda p = 1/5$ 的泊松分布.

5. (3) 成立.

6. (1) T 服从参数为 λ 的指数分布;(2)$\mathrm{e}^{-8\lambda}$.

7. 0.88.

8. $f_Y(y) = \begin{cases} \dfrac{2}{\pi\sqrt{1-y^2}} & 当 0 < y < 1 \\ 0 & 其他 \end{cases}$.

10. $Y = \sqrt{X}$.

基本练习题三

1. (1) 有放回;　(2) 无放回;

X／Y	0	1
0	25/36	5/36
1	5/36	1/36

X／Y	0	1
0	45/66	10/66
1	10/66	1/66

2. $P(X = i, Y = j) = \dfrac{\mathrm{C}_3^i \mathrm{C}_2^j \mathrm{C}_2^{4-i-j}}{\mathrm{C}_7^4}$,

$0 \leqslant i \leqslant 3, 0 \leqslant j \leqslant 2, 2 \leqslant i+j \leqslant 4$

或

X／Y	0	1	2	3
0	0	0	3/35	2/35
1	0	6/35	12/35	2/35
2	1/35	6/35	3/35	0

3. 1/4.　4. 0.003 4.

5. (1) 24/5;

(2) $f_X(x) = \begin{cases} \dfrac{12}{5}x^2(2-x) & 当 0 \leqslant x \leqslant 1 \\ 0 & 其他 \end{cases}$,

$$f_Y(y) = \begin{cases} \dfrac{12}{5} y(y^2 - 4y + 3) & \text{当 } 0 \leqslant y \leqslant 1 \\ 0 & \text{其他} \end{cases}.$$

6. (1) 3/8; (2) 5/8; (3) 2/3.

7. (1) $f_Y(x) = f_X(x) = \begin{cases} 1 & \text{当 } 0 \leqslant x \leqslant 1 \\ 0 & \text{其他} \end{cases}$;

(2) $1 - \pi/16$.

8. (1) $f(x,y) = \dfrac{6}{\pi^2(x^2+4)(y^2+9)}$;

(2) $F_X(x) = \dfrac{1}{\pi}\left(\dfrac{\pi}{2} + \text{arctg}\,\dfrac{x}{2}\right)$,

$F_Y(y) = \dfrac{1}{\pi}\left(\dfrac{\pi}{2} + \text{arctg}\,\dfrac{y}{3}\right)$.

9.

X\Y	0	1	2
0	0.16	0.08	0.01
1	0.32	0.16	0.02
2	0.16	0.08	0.01

10. (1) X 和 Y 独立; (2) X 和 Y 不独立.

11. 当 $\alpha = 2/9, \beta = 1/9$ 时,X 与 Y 相互独立.

12. 1/6; 1/2.   13. 0.016 6.

14. (1)X 和 Y 独立;(2) $e^{-0.1}$

15. (1) $f(x,y) = \begin{cases} 25e^{-5y} & \text{当 } 0 < x < 0.2, y \geqslant 0 \\ 0 & \text{其他} \end{cases}$;

(2) e^{-1}.

16. 当 $|y| < 1$ 时,

$f_{X|Y}(x \mid y) = \begin{cases} \dfrac{1}{1-|y|} & \text{当 } |y| < x < 1 \\ 0 & \text{其他} \end{cases}$;

当 $0 < x < 1$ 时,$f_{Y|X}(y \mid x) = \begin{cases} \dfrac{1}{2x} & \text{当 } |y| < x \\ 0 & \text{其他} \end{cases}$.

17. $f_{Y|X}(y \mid x) = \dfrac{1}{\sigma_2\sqrt{2\pi}\sqrt{1-\rho^2}} \exp$

$\left\{ -\dfrac{[y-(\mu_2+\rho\sigma_2\sigma_1^{-1}(x-\mu_1))]^2}{2(1-\rho^2)\sigma_2^2} \right\}$.

这正是正态分布 $N(\mu_2 + \rho\sigma_2\sigma_1^{-1}(x-\mu_1), \sigma_2^2(1-\rho^2))$ 的密度函数.

18. (1) $y > 0$ 时,

$f_{X|Y}(x \mid y) = f_X(x) = \begin{cases} \lambda e^{-\lambda x} & \text{当 } x > 0 \\ 0 & \text{当 } x \leqslant 0 \end{cases}$;

(2) $Z \sim \begin{pmatrix} 0 & 1 \\ \dfrac{\lambda}{\lambda+\mu} & \dfrac{\mu}{\lambda+\mu} \end{pmatrix}$;

$F_z(z) = \begin{cases} 0 & \text{当 } z < 0 \\ \dfrac{\lambda}{\lambda+\mu} & \text{当 } 0 \leqslant z < 1 \\ 1 & \text{当 } z \geqslant 1 \end{cases}$.

19. $(X,Y) \sim \begin{pmatrix} (2,0) & (2,1) & (3,2) & (4,0) & (4,2) \\ 3/7 & 1/7 & 1/7 & 1/7 & 1/7 \end{pmatrix}$.

20. $P(Y_1Y_2 = 1) = pq, P(Y_1Y_2 = 0) = 1 - pq$.

21. $f_Z(z) = \begin{cases} 1-e^{-z} & 0 \leqslant z < 1 \\ (e-1)e^{-z} & z \geqslant 1 \\ 0 & \text{其他} \end{cases}$.

22. $f_Z(z) = \displaystyle\int_{-\infty}^{+\infty} f(x+z, x)\mathrm{d}x$.

23. $F_Z(z) = \begin{cases} 0 & \text{当 } z \leqslant 0 \\ 1-e^{-z}-z\,e^{-z} & \text{当 } z > 0 \end{cases}$.

24. 0.000 63.

25. (1) $1 - e^{-5\lambda a}\ (a > 0)$;

(2) $(1 - e^{-\lambda a})^5\ (a > 0)$.

26. (1) $F_Z(z) = \begin{cases} (1-e^{-z^2/8})^5 & \text{当 } z > 0 \\ 0 & \text{当 } z \leqslant 0 \end{cases}$;

(2) 0.516 7.

27.

U\V	1	2
1	4/9	0
2	4/9	1/9

提高题三

1. $(X,Y) \sim \begin{pmatrix} (0,0) & (1,0) & (1,1) \\ 1-e^{-1} & e^{-1}-e^{-2} & e^{-2} \end{pmatrix}$.

2. 0.   3. $P(N=i) \approx e^{-1}/i!$, $i = 0,1,2,\cdots,100$.

4. (1)$c = 1/8$;

(2)$F_{Y|X}(y \mid x) = \begin{cases} 0 & \text{当 } y < -x \\ \dfrac{(2x^3-y^3+3x^2y)}{4x^3} & \text{当 } |y| \leqslant x \\ 1 & \text{当 } y > x \end{cases}$

5. $F_Y(y) = \begin{cases} 0 & \text{当 } y \leqslant 0 \\ 1 - e^{-\lambda y} & \text{当 } 0 < y < 2. \\ 0 & \text{当 } y \geqslant 2 \end{cases}$

6. $f_1(y_1) = \begin{cases} y_1 & \text{当 } 0 < y_1 \leqslant 1 \\ 2 - y_1 & \text{当 } 1 < y_1 < 2; \\ 0 & \text{其他} \end{cases}$

$f_2(y_2) = \begin{cases} y_2 + 1 & \text{当 } -1 < y_2 \leqslant 0 \\ 1 - y_2 & \text{当 } 0 < y_2 < 1 \\ 0 & \text{其他} \end{cases}$.

基本练习题四

1. X 的数学期望不存在.

2. $-0.2; 2.8; 12.4$.   3. $7/6$.   4. (1) 2; (2) 3/2.

5. $(n+1)/2$.   6. 1.055 6.   7. 1.   8. 2.106.

9. $1 - (1 - e^{-1})^4$.   10. 33.64.

11. (1) 1.587 4;   (2) 3/4.

12. 18.4.   13. $\dfrac{(b-a)^2}{12}$.

14. X 的方差是 λ.

16. $\sqrt{\dfrac{\pi}{2}} \sigma; \sigma^2 \left(\dfrac{4 - \pi}{2} \right)$.

17. $\dfrac{\pi(b^2 + ab + a^2)}{12}$.

18. $P(0 < X < 40) \geqslant 19/20$.

19. $P(|X + Y| \geqslant 6) \leqslant 1/12$.

22. $85; 37$.   23. $\rho_{z_1 z_2} = \begin{cases} \rho & \text{当 } ac > 0 \\ -\rho & \text{当 } ac < 0 \end{cases}$.

24. 1/3.

25. $E(X) = E(Y) = 7/6; D(X) = D(Y) = 11/36;$ $\text{Cov}(X,Y) = -1/36, \rho_{XY} = -1/11.$

26. $40; 1/3$.

27. $f(x,y) = \dfrac{1}{32\pi} \exp \left\{ -\dfrac{25}{32} \left[\left(\dfrac{x}{4} \right)^2 - \dfrac{3}{50} xy + \left(\dfrac{y}{5} \right)^2 \right] \right\}$.

28. $E(X)$ 和 $D(X)$ 都等于 1.   29. 10.9mm

30. (1) $f_1(x) = \dfrac{1}{\sqrt{2\pi}} e^{-x^2/2}, f_2(y) = \dfrac{1}{\sqrt{2\pi}} e^{-y^2/2}, \rho = 0.$

   (2) X 和 Y 不独立, 由于 X 和 Y 的联合密度可以不是二维正态.

提高题四

1. $n \left[1 - \left(1 - \dfrac{1}{n} \right)^r \right]$.   2. n/p.   3. $(N+1)/2$.

4. 后一种方案有效.

5. $N \left(\dfrac{1}{N} + \dfrac{1}{N-1} + \dfrac{1}{N-2} + \cdots + \dfrac{1}{N - (k-1)} \right),$ $k = 2, \cdots, N.$

6. 26 件.   7. $\dfrac{1-p}{p^2}$.

9. (1) $a = 0.2, b = 0.3$. (2) -0.04.

基本练习题五

1. 不适用.   3. 0.888.   4. 0.298.   5. 147.

6. 0.5.   7. 537.   8. 25.

9. (1) 0.995 2;   (2) 0.   10. 141.5.

提高题五

2. 96.   3. 0.477 2.   4. 0.14.

基本练习题六

10. A.

12. $F_6(x) = \begin{cases} 0 & \text{当 } x < 1 \\ 1/6 & \text{当 } 1 \leqslant x < 2 \\ 2/6 & \text{当 } 2 \leqslant x < 2.5 \\ 3/6 & \text{当 } 2.5 \leqslant x < 3 \\ 4/6 & \text{当 } 3 \leqslant x < 3.5 \\ 5/6 & \text{当 } 3.5 \leqslant x < 4 \\ 1 & \text{当 } x \geqslant 4 \end{cases}$.

13. n, 2.   14. $F(10,5)$.   15. 自由度为 9 的 t 分布.

16. 当 $a = 1/20, b = 1/100$ 时, 统计量 X 服从 χ^2 分布, 自由度 2.

17. 100

18. $P\left(\bar{X} = \dfrac{k}{n} \right) = \dfrac{\lambda^{nk} e^{-n\lambda}}{k!}$, $k = 0, 1, 2, \cdots$.

$E(\bar{X}) = \lambda$, $D(\bar{X}) = \dfrac{\lambda}{n}$.

19. $f(x_1, x_2, x_3) = \left(\dfrac{1}{3\sqrt{2\pi}} \right)^3 \exp \left(-\dfrac{\sum\limits_{i=1}^3 (x_i - 2)^2}{18} \right),$ $-\infty < x < \infty.$

20. 0.829 3.   21. 0.674 4   22. 0.1.

23. (1) 0.99;   (2) $D(S^2) = 2\sigma^4/(n-1)$.

24. 62.　25. 5. 43.　26. 136.

提高题六

1. $Z_n = \dfrac{1}{n}\sum\limits_{i=1}^{n} X_i^2 \sim N(\mu,\sigma^2)$，其中 $\mu = a_2$，σ^2

$= \dfrac{a_4 - a_2^2}{n}$.

2. (1) U 的分布函数是

$$F_U(x) = \begin{cases} 0 & \text{当 } x < 0 \\ (x/a)^n & \text{当 } 0 \leqslant x \leqslant a, \\ 1 & \text{当 } a < x \end{cases}$$

U 的密度函数为

$$f_U(y) = n\left(\dfrac{x}{a}\right)^{n-1}\Big/a,\ 0 \leqslant x \leqslant a.$$

(2) V 的分布函数为

$F_V(x)$

$$= \begin{cases} 0 & \text{当 } x < 0 \\ 1-[(a-x)/a]^n & \text{当 } 0 \leqslant x \leqslant a, \\ 1 & \text{当 } a < x \end{cases}$$

V 的密度函数为

$$f_V(x) = n\left(\dfrac{a-x}{a}\right)^{n-1}\Big/a,\ 0 \leqslant x \leqslant a.$$

5. (1) 0.138; (2) 0.003 7.

6. (1) $\dfrac{n-1}{n}\sigma^2$; (2) $-\dfrac{\sigma^2}{n}$; (3) 1/2.

基本练习题七

1. T_3 最有效.　2. $a = 1/5, b = 4/5$.

5. $\hat a = \dfrac{2\overline X - 1}{1 - \overline X}$

6. (1) $2\overline X - \dfrac{1}{2}$;

(2) $4\overline X^2$ 不是 θ^2 的无偏估计量.

7. (1) $2\overline X$; (2) 是 θ 的无偏估计; (3) 是 θ 的一致估计.

8. (1) $\hat\theta = \overline X$; (2) $\hat\theta$ 是 θ 的无偏估计量;

(3) $D(\hat\theta) = \dfrac{\theta^2}{n}$.

9. $\hat p = \overline X$.　10. $\hat R = \dfrac{n}{k} - 1$

11. (1) $\overline X - \dfrac{1}{2}$.　(2) $\min\{x_1, \cdots, x_n\}$.

12. 15 000.　13. 0. 69.

16. (1) $[2\,292, 2\,508]$; (2) $[2\,261, 2\,539]$.

(3) 若其他量保持不变,较大的 σ 会增加置信区间的长度.

(4) 在其他条件不变时,置信水平越大,置信区间的长度越长.

17. (1) $[5. 608, 6. 392]$;

(2) $[5. 765, 6. 235]$;

(3) 若其他量保持不变,较大的样本容量 n 算得的置信区间长度较短.

19. $[159. 27, 180. 74]$.　20. $[1. 74, 4. 62]$.

21. $[13\,882, 15\,118]$.　22. $[5. 73, 12. 27]$.

23. $[-6. 03, -5. 97]$.　24. $[0. 222, 3. 601]$.

25. $[0. 331, 0. 469]$.　26. 967h.

27. 0. 143.　28. 62.　29. $E(L^2) = \dfrac{4\sigma^2}{n}t_{a/2}^2(n-1)$.

30. (1) 50; (2) 89.

提高题七

2. (1) 1/4; (2) $\dfrac{7 - \sqrt{13}}{12}$

3. (1) 矩估计 $\begin{cases} \hat\theta = \sqrt{\dfrac{1}{n}\sum\limits_{i=1}^{n}(X_i - \overline X)^2}; \\ \hat\mu = \overline X - \hat\theta \end{cases}$

(2) 最大似然估计 $\begin{cases} \hat\mu = X_{(1)} \\ \hat\theta = \overline X - X_{(1)} \end{cases}$.

其中 $X_{(1)} = \min(X_1, X_2, \cdots, X_n)$.

4. (1) $\theta_{矩} = \dfrac{3}{2} - \overline X$; (2) $\theta_{最大} = \dfrac{N}{n}$.　5. 350.

基本练习题八

4. 若 σ^2 已知,拒绝原假设,认为这批零件的平均尺寸不是 32.50mm; 若 σ^2 未知,尚不能拒绝这批零件的平均尺寸是 32.50mm.

5. 拒绝原假设,认为该县小学六年级学生语文平均分不是 65 分.

6. 拒绝原假设,不能说明厂家生产的这批奶粉平均起来不够分量.

7. 拒绝原假设,认为这批导线的标准差显著地偏大.

8. 还不能否定该心理学家的结论.

9. 拒绝原假设,认为全省当前的鸡蛋售价明显高于往年.

10. 拒绝原假设,认为甲、乙两省 20 岁男子平均体重有显著性差异.

11. 拒绝原假设,认为电厂工人的平均月工资低于钢厂工人的平均月工资.

12. 尚不能拒绝这两台机床是有同样的精度.

13. 拒绝原假设,认为这两种安眠药的疗效有显著差异.

14. 拒绝原假设,认为以材料 A 做的后跟比材料 B 的耐穿.

15. 尚不能认为新的配料方案降低了次品率.

16. 尚没有足够的证据支持该研究者的观点.

17. 拒绝原假设,不能同意"该城市有 2/3 的家庭拥有彩色电视机"的说法.

18. 拒绝原假设,认为报纸的订阅率显著降低.

20. (1) $T = 7.05$, $\alpha = 0.05$ 的临界值为 2.036 9

(2) 0.95 的置信区间为 $[6.38, 7.50]$,5 不在此区间内

(3) 结论是拒绝假设 H_0.

22. (1) 拒绝域为 $|T| > 2.49$;

(2) $T = -0.8$; (3) $p = 0.432$;

(4) 结论是不能拒绝假设 H_0.

24. 不能拒绝"这种种籽每穴发芽粒数服从二项分

布"的假设.

25. 不能拒绝"15s 内过路的汽车辆数服从泊松分布"的假设.

26. 取 $\alpha = 0.05$,结论是拒绝原假设,即认为摇奖结果不公平;

取 $\alpha = 0.01$,结论是不能拒绝原假设.

提高题八

1. $n \geqslant \dfrac{(u_\alpha + u_\beta)^2 \sigma^2}{(\mu_0 - \mu_1)^2}$. 2. $n \geqslant 214$. 3. $n \geqslant 271$.

4. (1) $H_0 : \mu = 485$; $H_1 : \mu \neq 485$;

(2) 0.041 4; (3) 0.206 1

5. (1) 拒绝域为:$U > 1.645$;

(2) 拒绝假设 H_0,此时可能犯第一类错误,犯错概率不超过 0.05;

(3) 不能拒绝假设 H_0,此时可能犯第二类错误,若 $\mu = 0.2$,犯错概率为 0.74.

基本练习题九

6. $y = -0.754 + 1.198x$,显著.

7. $y = -1\ 612\ 627 + 813.257x$,1992 年的预测值是 7 381 对.

参 考 文 献

[1] 陈希孺. 概率论与数理统计[M]. 合肥: 中国科学技术大学出版社, 1992.

[2] 陈希孺. 机会的数学[M]. 北京: 清华大学出版社, 2000.

[3] 张尧庭. 工程数学[M]. 北京: 中央广播电视大学出版社, 1993.

[4] [美]谢尔登·罗斯. 概率论基础教程[M]. 郑忠国, 詹从赞译. 北京: 人民邮电出版社, 2007.

[5] J L 福尔克斯. 统计思想[M]. 魏宗舒, 吕乃刚译. 上海: 上海翻译出版公司, 1987.

[6] C R RAO. 统计与真理[M]. 石坚, 李竹渝译. 台北: 九章出版社, 1998.

[7] [美]威廉·费勒. 概率论及其应用[M]. 胡迪鹤译. 北京: 人民邮电出版社, 2006.

[8] 柯尔莫戈洛夫, 等. 概率论导引[M]. 周概容, 肖慧敏译. 北京: 教育科学出版社, 1992.

[9] [美]埃维森, 等. 统计学[M]. 吴喜之, 等译. 北京: 高等教育出版社, 2000.

[10] 魏振军. 概率论与数理统计三十三讲[M]. 北京: 中国统计出版社, 2005.

[11] 傅权, 胡蓓华. 基本统计方法教程[M]. 上海: 华师范大学大出版社, 1989.

[12] [美]DAVID FREEDMAN, 等. 统计学[M]. 魏宗舒, 施锡铨, 等译. 北京: 中国统计出版社, 1997.

[13] 茆诗松, 程依明, 濮晓龙. 数理统计与数理统计教程[M]. 北京: 高等教育出版社, 2004.

[14] 张远南. 偶然中的必然[M]. 上海: 上海科学普及出版社, 1987.

[15] [美]A M 穆德, F A 格雷比尔. 统计学导论[M]. 史定华译. 北京: 科学出版社 1980.

[16] 钟开莱. 初等概率论附随机过程[M]. 魏宗舒, 等译. 北京: 人民教育出版社, 1982.

[17] 方开泰, 许建伦. 统计分布[M]. 北京: 科学出版社, 1987.

[18] 方开泰, 全辉, 陈庆云. 实用回归分析[M]. 北京: 科学出版社, 1988.

[19] 周复恭, 等. 应用数理统计学[M]. 北京: 中国人民大学出版社, 1995.

[20] 王明慈, 沈恒范. 概率论与数理统计[M]. 北京: 高等教育出版社, 1998.

[21] 吴国富, 安万福, 刘景海. 实用数据分析方法[M]. 北京: 中国统计出版社, 1992.

[22] 罗扎·塞克斯. 应用统计手册[M]. 罗永泰, 史道济, 译. 天津: 天津科技翻译出版公司, 1987.

[23] 谢衷洁. 普通统计学[M]. 北京: 北京大学出版社, 2004.

[24] V K ROHATGI. An Introduction Probability Theory and Mathematical Statistica. John Wiley, Inc 1976.